FANUC机器人应用技能实训

张天洪　杨　波　肖明耀　李锦聪　李　渊　编著

中国电力出版社
CHINA ELECTRIC POWER PRESS

内容提要

本书遵循“以能力培养为核心，以技能训练为主线，以理论知识为支撑”的编写思想，采用基于工作过程的任务驱动教学模式，以工业机器人的9个项目，共20个任务实训课题为载体，使读者认知FANUC工业机器人的本体与控制器，学会使用示教器、设置机器人坐标系、机器人程序操作、机器人编程、应用ROBOGUIDE开发环境、机器人视觉控制、超磁机器人应用等，全面掌握FANUC机器人的应用知识和技能，提高工业机器人创新应用开发能力。

本书可以作为工业机器人、机电一体化专业的学生学习工业机器人原理与应用的教材，也可用于社会培训机构、企业对工人进行工业机器人技术的培训。

图书在版编目（CIP）数据

创客训练营FANUC机器人应用技能实训 / 张天洪等编著. —北京：中国电力出版社，2021.1
ISBN 978-7-5198-4978-8

Ⅰ. ①创… Ⅱ. ①张… Ⅲ. ①工业机器人－程序设计 Ⅳ. ①TP242.2

中国版本图书馆CIP数据核字（2020）第178235号

出版发行：中国电力出版社
地　　址：北京市东城区北京站西街19号（邮政编码100005）
网　　址：http://www.cepp.sgcc.com.cn
责任编辑：杨　扬（010-63412524）
责任校对：黄　蓓
装帧设计：张俊霞
责任印制：杨晓东

印　　刷：北京雁林吉兆印刷有限公司
版　　次：2021年1月第一版
印　　次：2021年1月北京第一次印刷
开　　本：787毫米×1092毫米　16开本
印　　张：15
字　　数：397千字
定　　价：65.00元

前　言

工业机器人是智能制造、工业自动化生产线、数字化工厂、智能工厂的重要基础设备。随着全球智能制造的快速发展，工业机器人的应用日益普及。新型工业机器人体积更小、功能增强、应用更灵活。工业机器人已经广泛应用于激光切割、喷涂、自动抓取、焊接、码垛、视觉分拣等工业生产过程。

本书遵循“以能力培养为核心，以技能训练为主线，以理论知识为支撑”的编写思想，采用基于工作过程的任务驱动教学模式，以工业机器人的9个项目共20个任务实训课题为载体，通过详细的图例和文字介绍，使读者认识FANUC工业机器人的本体与控制器，学会使用示教器、设置机器人坐标系、机器人程序操作、机器人编程、应用ROBOGUIDE开发环境、机器人视觉控制等，全面掌握FANUC机器人的应用知识和技能，提高超磁机器人创新开发能力。

本书主要内容包括认知FANUC工业机器人、FANUC机器人的基本操作、创建机器人坐标系、FANUC机器人编程基础、创建机器人程序、机器人指令程序的维护与执行、机器人运行管理、应用ROBOGUIDE开发环境、工业机器人综合应用、超磁机器人应用9个项目，每个项目设置1~6个任务、1~6个技能综合训练，全面介绍FANUC工业机器人应用的基础知识和综合应用技能。

在本书编写过程中，深圳技师学院杨波提供了FANUC工业机器人的教学资料，参与了实操训练课题的验证。深圳超磁机器人科技有限公司、张天洪技能大师工作室（工业机器人技术），提供了磁悬浮减速机、一体化磁减速动力模组及超磁机器人等，支持机器人创新开发项目。广州因明智能科技有限公司李锦聪参与了教材编写。在此对深圳技师学院、深圳超磁机器人科技有限公司、张天洪技能大师工作室（工业机器人技术）、广州因明智能科技有限公司的支持和帮助，表示衷心的感谢。

由于编写时间仓促，加上作者水平有限，书中难免存在错误和不妥之处，恳请广大读者批评指正，请将意见发至szxiaomingyao@163.com，不胜感谢。

编　者

目　录

项目一　认知FANUC工业机器人

学习目标

（1）了解工业机器人。
（2）了解工业机器人的结构。
（3）了解 FANUC 工业机器人的系统。
（4）了解 FANUC 工业机器人的应用。
（5）观察 FANUC 机器人的关节运动。

任务1　认识 FANUC 机器人

一、工业机器人简介

工业机器人是面向工业领域的多关节机械手或多自由度的机器装置，它能自动执行工作，是靠自身动力和控制能力来实现各种功能的一种机器。

工业机器人最显著的特点如下：

（1）可编程。工业机器人可通过再编程，以适应工作环境变化、生产工艺的需要。特别是在小批量、多品种，具有均衡、高效率的柔性制造过程中，能发挥其可编程的优点。

（2）拟人化。工业机器人在机械结构上有类似人的行走、腰转、大臂、小臂、手腕、手爪等部分，在控制上由电脑控制。此外，智能化工业机器人还有许多类似人体的“生物传感器”，如皮肤型接触传感器、力传感器、负载传感器、视觉传感器、声觉传感器、语言功能等。传感器提高了工业机器人对周围环境的自适应能力。

（3）通用性。除了专门设计的专用工业机器人外，一般工业机器人在执行不同的作业任务时具有较好的通用性。比如，更换工业机器人手部末端操作器（手爪、工具等），便可执行不同的作业任务。

（4）工业机器人技术涉及的学科相当广泛。工业机器人技术主要包括机械技术、电子技术、自动控制技术等。新型智能机器人不仅具有获取外部环境信息的各种传感器，而且还具有记忆能力、语言理解能力、图像识别能力、推理判断能力等人工智能技术等。机器人技术的发展必将带动相关机电一体化技术的发展，机器人技术的发展和应用水平也可以验证一个国家科学技术和工业技术的发展水平。

二、工业机器人的应用

工业机器人集精密化、柔性化、智能化、软件应用开发等先进制造技术于一体，通过对过程实施检测、控制、优化、调度、管理和决策，实现增加产量、提高质量、降低成本、减少资源消耗和环境污染，是工业自动化水平的科学体现。

工业机器人与自动化成套装备具备精细制造、精细加工以及柔性生产等技术特点，是继动力机械、计算机之后，出现的全面延伸人的体力和智力的新一代生产工具，是实现生产数字化、自动化、网络化以及智能化的重要手段。

工业机器人与自动化成套技术，集中并融合了多项学科，涉及多项技术领域，包括工业机器人控制技术、机器人动力学及仿真、机器人构建有限元分析、激光加工技术、模块化程序设计、智能测量、建模加工一体化、工厂自动化以及精细物流等先进制造技术，技术综合性强。

工业机器人与自动化成套装备是生产过程的关键设备，应用领域广泛，可用于制造、安装、检测、物流等生产环节，并广泛应用于汽车整车及汽车零部件、工程机械、轨道交通、低压电器、电力、IC 装备、军工、烟草、金融、医药、冶金及印刷出版等众多行业。

三、工业机器人的分类

1. 工业机器人技术分类

（1）第一代——示教型工业机器人。目前大多数机器人属于这一类，具有示教记忆功能，通过示教器编程控制工业机器人完成各种应用操作。

（2）第二代——初步智能型机器人。初步智能型机器人通过部分传感器，实现对外界的感知，从而基于这些感知，实现基本的智能控制。

（3）第三代——智能型机器人。智能型机器人是具有感知、自学习、推理、决策等智能的机器人，可满足人们的高层次智能控制服务需求。

2. 工业机器人结构分类

工业机器人按照机械臂的运动形式分类如下。

（1）直角坐标机器人。机械臂沿 3 个直角坐标移动。

（2）圆柱坐标机器人。机械臂可做升降、旋转、伸缩移动。

（3）球坐标机器人。机械臂可做伸缩、回转、俯仰运动。

（4）全向关节机器人。具有多个关节，可以沿任意方向运动，可做旋转、弯曲、线性运动。

3. 工业机器人应用分类

（1）移动机器人。移动机器人（AGV）是工业机器人的一种类型，它由计算机控制，具有移动、自动导航、多传感器控制、网络交互等功能。它可广泛应用于机械、电子、纺织、卷烟、医疗、食品、造纸等行业的柔性搬运、传输等，也可用于自动化立体仓库、柔性加工系统、柔性装配系统，还可在车站、机场、邮局的物品分捡中作为运输工具。

国际物流技术发展的新趋势之一是采用的核心技术和设备是移动机器人，通过移动机器人与现代物流技术配合，支撑、改造、提升传统物流生产线，实现点对点自动存取的高架箱存储、作业和搬运相结合，实现精细化、柔性化、信息化，缩短物流流程，降低物料损耗，减少占地面积，降低建设投资等。

（2）点焊机器人。点焊机器人属于焊接机器人，具有性能稳定、工作空间大、运动速度快和负荷能力强等特点。焊接质量明显优于人工焊接，大大提高了焊接作业的生产率。点焊机器人主要用于汽车整车的焊接工作，生产过程由各大汽车主机厂负责完成。国际工业机器人企业凭借与各大汽车企业的长期合作关系，向各大型汽车生产企业提供各类点焊机器人单元产品，以适应整车生产线配套，实现汽车的自动生产。

随着汽车工业的发展，焊接生产线要求焊钳一体化，重量越来越大，载荷较大的点焊机器人是当前汽车焊接中最常用的一种机器人。

（3）弧焊机器人。弧焊机器人也是焊接机器人的一种，主要应用于各类汽车零部件的焊接生产，具有如下关键技术。

1）系统优化集成技术。弧焊机器人采用交流伺服驱动技术以及高精度、高刚性的 RV 减速机和谐波减速器，具有良好的低速稳定性和高速动态响应，并可实现免维护功能。

2）协调控制技术。控制多台机器人及变位机协调运动，既能保持焊枪和工件的相对姿态以满足焊接工艺的要求，又能避免焊枪和工件的碰撞。

3）精确焊缝轨迹跟踪技术。结合激光传感器和视觉传感器离线工作方式的优点，采用激光传感器实现焊接过程中的焊缝跟踪，提升焊接机器人对复杂工件进行焊接的柔性和适应性，结合视觉传感器离线观察获得焊缝跟踪的残余偏差，基于偏差统计获得补偿数据并进行机器人运动轨迹的修正，在各种工况下都能获得最佳的焊接质量。

（4）激光加工机器人。激光加工机器人是将机器人技术应用于激光加工中，通过高精度工业机器人实现更加柔性的激光加工作业。激光加工机器人系统通过示教器进行在线操作，也可通过离线方式进行编程。激光加工机器人系统通过对加工工件的自动检测，产生加工件的模型，继而生成加工曲线，也可以利用 CAD 数据直接加工。

激光加工机器人可用于工件的激光表面处理、打孔、焊接和模具修复等，具有如下关键技术。

1）激光加工机器人结构优化设计技术。采用大范围框架式本体结构，在增大作业范围的同时，保证机器人精度；

2）机器人系统的误差补偿技术。针对一体化加工机器人工作空间大、精度高等要求，并结合其结构特点，采取非模型方法与基于模型方法相结合的混合机器人补偿算法，完成几何参数误差和非几何参数误差的补偿。

3）高精度机器人检测技术。将三坐标测量技术和机器人技术相结合，实现了机器人高精度在线测量。

4）激光加工机器人专用语言实现技术。根据激光加工及机器人作业特点，完成激光加工机器人专用语言。

5）网络通信和离线编程技术。具有串口、CAN 等网络通信功能，实现对机器人生产线的监控和管理，并实现上位机对机器人的离线编程控制。

（5）真空机器人。真空机器人是一种在真空环境下工作的机器人，主要应用于半导体工业中，实现晶圆在真空腔室内的传输。

真空机器人具有的关键技术如下。

1）新构型设计技术。真空机器人通过结构分析和优化设计，设计满足对刚度和伸缩比的要求。

2）大间隙真空直驱电动机技术。真空机器人通过电动机理论分析、结构设计、制作工艺、电动机材料表面处理、低速大转矩控制、小型多轴驱动器等技术，实现大间隙真空直接驱动、高洁净直接驱动等。

3）真空环境下的多轴精密轴系的设计技术。采用轴在轴中的设计方法，减小轴之间的不同心以及惯量不对称的问题。

4）动态轨迹修正技术。通过传感器信息和机器人运动信息的融合，检测出晶圆与手指之间基准位置之间的偏移，通过动态修正运动轨迹，保证机器人准确地将晶圆从真空腔室中的一个工位传送到另一个工位。

5）符合 SEMI 标准的真空机器人语言。真空机器人语言是根据真空机器人搬运要求、机器人作业特点及 SEMI 标准，完成真空机器人控制的专用语言。

6）可靠性系统工程技术。在 IC 集成电路制造中，设备故障会带来巨大的损失。根据半导体设备对 MCBF（运行设备两次损坏之间的次数）的要求，对各个部件的可靠性进行测试、评价和控制，提高机械手各个部件的可靠性，从而保证机械手满足 IC 制造的高要求。

（6）洁净机器人。洁净机器人是一种在洁净环境中使用的工业机器人。随着生产技术水平不断提高，其对生产环境的要求也日益苛刻，很多现代工业产品生产都要求在洁净环境进行，洁净机器人就是洁净环境下生产需要的关键设备。

洁净机器人具有的关键技术如下。

1）洁净润滑技术。通过采用负压抑尘结构和非挥发性润滑脂，实现对环境的无颗粒污染，满足洁净要求。

2）高速平稳控制技术。通过轨迹优化和提高关节伺服性能，实现洁净搬运的平稳性。

3）控制器的小型化技术。由于洁净室建造和运营成本高，通过控制器小型化技术，减小洁净机器人的占用空间。

4）晶圆检测技术。利用光学传感器，经洁净机器人的扫描，得知卡匣中晶圆有无缺片、倾斜等检测。

四、工业机器人系统

工业机器人系统是由工业机器人和作业对象及环境共同构成的，其中包括机械系统、驱动系统、控制系统和感知系统四大部分。

1. 机械系统

工业机器人的机械系统包括机器人的机身、臂部、手腕、末端操作器和行走机构等部分，每一部分都有若干自由度，从而构成一个多自由度的机械系统。

有的机器人具有行走机构，构成行走机器人。

若不具备行走或旋转功能，则为一般机器人臂。

机器人工具（末端操作器）是直接装在手腕上的一个重要部件，它可以是两手指或多手指的手爪，也可以是喷漆枪、焊枪等作业工具。

工业机器人机械系统的作用相当于人的身体（如骨骼、手、臂、躯干和腿等）。

通常把机器人的机械系统，称为机器人的本体。

2. 驱动系统

驱动系统是驱动工业机器人机械系统动作的驱动装置。驱动可以是电气驱动、液压驱动、气压驱动或者电、液、气组合的综合系统。

电气驱动系统具有步进电动机、直流伺服电动机、交流伺服电动机 3 种驱动方式。有的电气驱动系统与机械减速器配合，构成带减速功能的驱动部件。

液压驱动系统运行平稳、负载能力强，但驱动管路复杂、难以清洁。

气动驱动系统主要用于机器人末端，结构简单、动作迅速，价格低。

3. 控制系统

控制系统是工业机器人的核心，是决定机器人功能、性能的主要因素。控制系统控制工业机器人在工件空间上的运行位置、运动姿态、运动轨迹、运动时间、操作顺序等。

控制系统的任务是根据工业机器人的作业指令程序及从传感器反馈回来的信号控制工业机

器人的执行机构，使其完成规定的运动和功能。

控制系统根据机器人的操作指令程序及来自现场的控制信号，控制机器人的驱动和执行机构，使其完成规定的操作和运动。

如果工业机器人不具备信息反馈特征，则该控制系统称为开环控制系统；如果机器人具备信息反馈特征，则该控制系统称为闭环控制系统。

控制系统部分主要由计算机的硬件和控制软件组成。软件主要由人与机器人进行联系的人机交互系统和控制算法等组成。

4. 感知系统

感知系统由内部传感器和外部传感器组成，其作用是获取工业机器人内部和外部环境信息，并把这些信息反馈给控制系统。

机器人内部状态传感器用于检测各关节的位置、速度等变量，为闭环伺服控制系统提供反馈信息。

机器人外部状态传感器用于检测机器人与周围环境之间的一些状态变量，如距离、接近程度和接触情况等，用于引导工业机器人，便于其识别物体并做出相应处理。外部传感器可使机器人以灵活的方式对它所处的环境做出反应，赋予机器人一定的智能。

控制系统根据机器人的操作指令程序及来自现场的控制信号，控制机器人的驱动和执行机构，使其完成规定的操作和运动。

五、FANUC 机器人

1. 组成

FANUC 工业机器人系统由 6 轴机器人、示教器、控制柜及周边设备等组成，如图 1-1 所示。

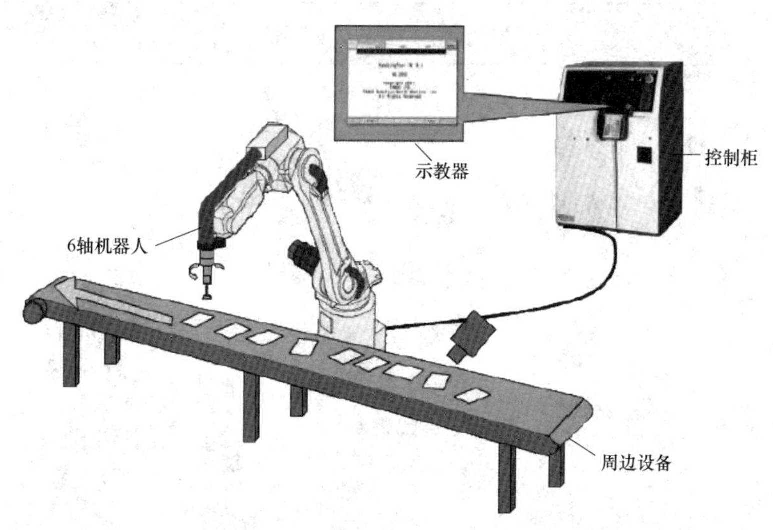

图 1-1　FANUC 工业机器人系统

（1）6 轴机器人（机器人机械系统主体）。6 轴机器人是机器人机械系统的主体，它由多个活动的、相互连接在一起的关节（轴）组成，机器人的每一个结合处是一个关节点或坐标，每个关节都是由伺服电动机驱动的机械机构组成的，6 轴机器人如图 1-2 所示。

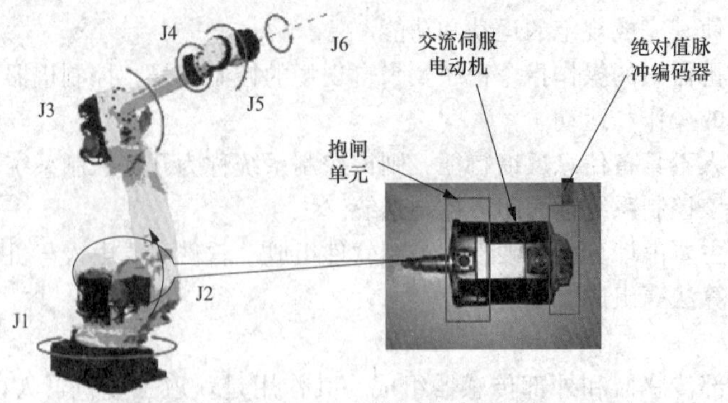

图 1-2 6 轴机器人

6 轴机器人包括底座、6 个活动的机械臂 J1 ~ J6、机械手末端法兰（用于连接机器人操作用的工具）等。J1 ~ J6 轴的运动通过交流伺服电动机的调控而实现，交流伺服电动机通过机械减速器与机械手的各部件相连接。交流伺服电动机系统由抱闸单元、交流伺服电动机和绝对值脉冲编码器等组成。

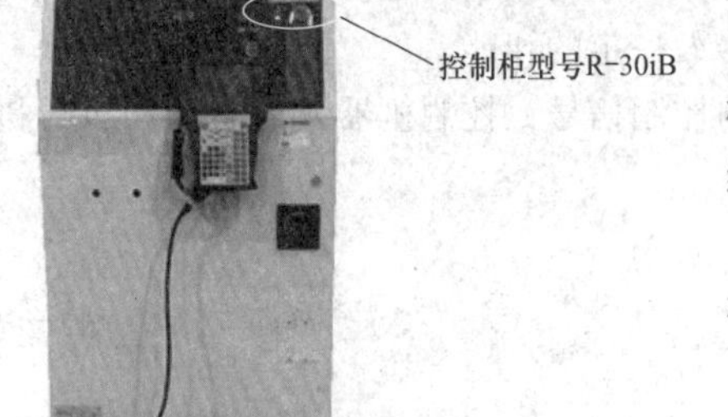

图 1-3 机器人控制柜

（2）示教器。通过示教器可以点动机器人、编写机器人程序、试运行机器人程序、查阅机器人的状态、维护和控制生产运行等。

（3）控制柜。控制柜是机器人的控制及驱动系统，机器人控制柜如图 1-3 所示。

2. FANUC 机器人的常规型号

FANUC 机器人种类很多，FANUC 的 *i* 系列机器人如图 1-4 所示。

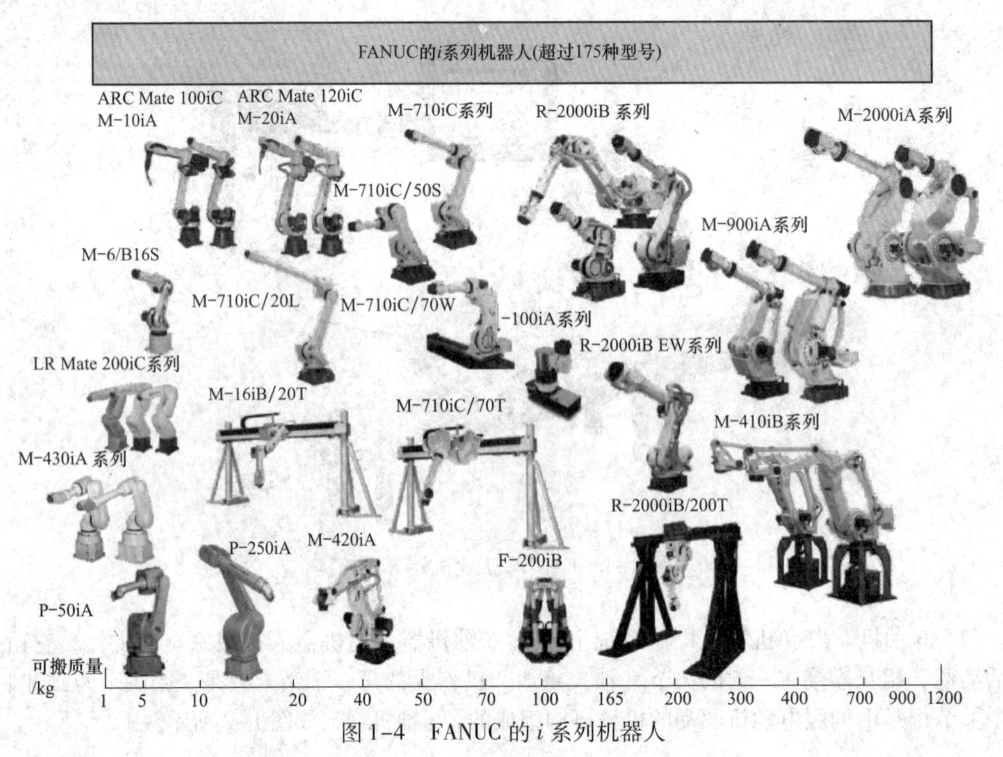

图 1-4 FANUC 的 *i* 系列机器人

机器人型号包括本体型号和控制柜型号。机器人本体型号位于机器人的J3轴手臂上，机器人本体型号如图1-5所示。

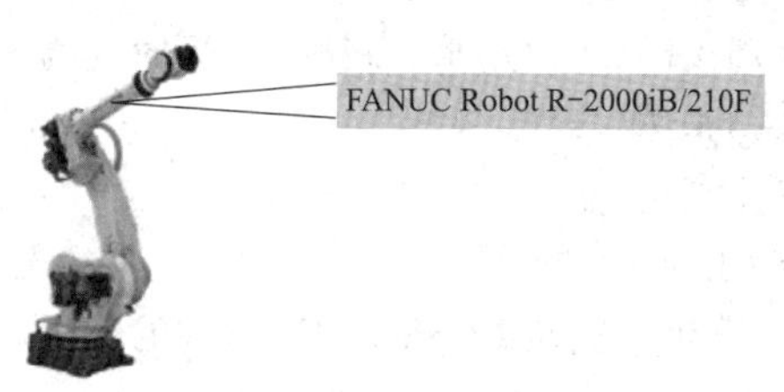

图1-5　机器人本体型号

FANUC机器人的主要型号见表1-1。

表1-1　FANUC机器人的主要型号

型号	轴数	手部负重（kg）
LR Mate 100iC/200iC	5/6	5/5
LR Mate 200iD	6	7（4）
ARC Mate 100iB/M-6iB	6	6（2）
R-2000iB	6	210（165，200，100，125，175）
M-900iA/M-410iB	6/4	600/450（300，160）

3. 机器人的主要参数

（1）LR Mate 200iD本体的主要参数见表1-2。

表1-2　LR Mate 200iD本体的主要参数

型号	LR Mate 200iD
控制轴数	6
可抓运质量	7kg
动作范围（*X*，*Y*）	717mm，274mm
重复定位精度	±0.02m
机构部质量	25kg
安装方式	地面、顶吊、倾斜角
对应的控制装置/输入电源设备容量	R-30iB Mate控制装置（标准型、外气导入型）1.2kVA
主要用途	搬运、组装、弧焊、涂胶、清洗、其他（压铸的脱模剂喷涂、去毛刺、去毛边）等

（2）R-30iB Mate控制装置的主要参数见表1-3。

表1-3　R-30iB Mate控制装置的主要参数

型号	R-30iB Mate控制装置（标准型）
额定电源电压	AC 200～230V +10% -15% 50/60Hz±1Hz、单相/三相
质量	40kg
尺寸（长×宽×高）	470mm×402mm×400mm
保护等级	IP54
非常停止	非常停止功能PL=e，Cat4（ISO 13849-1）SIL3（IEC61508） 位置/速度检查功能PL=d，Cat3（ISO 13849-1）SIL2（IEC61508）
外部记录装置	USB
通信功能	Ethernet，FL-net DeviceNet，PROFIBUS，PROFINET CC-Link，EtherNet/IP，EtherCAT

4. FANUC 机器人的安装环境

（1）环境温度。环境温度范围为 0 ~ 45℃。

（2）环境湿度。普通为 75% RH（无露水、霜冻）；短时间为 85% RH（一个月之内）。

（3）振动。不大于 0.5G（4.9M/s^2）。

5. FANUC 机器人的编程方式

（1）在线编程。在现场使用示教器编程。

（2）离线编程。在 PC 计算机上安装 FANUC 编程软件的编程。

6. FANUC 机器人的特色功能

（1）高性能碰撞检测功能（High sensitive collision detector）。高性能碰撞检测功能，即机器人无须外加传感器，各种场合均适用。

（2）软浮动功能（Soft float）。软浮动功能用于机床工件的安装和取出，有弹性的机械手。

（3）远程 TCP 控制（Remote TCP）。

7. 影响机器人运动的因素

机器人根据 TP 示教或程序中的运动指令进行移动。

（1）TP 示教影响运动的因素如下。

1）示教坐标系（通过 COORD 键切换）。

2）示教速度（通过速度键切换）。

（2）执行程序影响运动的因素如下。

1）运动类型。

2）位置信息。

3）运动速度。

4）终止类型。

六、FANUC 机器人的控制器

1. 控制器概述

控制器是机器人控制单元，由以下几部分组成：①示教器；②操作面板及其电路板；③主板、主板电池；④I/O 板；⑤电源供给单元；⑥紧急停止单元；⑦伺服放大器；⑧变压器；⑨风扇单元；⑩断路器、再生电阻。

机器人控制器包括动力单元、使用者接口电路、动作控制电路、存储器电路和输入/输出电路。

使用者应该使用示教器和操作面板操作控制单元。

操作控制线路控制伺服放大，通过主 CPU 电路，从而控制运行所有的机器人轴。

存储器电路可以存储由使用者设置在 CPU 电路板上的 C-MOS 存储器上的程序和数据。

输入/输出电路通过 I/O 接口电缆和外围连接电缆，接受和传送信号，使控制器与外围设备互联。远程输入/输出信号用于和远程控制器的通信。

2. 控制器组成

控制器组成如图 1-6 所示。

伺服放大器、风扇单元等如图 1-7 所示。

操作面板如图 1-8 所示。

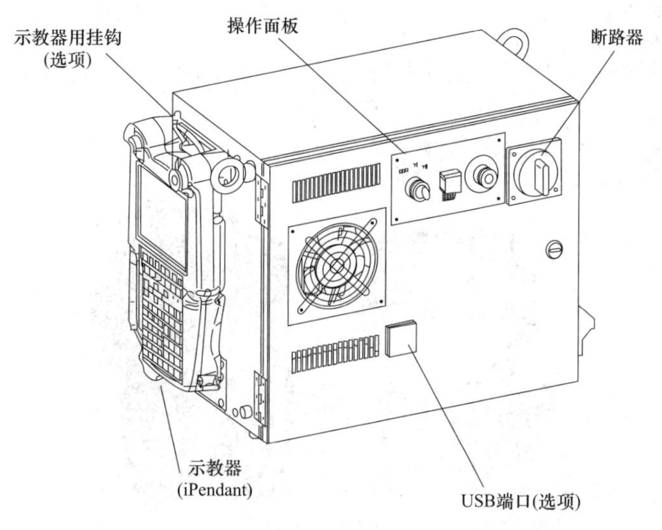

图 1-6　控制器组成

图 1-7　伺服放大器、风扇单元等

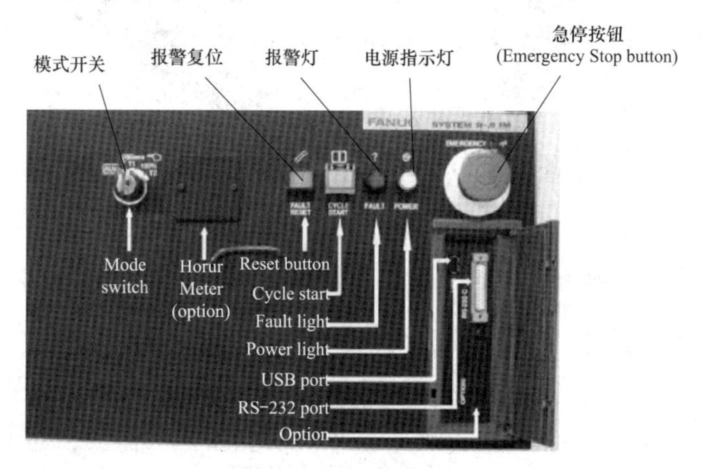

图 1-8　操作面板

3. 示教器（TP）

示教器（Teach Pendant，TP）是主管应用工具软件与用户之间的接口的操作装置，通过电缆与控制装置连接。

FANUC 机器人的示教器有单色和彩色两类，如图 1-9 所示。

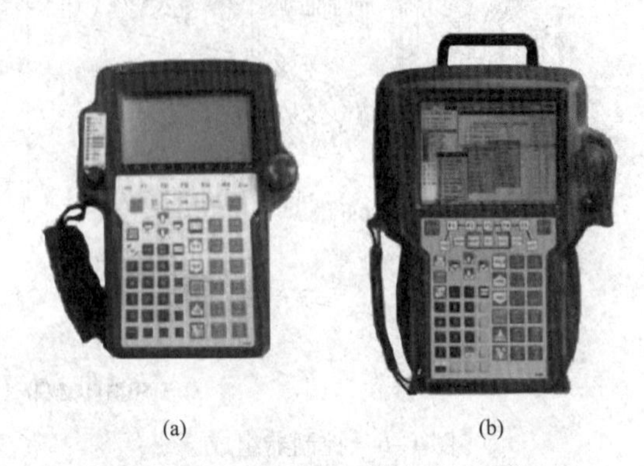

(a) (b)

图 1-9 FANUC 机器人的示教器

（a）单色；（b）彩色

单色示教器的作用有：①点动机器人；②编写机器人程序；③试运行程序；④生产运行；⑤查阅机器人的状态（I/O 设置，位置）。

单色示教器上的键分布如图 1-10 所示。

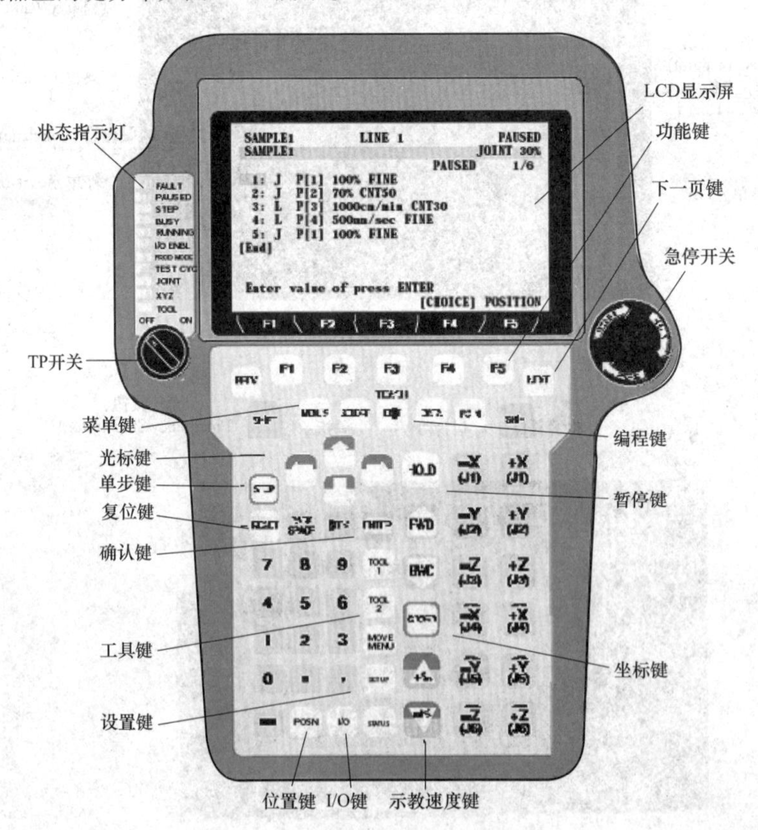

图 1-10 单色示教器上的键分布

（1）液晶屏。液晶屏用于显示程序、数据、对话信息等。

（2）操作键的名称、功能。

1）MENUS 菜单键。用于设置菜单屏幕。

2）EDIT 编辑键。用于显示程序编辑界面。

3）DATA 数据键。用于显示程序数据界面。

4）SELECT 选择键。用于显示程序选择界面。

5）←↑→↓光标键。用于移动光标。

6）STEP 单步键。用于开关选择是否单步运行。

7）RESET 复位键。用于解除警报。

8）BACK SPACE 退位键。用于立即删除光标前的字符或者数字。

9）ITEM 项目键。用于选择项目。

10）ENTER 确认键。用于确认输入一个数字量或者从菜单选择一个项目。

11）POSN 位置键。用于调用位置（POSITION）屏幕。

12）I/O 输入输出（I/O）键。用于调用输入/输出（I/O）屏幕。

13）STATUS 状态键。用于调用状态（STATUS）屏幕。

14）FCTN 键。用于调出辅助菜单。

15）HOLD 暂停键。用于停止机器人运行。

16）FWD 前进键（+SHIFT 键）。用于由前至后执行程序。

17）BWD 后退键（+SHIFT 键）。用于由后至前执行程序。

18）COORD 坐标键。用于选择进给坐标系或其他部分。

19）△+%、▽-%进给示教加、减速键。用于控制进给示教速度的增量，调整运动中的机器人进给速度。

20）TOOL 工具键。用于调用工具 1（Tool 1）和工具 2（Tool 2）屏幕。

21）MOVE MENU 移动菜单键：用于调用一个宏命令。创建一个移动到这个参考位置的程序，给它分配一个宏指令，通过移动菜单键就可以达到目的。

22）SET UP 设置键：用于调用设置（SETUP）。

23）F1～F5 屏幕功能键。用于选择界面最下面行的功能菜单。

24）PREV 前页键：用于切换到前一页屏幕。

25）NEXT 下一页键：用于切换功能键菜单到下一页。

26）FCTN 辅助功能键：用于显示辅助功能屏幕菜单。

27）SHIFT 移动键：用 SHIFT 键执行机器人的进给，示教位置数据并运行程序。左右两个 SHIFT 键功能相同。

28）进给示教键。

-Z	-Y	-X	+Z	+Y	+X	↷-Z	↷-Y	↷-X	↶-Z	↶-Y	↶-X
（J3）	（J2）	（J1）	（J3）	（J2）	（J1）	（J6）	（J5）	（J4）	（J6）	（J5）	（J4）

当移动键（SHIFT）按下时，这些进给示教键有效。

（3）单色示教器上的开关。单色示教器上有示教使能开关、紧急停止开关、特殊手持开关，示教器开关等，如图 1-11 所示。

单色示教器上的开关作用见表 1-4。

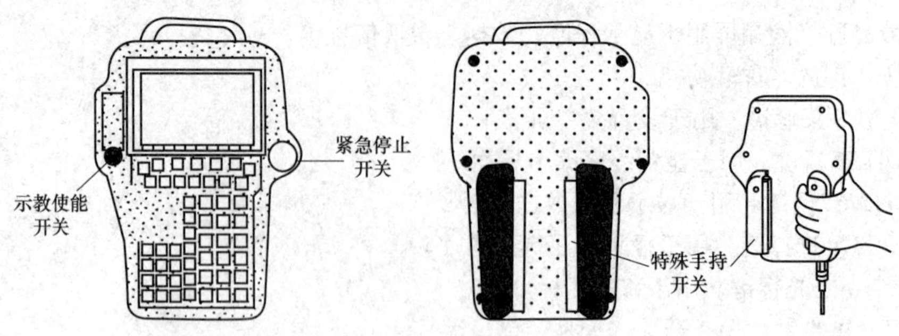

图 1–11　单色示教器上的开关

表 1–4　　单色示教器上的开关作用

示教器使能开关（Enable Switch）	此开关控制示教器有效/无效，当 TP 无效时，示教、编程、手动运行不能被使用
特殊手持开关	只有当示教器的 DEADMAN 开关被按下，机器人才能运动，一旦松开，机器人立即停止运动
紧急停止按钮（Emergency Stop Button）	此按钮被按下，机器人立即停止运动。

（4）单色示教器上的状态指示灯。单色示教器上的状态指示灯功能见表 1–5。

表 1–5　　单色示教器上的状态指示灯功能

LED 指示灯	功能
FAULT	显示一个报警出现
HOLD	显示暂停键被按下
STEP	显示机器人在单步操作模式下
BUSY	显示机器人正在工作，或者程序被执行，或者打印机和软盘驱动器正在被操作
RUNNING	显示程序正在被执行
I/O ENBL	显示 I/O 信号被允许
PROD MODE	生产模式，显示系统正处于生产模式，当接收到自动运行启动信号时，程序开始运行
TEST CYCLE	测试循环，程序在测试运行
JOINT	显示示教坐标系是关节坐标系
XYZ	显示示教坐标系是通用坐标系或用户坐标系
TOOL	显示示教坐标系是工具坐标系

（5）单色示教器的显示屏。单色示教器的显示屏如图 1–12 所示。

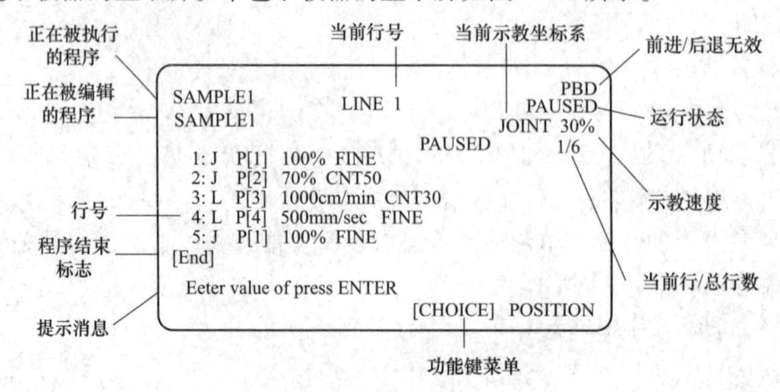

图 1–12　单色示教器的显示屏

1）液晶屏（16 行×40 列）。

2）显示各种工具（TOOL）的菜单（不同型号有所不同）。

3）Quick/Full 菜单（通过 FCTN 键选择）。

（6）单色示教器的屏幕菜单和功能菜单。

1）屏幕菜单（MENU）如图 1-13 所示，其功能见表 1-6。

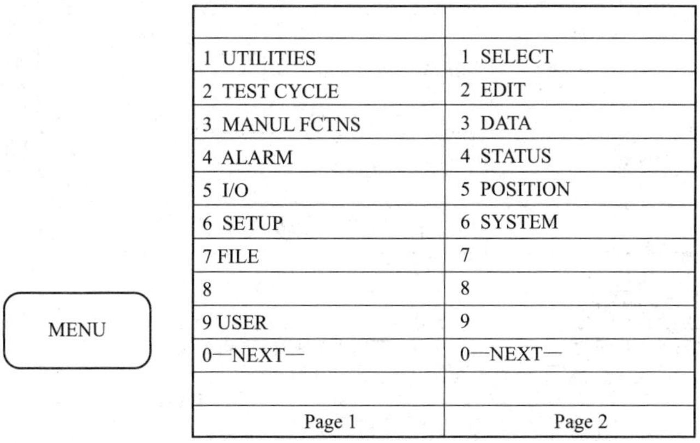

MENU

1 UTILITIES	1 SELECT
2 TEST CYCLE	2 EDIT
3 MANUL FCTNS	3 DATA
4 ALARM	4 STATUS
5 I/O	5 POSITION
6 SETUP	6 SYSTEM
7 FILE	7
8	8
9 USER	9
0—NEXT—	0—NEXT—
Page 1	Page 2

图 1-13　屏幕菜单（MENU）

表 1-6　屏幕菜单的功能

项目	功能
UTILITIES	显示提示
TEST CYCLE	为测试操作指定数据
MANUAL FCTNS	执行宏指令
ALARM	显示报警历史和详细信息
I/O	显示和手动设置输出，仿真输入/输出，分配信号
SETUP	设置系统
FILE	读取或存储文件
USER	显示用户信息
SELECT	列出和创建程序
EDIT	编辑和执行程序
DATA	显示寄存器、位置寄存器和堆码寄存器的值
STATUS	显示系统和弧焊状态
POSITION	显示机器人当前的位置
SYSTEM	设置系统变量，Mastering

2）功能菜单（FCTN）如图 1-14 所示，其功能见表 1-7。

1 ABORT	1 QUICK/FULL MENUS
2 Disable FWD/BWD	2 SAVE
3 CHANGE GROUP	3 PRINT SCREEN
4 TOG SUB GROUP	4 PRINT
5 TOG WRIST JOG	5
6	6
7 RELEASE WAIT	7
8	8
9	9
0—NEXT—	0—NEXT—
Page 1	Page 2

FCTN

图 1-14 功能菜单（FCTN）

表 1-7 功能菜单的功能

项目	功能
ABORT	强制中断正在执行或暂停的程序
Disable FWD/BWD	使用 TP 执行程序时，选择 FWD/BWD 是否有效
CHANGE GROUP	改变组（只有多组被设置时才会显示）
TOG SUB GROUP	在机器人标准轴和附加轴之间选择示教对象
TOG WRIST JOG	手腕点动示教
RELEASE WAIT	跳过正在执行的等待语句。当等待语句被释放，执行中的程序立即被暂停在下一个等待语句处
QUICK/FULL MENUS	在快速菜单和完整菜单之间选择
SAVE	保存当前屏幕中相关的数据到软盘中
PRINT SCREEN	打印当前屏幕的数据
PRINT	打印当前屏幕的数据

3）快速菜单（QUICK）如图 1-15 所示，其功能见表 1-8。

1	ALARM
2	UTILITIES
3	TEST CYCLE
4	DATA
5	MANAL FCTNS
6	I/O
7	STATUS
8	POSITION

图 1-15 快捷菜单（QUICK）

表 1-8 快速菜单的功能

项目	功能
ALARM	显示报警
UTILITIES	显示提示
TEST CYCLE	显示测试
DATA	显示数据
MANAL FCTNS	显示手动操作功能
I/O	显示输入/输出
STATUS	显示状态
POSITION	显示位置

注 使用选择键可以显示选择程序的画面，但除了可以选择程序以外，其他功能都不能被使用。使用编辑键可以显示编辑程序的画面，但除了改变点的位置和速度值，其他功能都不能使用。

4. 远端控制器

远端控制器是和机器人控制器相连的外围设备，用来设置系统，包括用户控制面板、可编程控制器（PLC）和主控计算机（Host Computer）。

5. 显示器和键盘

外接的显示器和键盘通过 RS-232C 与控制器相连，可以执行几乎所有的示教器功能。和机器人操作相关的功能只能通过示教器实现。

6. 通信

（1）一个标准的 RS-232C 接口（外部）。

（2）两个可选的 RS-232C 接口（内部）。

7. 输入/输出（I/O）

输入/输出信号包括外部输入/输出（UI/UO）、操作者面板输入/输出（SI/SO）、机器人输入/输出（RI/RO）、数字输入/输出（DI/DO）（512/512）、组输入/输出（GI/GO）（0～65535 最多 16 位）、模拟输入/输出（AI/AO）（0～16383 15 位数字值）。

输入/输出设备有 Model A、Model B 和 Process I/O PC 板 3 种类型。其中 Process I/O 板可使用的信号线数最多，最多是 512 个。

8. 外部信号

外部信号是发送和接受来自远端控制器或周边设备的信号，可以执行以下功能：

（1）选择程序。

（2）开始和停止程序。

（3）从报警状态中恢复系统。

（4）其他。

9. 急停设备

（1）2 个急停按钮（一个位于操作箱面板，一个位于示教器面板）。

（2）外部急停（输入信号）。外部急停的输入端子位于控制器或操作箱内。

10. 附加轴

每个组最多可以有 3 根附加轴（除了机器人的 6 根轴）。附加轴有以下 2 种类型。

（1）外部轴。控制时与机器人的运动无关，只能在关节运动。

（2）内部轴。直线运动或圆弧运动时，和机器人一起控制。

七、FANUC 机器人安全注意事项

1. 一般注意事项

（1）安全。

1）FANUC 机器人所有者、操作者必须对自己的安全负责。FANUC 不对机器使用的安全问题负责。FANUC 提醒用户，在使用 FANUC 机器人时必须使用安全设备，必须遵守安全条款。

2）FANUC 机器人程序的设计者、机器人系统的设计和调试者、安装者必须熟悉 FANUC 机器人的编程方式和系统应用及安装。

3）FANUC 机器人和其他设备有很大的不同，不同点在于 FANUC 机器人可以以很高的速度移动很大的距离。

（2）警告。请勿在下面的情况下使用 FANUC 机器人。否则，不仅会对机器人和外围设备造成影响，而且还会导致作业人员的伤害。

1）燃烧的环境。

2）有爆炸可能的环境。

3）无线电干扰的环境。

4）水中或其他液体中。

5）运送人或动物。

6）攀爬在机器人上或悬垂于其下。

2. 作业人员分类与职能划分

（1）操作员。机器人操作员可进行下列操作。

1）进行机器人的电源ON/OFF操作。

2）从操作面板启动机器人程序。

3）在示教器上设置数据。

4）用示教器示教机器人。

（2）编程人员。机器人编程人员可进行下列操作。

1）进行机器人的操作，包括：①打开、关闭机器人控制柜电源；②从操作面板启动机器人；③选择操作模式（AUTO、T1、T2）；④选择Remote/Local远程本地模式；⑤用示教器选择机器人程序；⑥用外部设备选择机器人程序；⑦在操作面板上启动机器人程序；⑧用月示教器启动机器人程序；⑨用操作面板复位报警；⑩用示教器复位报警；⑪在示教器上设置数据；⑫用示教器示教机器人。

2）在安全栅栏内进行机器人的示教、外围设备的调试等。

（3）维护人员。机器人维护人员可进行下列操作。

1）进行机器人的操作。

2）在安全栅栏内进行机器人的示教外围设备的调试等。

3）进行机器人的维护（修理、调整、更换）作业。

3. 安全操作规程

（1）示教和手动机器人。

1）不要戴着手套操作示教盘和示教器。

2）在点动操作机器人时要采用较低的倍率速度以增加对机器人的控制机会。

3）在按下示教盘上的点动键之前要考虑到机器人的运动趋势。

4）要预先考虑好避让机器人的运动轨迹，并确认该线路不受干涉。

5）机器人周围区域必须清洁，无油、水及杂质等。

（2）生产运行。

1）在开机运行前，必须知道机器人根据所编程序将要执行的全部任务。

2）必须知道所有会控制机器人移动的开关、传感器和控制信号的位置和状态。

3）必须知道机器人控制器和外围控制设备上的紧急停止按钮的位置，准备在紧急情况下使用这些按钮。

4）永远不要认为机器人没有移动，其程序就已经完成。因为这时机器人有可能是在等待让它继续移动的输入信号。

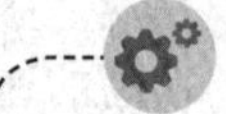

技能训练

一、训练目的

（1）了解工业机器人系统。

（2）认识 FANUC 工业机器人。

二、训练内容与步骤

（1）参观 FANUC 工业机器人实训室。

1）学习 FANUC 工业机器人实训室的基本规则。

2）观察 FANUC 工业机器人实训设备。

（2）观察 FANUC 工业机器人系统。

1）观察 FANUC 工业机器人本体。

2）观察 FANUC 工业机器人控制器。

3）观察 FANUC 工业机器人系统接口与线缆的连接。

4）观察 FANUC 工业机器人的示教器。

5）了解 FANUC 工业机器人的开机顺序。

6）观察 FANUC 机器人的 6 个关节示教运动。

习题

1. 填空题

（1）机器人系统由__________、____________、____________、__________组成。

（2）所有不包括在工业机器人系统内的设备称为____________________，常用的设备有______________、________________、____________________等。

（3）工业机器人最显著的特点有________、________、________、____________________等。

（4）工业机器人集________、________、________、软件应用开发等先进制造技术于一体。

（5）工业机器人应用可分为____________、______________、____________、____________、____________、______________等。

2. 简答题

（1）什么是工业机器人？

（2）列举工业机器人在生活、工作中的应用。

（3）什么是机械手？

（4）工业机器人的组成有哪些？

（5）工业机器人系统中的示教器有什么作用？

项目一 认知FANUC工业机器人

学习目标

（1）学会用 FANUC 机器人彩色示教器。

（2）FANUC 机器人的手动操作。

任务 2　学会用 FANUC 机器人彩色示教器

基础知识

一、FANUC 机器人示教器

1. 认识彩色示教器

彩色示教器如图 2-1 所示。

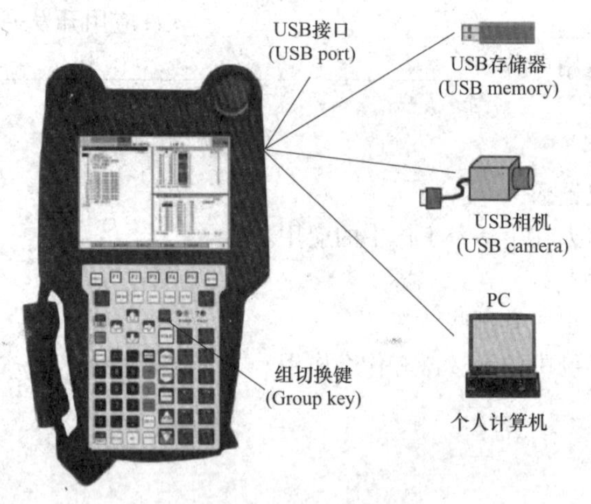

图 2-1　彩色示教器

（1）彩色示教器可在进行如下操作时使用：①机器人的点动进给；②程序创建；③程序的测试执行；④操作执行；⑤状态确认。

（2）彩色示教器有如下特点：①重量减轻，优化了重力平衡；②支持 USB；③增加了组键；④增加了触摸屏操作功能；⑤增加了网络操作功能。

（3）彩色示教器的构成。彩色示教器液晶画面的像素为 640×480。彩色示教器的开关如图 2-2 所示。

彩色示教器开关功能见表 2-1。

（4）68 个键控开关。68 个键控开关如图 2-3 所示。

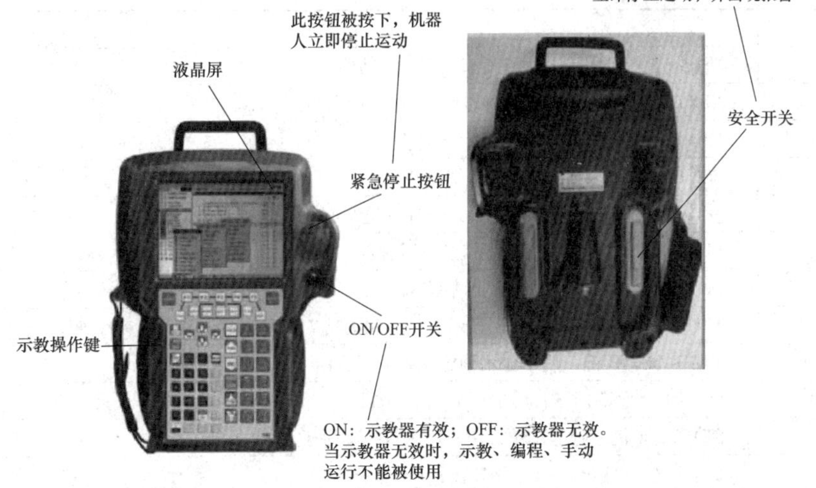

图 2–2　彩色示教器的开关

表 2–1　　彩色示教器开关功能

开关	功能
示教器有效开关	将示教器置于有效状态。示教器无效时，点动进给、程序创建、测试执行无法进行
安全开关	3 挡位置安全开关，按到中间点有效。有效时，从安全开关松开手或者用力将其握住时，机器人就会停止
急停按钮	不管示教器有效开关的状态如何，机器人都会急停

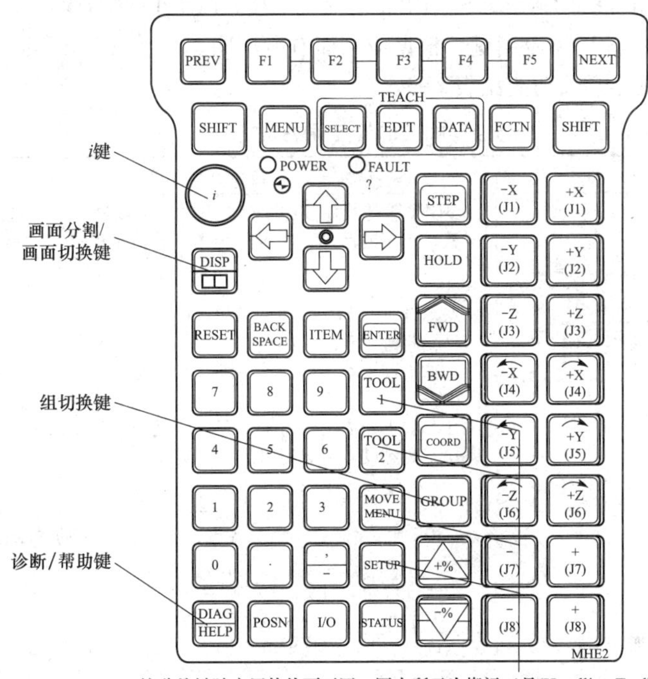

图 2–3　68 个键控开关

1）与菜单相关的键控开关功能见表 2–2。

表 2–2 与菜单相关的键控开关功能

按键	功能
F1 ~ F5	功能（F）键，用来选择画面最下行的功能键菜单
NEXT	NEXT（翻页）键，将功能键菜单切换到下一页
MENU	MENU（菜单）键，用来显示画面菜单
FCNT	FCNT（辅助）键，用来显示辅助菜单
SELECT	SELECT（一览）键，用来显示程序一览画面
EDIT	EDIT（编辑）键，用来显示程序编辑画面
DATA	DATA（数据）键，用来显示数据画面
TOOL1、TOOL2	TOOL1 和 TOOL2 键，用来显示工具 1 和工具 2 画面
MOVE MENU	MOVE MENU 键，用来显示预定位置返回画面（目前尚未支持）
SET UP	SET UP（设定）键，用来显示设定画面
STATUS	STATUS（状态显示）键，用来显示状态画面
I/O	I/O（输入/输出）键，用来显示 I/O 画面
POSN	POSN（位置显示）键，用来显示当前位置画面
DISP	在单独按下的情况下，移动操作对象画面；在与 SHIFT 键同时按下的情况下，分割屏幕（单屏、双屏、三屏、状态/单屏）
DIAG HELP	在单独按下的情况下，移动到提示画面；在与 SHIFT 键同时按下的情况下，移动到报警画面
GROUP	单独按下时，按照 G1→G1S→G2→G2S→G3→G1 的顺序，依次切换组、副组； 按住 GROUP（组切换）键的同时，按住希望变更的组号码的数字键，即可变更为该组； 此外，在按住 GROUP 键的同时按下 0，就可以进行副组的切换

TOOL1、TOOL2、MOVE MENUS、SETUP 的各按键，是 HANDLING TOOL（搬运工具）用示教器上的应用专用按键。应用专用键，根据应用而有所不同。

2）与点动相关的键控开关功能见表 2–3。

表 2–3 与点动相关的键控开关功能

按键	功能
SHIFT	SHIFT 键与其他按键同时按下时，可以进行点动进给、位置数据的示教、程序的启动；左右的 SHIFT 键功能相同
+X (J1) +Y (J2) +Z (J3) +X (J4) +Y (J5) +Z (J6) –X (J1) –Y (J2) –Z (J3) –X (J4) –Y (J5) –Z (J6) + (J7) – (J8) – (J7) + (J8)	点动键，与 SHIFT 键同时按下而使用于点动进给； J7、J8 键用于同一群组内的附加轴的点动进给，但是，5 轴机器人和 4 轴机器人等不到 6 轴的机器人的情况下，从空闲中的按键起依次使用； 在 5 轴机器人上，将 J6、J7、J8 键用于附加轴的点动进给； J7、J8 键的效果设定可进行变更
COORD	COORD 为手动进给坐标系键，用来切换手动进给坐标系（点动的种类）； 依次进行如下切换："关节"→"手动"→"世界"→"工具"→"用户"→"关节"； 当同时按下此键与 SHIFT 键时，出现用来进行坐标系切换的点动菜单
–% +%	带箭头的倍率键用来进行速度倍率的变更； 依次进行如下切换："微速"→"低速"→"1%→5%→50%→100%"（5% 以下时以 1% 为刻度切换，5% 以上时以 5% 为刻度切换）

3）与执行相关的键控开关功能见表 2-4。

表 2-4　与执行相关的键控开关功能

按键	功能
FWD BWD	FWD 前进键和 BWD 后退键（+SHIFT 键）用于程序的启动。程序执行中松开 SHIFT 键时，程序执行暂停
HOLD	HOLD 保持键，用于中断程序的执行
STEP	STEP 步进键，用于测试运转时的步进运转和连续运转的切换

4）与编辑相关的键控开关功能见表 2-5。

表 2-5　与编辑相关的键控开关功能

按键	功能
PREV	PREV 返回键，用于使显示返回到紧之前进行的状态；根据操作，有的情况下不会返回到紧之前的状态显示
RESET	RESET 复位键，解除报警
BACK SPACE	BACK SPACE 清除键，清除光标之前的字符或数字
ENTER	ENTER 输入键，用于数值的输入和菜单的选择
BACK SPACE	BACK SPACE 取消键，用来删除光标位置之前一个字符或数字
→ ↓ ← ↑	光标键用来移动光标。光标，是指可在示教器画面上移动的、反相显示的部分。该部分成为通过示教器键进行操作（数值/内容的输入或者变更）的对象
ITEM	ITEM 项目选择键，用于输入行号码后移动光标

5）其他键控开关。其他键控开关为 *i* 键，在与如下键同时按下时使用：①MENU（菜单）键；②FCTN（辅助）键；③EDIT（编辑）键；④DATA（数据）键；⑤POSN（位里显示）键；⑥JOG（点动）键；⑦DISP（画面切换）键。通过同时按下 *i* 键，将会提高画面成为图形显示等基于按键的操作。

（5）2 个 LED。示教器上的 2 个 LED 如图 2-4 所示，用于指示电源和报警的状态。

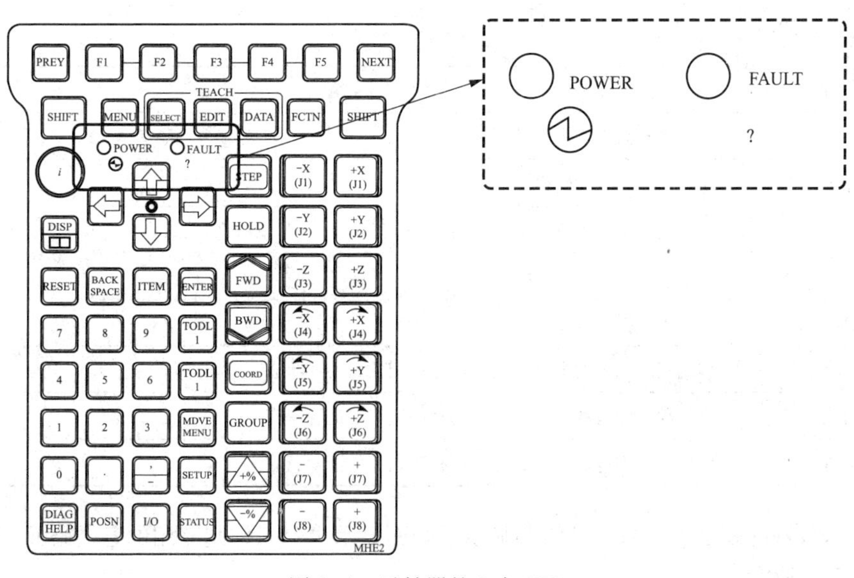

图 2-4　示教器的 2 个 LED

POWER 指示 LED 亮时，表示控制装置电源接通；FAULT 指示 LED 亮时，表示发生了报警。

（6）触控板。示教器上作为选项提供触控板。可以使用触控板进行操作的画面如下。

1）软面板画面/因特网画面（Web 浏览器画面）/状态辅助窗口画面。

2）软键盘。

3）画面切换（多个画面显示时，通过触控画面来移动操作对象画面）、光标移动画面下半部分从 F1 ~ F5 的软件按钮。

需要注意的是，并非所有操作都可以通过触控板来进行。使用触控板时，有时会发生蜂鸣声。为了避免发生蜂鸣声，请将系统变量 $UI_CONFIG. $TOUCH_BEEP 从 TRUE 变更为 FALSE，并进行再启动（电源 OFF/ON）。

（7）状态窗口。示教器显示画面的上部窗口，叫作状态窗口，如图 2-5 所示。状态窗口上显示 8 个软件 LED、报警显示、倍率值。

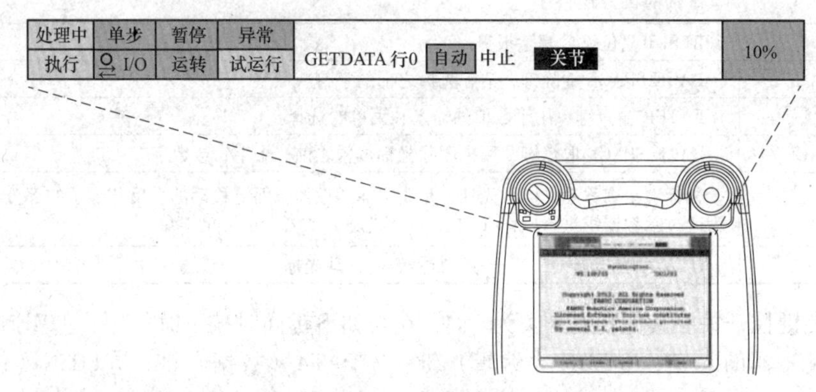

图 2-5 状态窗口

软件 LED，含义见表 2-6，带有图标的显示表示“ON”，不带图标的显示表示“OFF”。

表 2-6 软件 LED 含义

软件 LED	含义
处理中	表示机器人正在进行某项作业
单段	表示处在单段运转模式下
暂停	表示按下了 HOLD（暂停）按钮，或者输入了 HOLD 信号
异常	表示发生了异常
执行	表示正在执行程序
I/O	应用程序固有的 LED，与应用程序相关的 I/O 状态
运转	应用程序固有的 LED，与应用程序相关的运行状态
试运行	应用程序固有的 LED，与应用程序相关的试运行状态

（8）示教器的画面。示教器的液晶显示屏画面显示机器人控制应用的各类画面。程序编辑画面如图 2-6 所示。

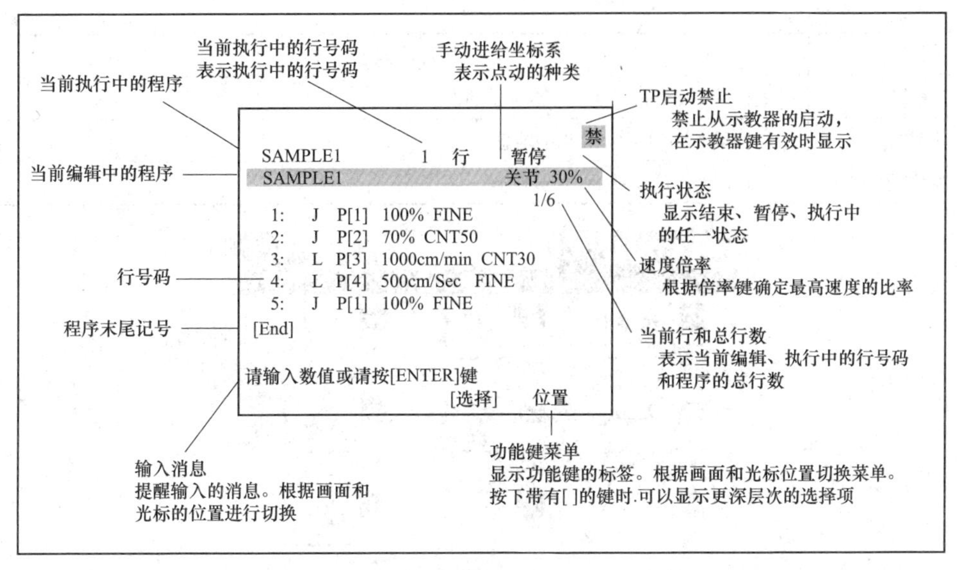

图 2-6　程序编辑画面

（9）菜单。通过选择菜单可进行示教器的操作。画面菜单、主菜单和辅助菜单，可分别通过 MENU（菜单）键、i 键+MENU 键和 FCTN（辅助）键进行调用。按下“MENU”键，将显示选择画面菜单，如图 2-7 所示。

选择画面菜单的条目见表 2-7。

1）主菜单。主菜单用于画面的选择，主菜单如图 2-8 所示。要显示主菜单，可同时按下示教器的 i 键和 MENU 键。

1 实用工具
2 试运行
3 手动操作
4 报警
5 I/O
6 设置
7 文件
8
9 用户
0 —下页—

第1页

1 一览
2 编辑
3 数据
4 状态
5 4D图形
6 系统
7 用户2
8 浏览器
9
0 —下页—

第2页

图 2-7　选择画面菜单

表 2-7　选择画面菜单的条目

条目	功能
实用工具	使用各类机器人的功能
试运行	进行测试运转的设定
手动操作	手动执行宏指令
报警	显示发生的报警和过去报警履历以及详细情况
I/O	进行各类 I/O 的状态显示、手动输出、仿真输入/输出、信号的分配、注解的输入
文件	进行程序、系统变量、数值寄存器文件的加载和保存
设置	进行系统的各种设定
用户	在执行消息指令时显示用户消息
一览	显示程序一览，可进行创建、复制、删除等操作
编辑	进行程序的示教、修改、执行
数据	显示数值寄存器、位置寄存器和码垛寄存器的值
状态	显示系统的状态
4D 图形	显示 3D 画面，同时显示现在位置的数据

续表

条目	功能
系统	进行系统变量的设定、零点标定的设定等
用户 2	显示从 KAREL 程序输出的消息
浏览器	进行网络上的 Web 网页的浏览

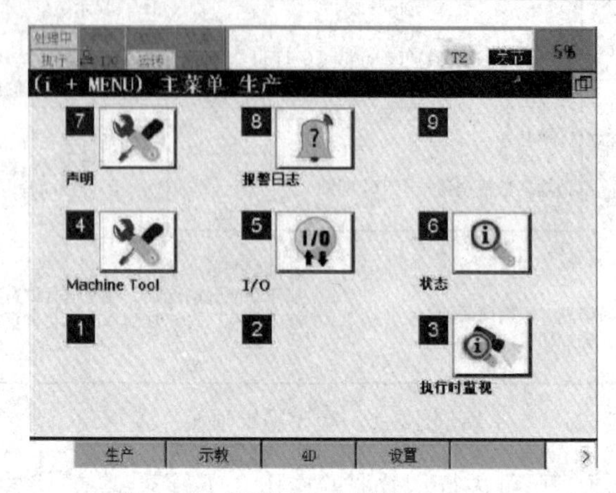

图 2-8 主菜单

使用触控板触碰图标，通过示教器的数字键输入图标左上的编号，就可切换到图标上所示的画面。1 帧主菜单上，最多可以配置 9 个图标。

主菜单最多可以设定 10 帧，并可以通过功能键来切换。用于生产、示教、设置、安装的主菜单已被事先设定。

不希望显示主菜单时，请将系统变量 $UI_CONFIG. $ENB_TOPMENU 从 TRUE 变更为 FALSE。

2）辅助菜单。要进行辅助菜单的显示，可按下示教器上的 FCTN 键。辅助菜单选择如图 2-9 所示。

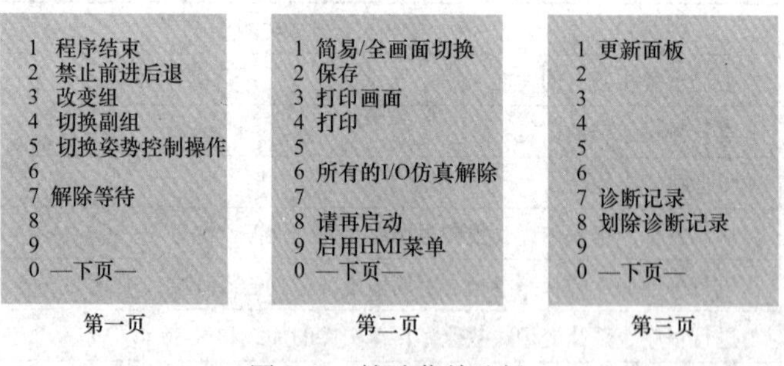

图 2-9 辅助菜单选择

辅助菜单选项功能见表 2-8。

表 2-8 辅助菜单选项功能

选项	功能
程序结束	强制结束功能执行中或暂停中的程序
禁止前进后退	禁止或解除从示教器启动程序

续表

选项	功能
改变群组	在点动进给中，进行动作群组的切换，只有在设定了多组的情况下予以显示
切换副群组	在点动进给中，进行机器人标准轴和附加轴之间的切换，只有在设定了附加轴的情况下予以显示
切换姿势控制操作	在点动进给中，进行姿势控制进给和手腕关节进给（不通过直线点动进给来保持手腕姿势）之间的切换
解除等待	跳过当前执行中的等待指令，解除等待时，程序的执行在等待指令的下一行暂停
简易/全画面切换	用来切换通常的画面菜单和快捷菜单
保存	将与当前显示的画面相关的数据保存在外部存储装置中
打印画面	原样打印当前所显示的阅面显示内容
打印	用于程序、系统变量的打印
所有的 I/O 仿真解除	解除所有 I/O 信号的仿真设定
请再启动	可以进行再启动（电源 OFF/ON）
启用 HMI 菜单	按下 MENU 键时，选择是否显示 HMI 菜单
更新面板	进行画面的再次显示
诊断记录	发生故障时记录调查用数据； 发生故障时，请在电源置于 OFF 前记录下来
划除诊断记录	删除所记录的调查用数据

（10）再启动。可通过 FCTN 键执行再启动（电源 OFF/ON）操作。

1）条件。示教器处于有效状态。

2）步骤：①按下 FCTN（辅助）键；②选择“请再启动”；③出现“进行再启动，确定吗?”询问画面；④选择“是”，按下“ENTER”键。

（11）快捷菜单。进行辅助菜单的“简易/全画面切换”而选定快捷菜单时，通过画面菜单可显示画面受到限制。可显示的画面随应用工具软件而不同。HANDLING TOOL（搬运工具）上显示的快捷菜单如图 2-10 所示。

1）报警：异常发生和履历画面。

2）实用工具：提示画面。

3）试运行：试运转画面。

4）数据：数值寄存器、位置寄存器画面。

5）手动操作：手动操作画面。

6）I/O：数字、组、机器人 I/O 画面。

7）状态：程序、轴、软件版本、执行历史、存储器画面。

8）工具 1 和工具 2：工具 1、工具 2 画面。

9）用户、用户 2：使用者、使用者 2 画面。

10）设置：坐标系设定、密码设定画面。

11）4D 图形：4D 图形显示、现在位置画面。

12）浏览器：因特网、Panel Setup 画面。

（12）示教器画面的分割。同时按下 DISP+SHIFT 按键，显示画面分割选择菜单，如图 2-11 所示。

画面分割菜单说明见表 2-9。

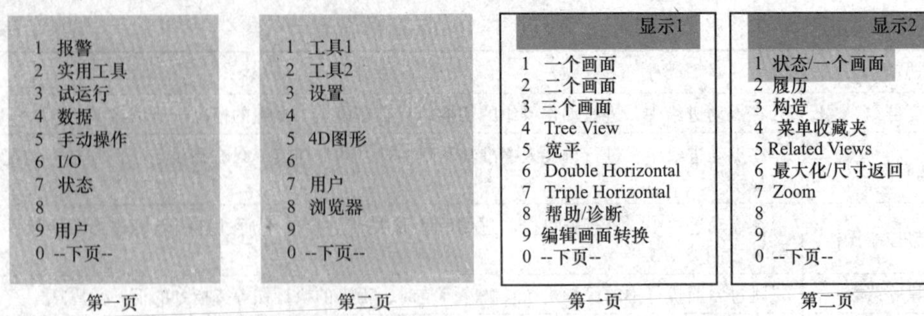

图 2-10 HANDING TOOL（搬运工具）上显示的快捷菜单

图 2-11 画面分割选择菜单

表 2-9 画面分割菜单说明

条目	功能
一个画面	在整个画面只显示一个数据。画面不予分割如图 2-12 所示
二个画面	分割为左右 2 个画面，如图 2-13 所示
三个画面	左右 2 个画面中，右边的画面上下分割，共显示 3 个画面，如图 2-14 所示
状态/一个画面	分割为左右 2 个画面，但右边的画面略大，左边的画面显示带有图标的状态辅助窗口
宽平	最多能够显示横向 76 个字符、纵向 20 个字符
Double Horizontal	分割为上下 2 个画面
Triple Horizontal	上下 2 个画面中，上面的画面左右分割，共显示 3 个画面
编辑画面转换	分割显示多个编辑画面时，切换编辑对象的程序
履历	显示紧靠其前所显示的 8 个菜单，可显示所选的菜单
构造	显示已登录的画面配置的列表，可根据选择变更配置
菜单收藏夹	显示已登录的菜单的列表，可显示选择的菜单
Related Views	所显示的画面上已登录有相关视图时，相关视图将被显示在辅助菜单上，并可显示所选择的相关视图
最大/尺寸返回	在将画面进行 2 分割、3 分割时，全画面显示现在所选择的画面，并再次复原
Zoom	放大所选画面的字符，此外，使放大的字符复原

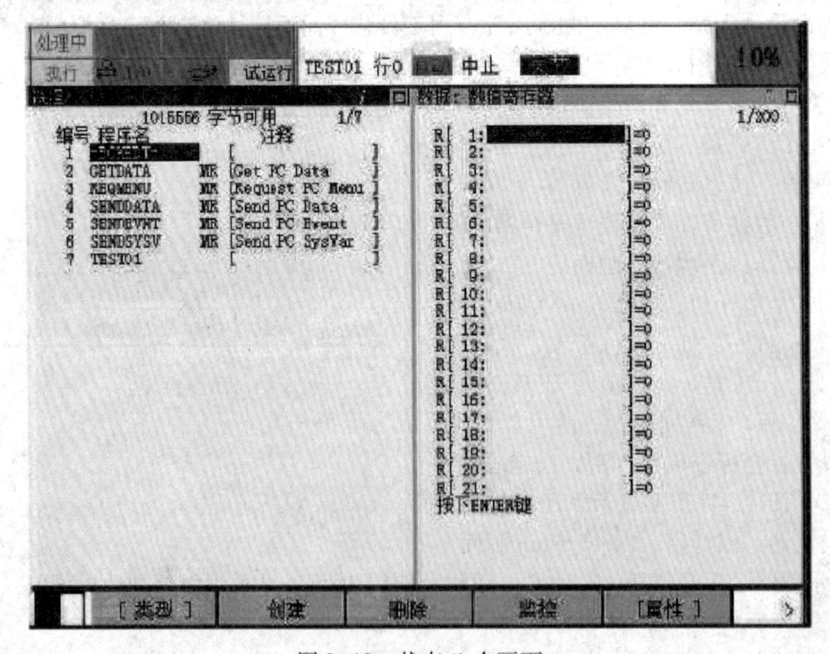

图 2-12 状态/1 个画面

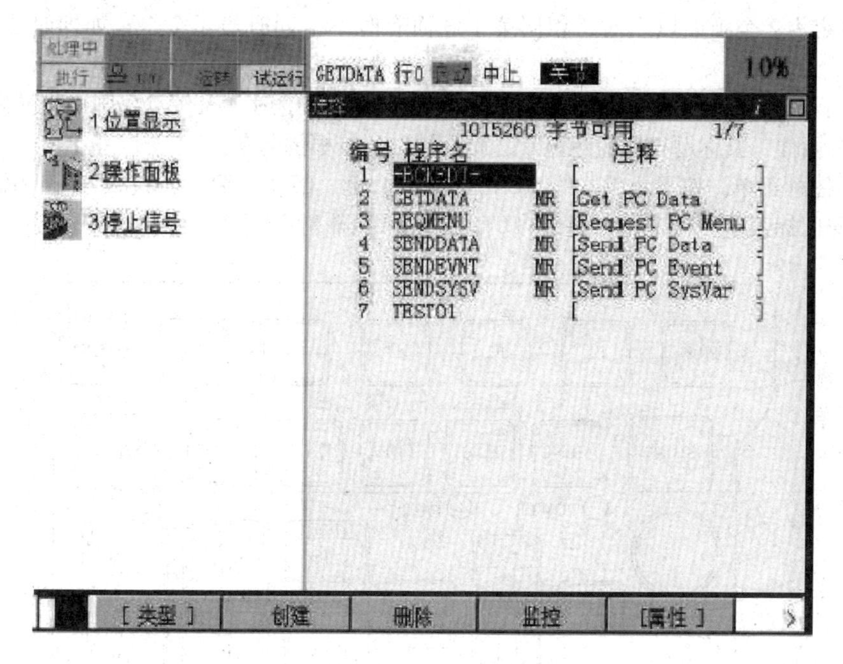

图 2-13　2 个画面

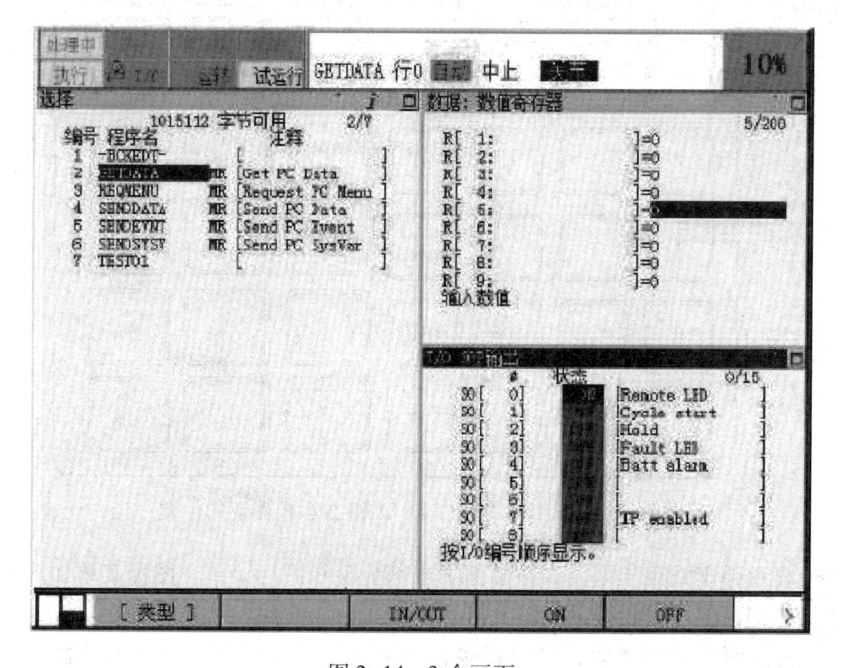

图 2-14　3 个画面

1）可以同时打开多个程序的编辑画面。可以按照每个窗口打开。执行的程序，是在左边窗口选择的程序。通过示教器执行程序，只有在左边的窗口为操作对象时可以进行。

2）设定为 2 个画面以上时，相同菜单画面有时不会同时显示 2 个，如即时位置修改画面等。

（13）操作对象画面的移动方法。按下 DISP（窗口）键时，操作对象画面按照顺序移动。可以操作的画面，其标题行呈蓝色显示，画面被红色线框围起来。

（14）图标菜单。按下示教器的 MENU（菜单）键、DISP（窗口）键、FCTN（辅助）键，可打开相应图标菜单。MENU、DISP、FCTN 键在示教器上的位置如图 2-15 所示。

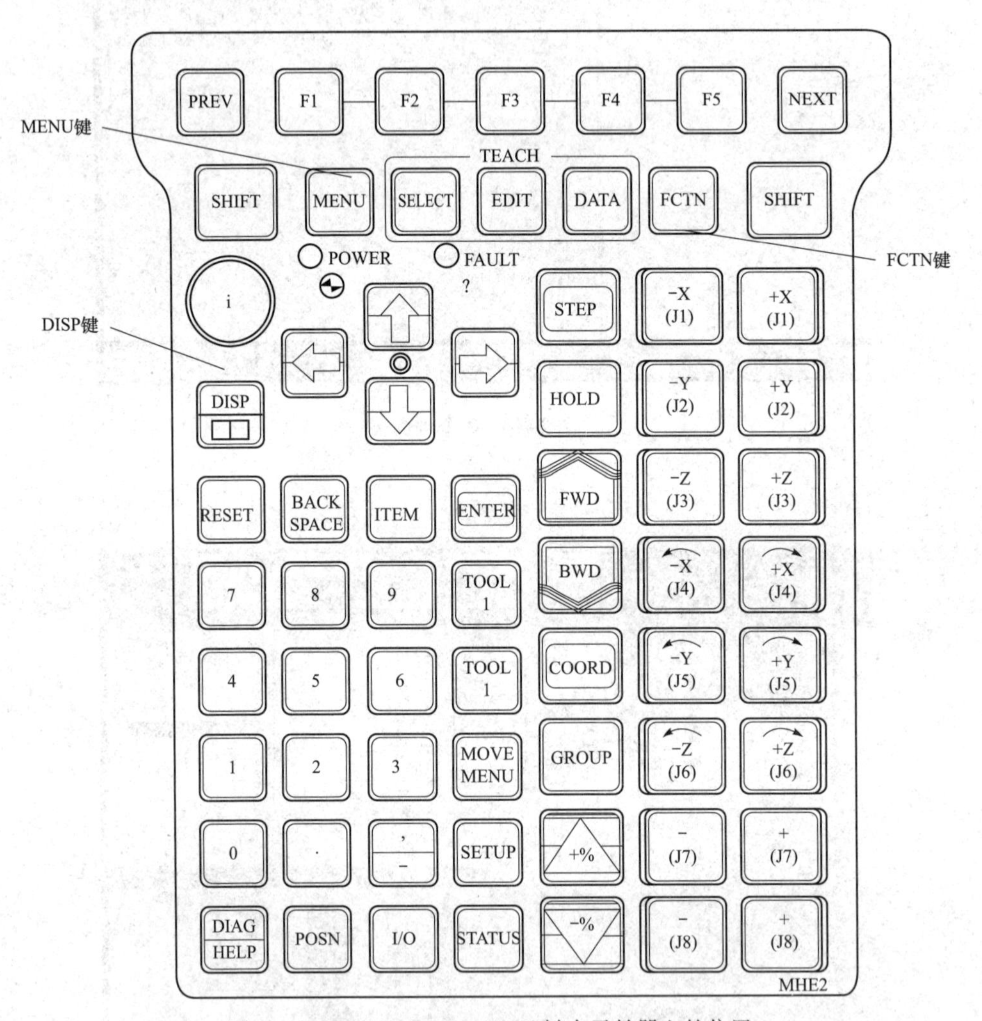

图 2-15 MENU、DISP、FCTN 键在示教器上的位置

在画面上显示弹出式菜单期间，在画面下半部分显示图标菜单，图标菜单如图 2-16 所示。通过选择图标，即可快速进行画面切换和画面配置。

使用带有触控板的示教器时，可以直接触碰画面来选择图标；使用不带触控板的示教器时，可通过按下图标下的 PREV、F1 ~ F5、NEXT 键来选择图标。

图标菜单有多页时，通过选择右端的下一页图标切换菜单的页面；通过选择左端的结束图标关闭图标菜单。

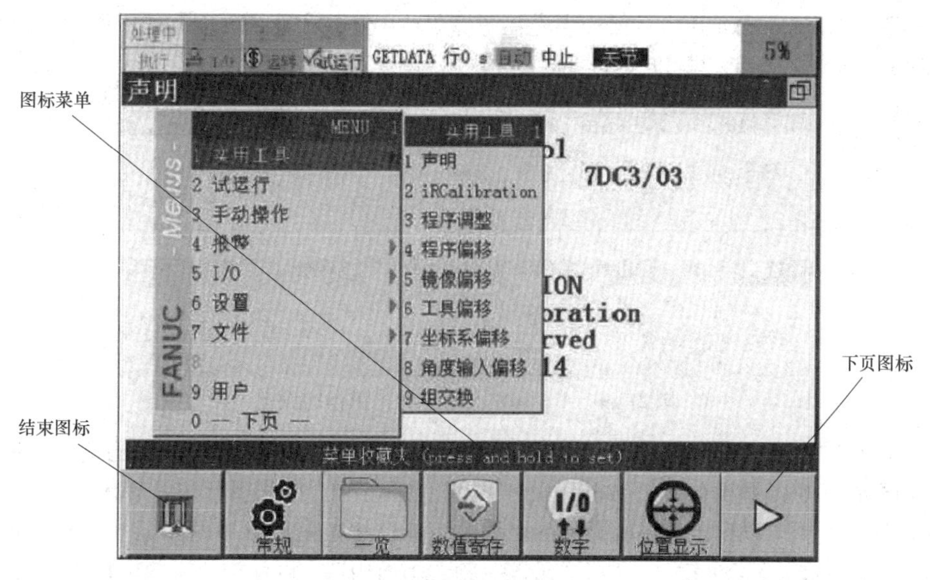

图 2-16　图标菜单

1）菜单收藏夹画面用图标菜单。按下 MENU 键时，显示菜单收藏夹画面用图标菜单，如图 2-17 所示。通过选择图标，即可显示相应的画面。

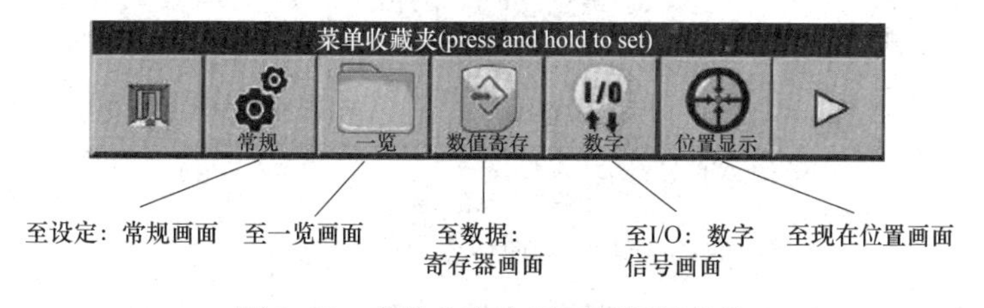

图 2-17　菜单收藏夹画面用图标菜单

初期状态下，图标菜单上尚未进行画面的登录。要在图标菜单上登录使用频度高的菜单收藏夹的画面，在显示希望登录的画面的状态下，持续按希望设定图标的位置 4s（没有触控板时，持续按下 PREV、F1 ~ F5、NEXT 键 4s），在菜单中设定图标，如图 2-18 所示。菜单收藏夹画面用图标菜单中最多可以登录各 10 个菜单收藏夹画面。

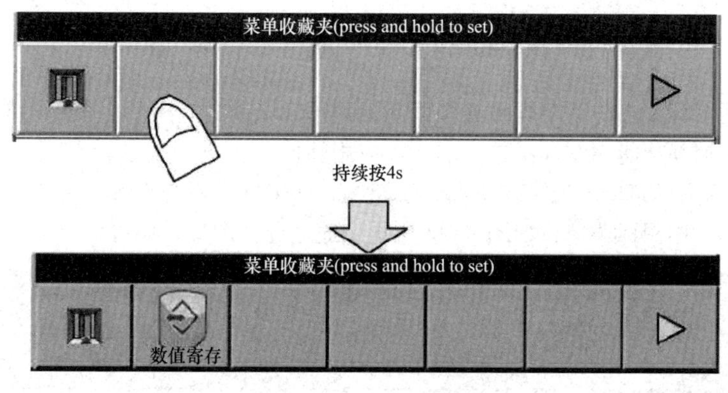

图 2-18　设定图标

Arc Tool 以及 Spot Tool+中，已经事先在图标菜单中登录了使用频度高的应用相关画面。Arc Tool 上的图标菜单标准设定如图 2-19 所示。

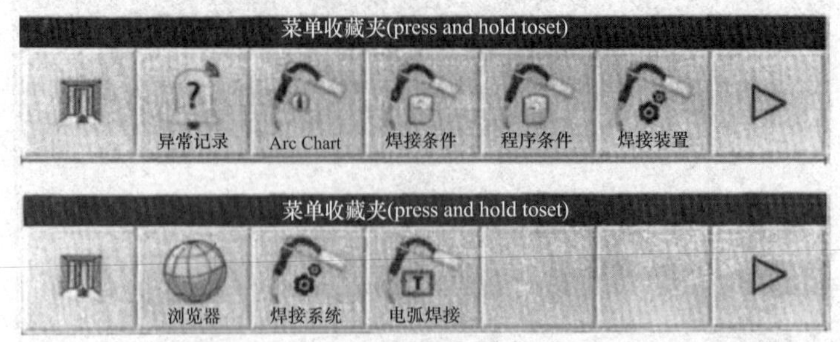

图 2-19 Arc Tool 上的图标菜单标准设定

2）画面构造用图标菜单。按下 SHIFT 键+DISP（窗口）链时，显示画面构造用图标菜单。可将画面构造状态（画面的分割数和各分割画面上的菜单）作为图标进行登录，只要选择图标菜单的图标，就可以设定菜单收藏夹的画面构造。持续按图标菜单的图标（没有触控板时，按 PREV、F1 ~ F5、NEXT 键），即可登录该时刻的画面构造。画面构造用图标菜单上最多可以登录 10 个画面构造。画面构造用图标菜单如图 2-20 所示。

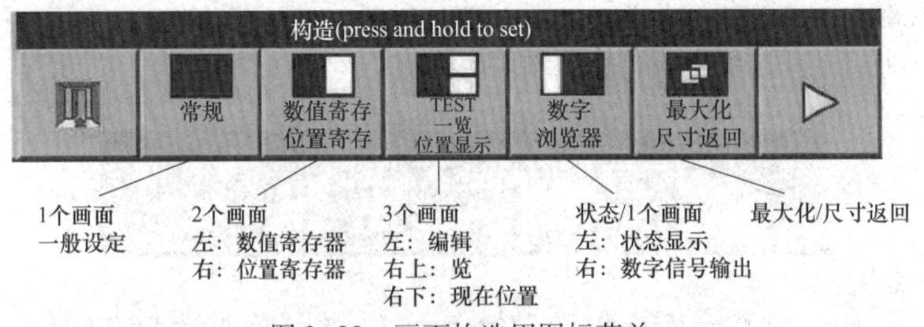

图 2-20 画面构造用图标菜单

3）辅助功能用图标菜单。按下 FCTN（辅助）键时，显示辅助功能用图标菜单，点焊辅助功能用图标菜单如图 2-21 所示。菜单内容，随每个应用软件而不同。可利用 SPOT TOOL+，从点焊辅助功能用图标菜单直接进行点焊中使用频度高的操作。

图 2-21 点焊辅助功能用图标菜单

辅助功能用图标菜单与菜单收藏夹画面图标菜单和画面构造用图标菜单不同，无法进行自定义。可否使用辅助功能用图标菜单，取决于应用软件。

4）坐标系用图标菜单。通过按下 SHIFT 键+COORD（手动进给坐标系）键，就可以在画面下部显示坐标系用图标菜单，如图 2-22 所示。通过选择图标，即可快速进行坐标系切换。

图 2-22 坐标系用图标菜单

坐标系的图标菜单已被事前登录，无法进行变更。坐标系的菜单图标，在标准设定下已被设定为有效，可以在 iPendant 设定画面上将其设定为无效，方法为：从按下 MENU 键显示的菜单中选择“iPendant 设置”，显示 iPendant 设置画面，如图 2-23 所示。按下“iPendant 菜单收藏夹设置”按钮，通过勾选“坐标系收藏夹启用”，就可以切换启用/禁用。

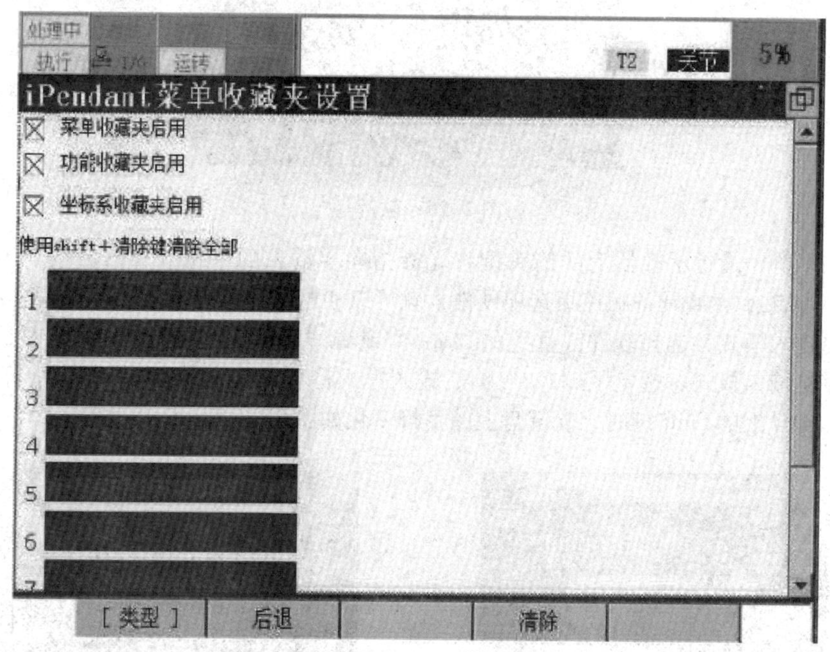

图 2-23 iPendant 设置画面

（15）软键盘。可通过软键盘来输入字符串。为使用软键盘，将光标指向要输入字符的条目处，然后按下 ENTER 键。显示用来输入字符的菜单设置，如图 2-24 所示。将光标指向这个菜单中的其他条目，然后按下 F5，软键盘即显示出来，如图 2-25 所示。

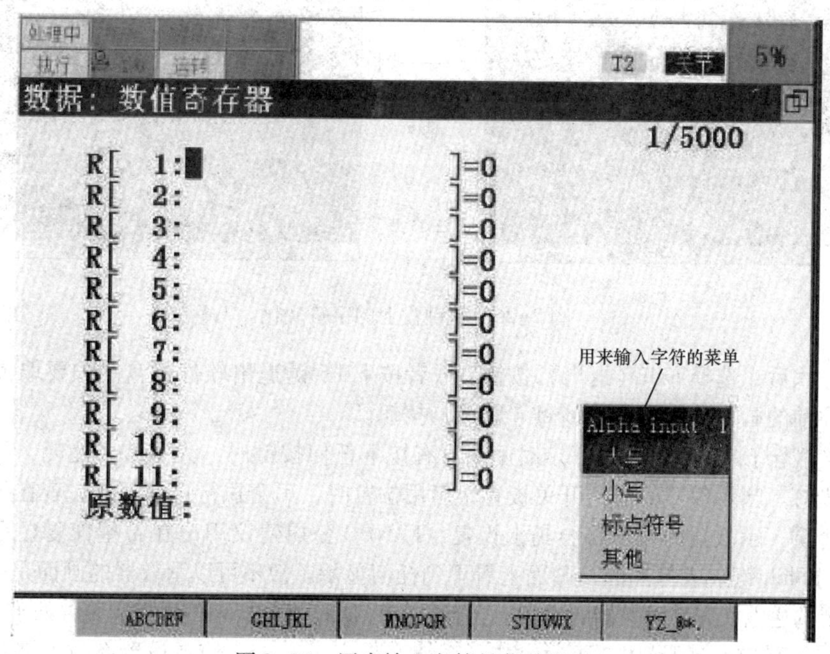

图 2-24 用来输入字符的菜单设置

图 2-25 软键盘

要输入字符，通过示教器上的箭头键将光标指向要输入的字符处，然后按下示教器上的 ENTER 键。如果示教器具备触控板选项硬件，就可以通过触碰触控板上的字符来输入字符。

要变更输入模式，选择软件键盘上的“abc”或者“123”，选定了“abc”时，输入模式将会变成字符输入模式。选定了“123”时，输入模式将会变成数字字符和符号字符输入模式。

按下软键盘上的 Shift 键时，软键盘上的字符变化如图 2-26 所示。

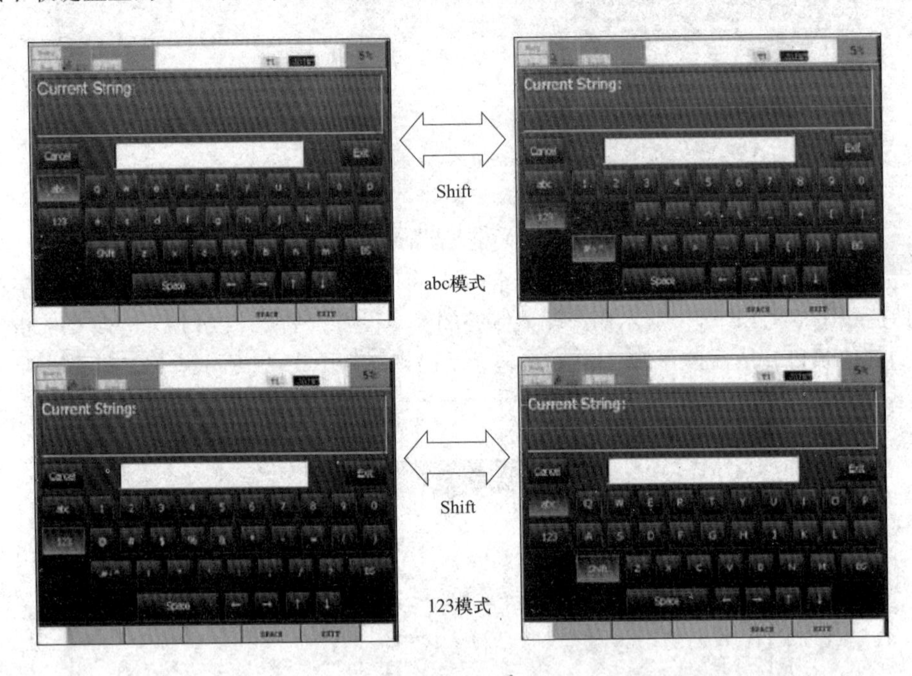

图 2-26 软键盘上的字符变化

完成输入后，选择 Exit（退出）按钮，或者按下 F5 键退出软件键盘。如要取消输入字符并返回到先前的画面，则选择 Cancel（取消）按钮。

（16）背光灯自动灭灯。在一定时间内没有按下任何按键时，为了节省能耗，示教器将自动关闭背光灯。当示教器的启用开关被置于启用位置时，不会执行自动灭灯。若在灭灯期间按下任何一个键，示教器的显示将会马上恢复，FANUC 公司建议用户在希望恢复显示后按下左边或右边的 Shift 键。灭灯期间，画面上看不到任何显示。故不可以示教器的画面是否显示来判断控制装置的通电状态。示教器的键盘上会有绿色的 LED 指示器来表示控制装置处于通电状态。

1）自动灭灯功能的设置，可通过如下系统变量变更。为了使得设置有效，需要进行再启动（电源的OFF/ON）。

$UI_CONFIG. $BLNK ENABLE

2）设置自动关闭背光灯功能是否有效。为TRUE时，自动灭灯功能有效；为FALSE时，该功能无效。

$UI_CONFIG. $BLNK TIMER

3）设置自动关闭背光灯时间，在该时间内没有按下任何键时，自动关闭背光灯。单位是分钟。

$UI_CONFIG. $BLNK ALARM

4）设置自动灭灯报警，为TRUE时，自动关闭背光灯而与有无报警无关；为FALSE时，在发生报警时，禁用自动灭灯功能。

2. 操作装置

（1）操作面板。操作面板上附带有几个按钮、开关、连接器等。

控制柜上的操作面板，R-30iB操作面板（标准）如图2-27所示。可以通过操作面板/操作箱上配备的按钮，进行程序的启动、报警的解除等操作。

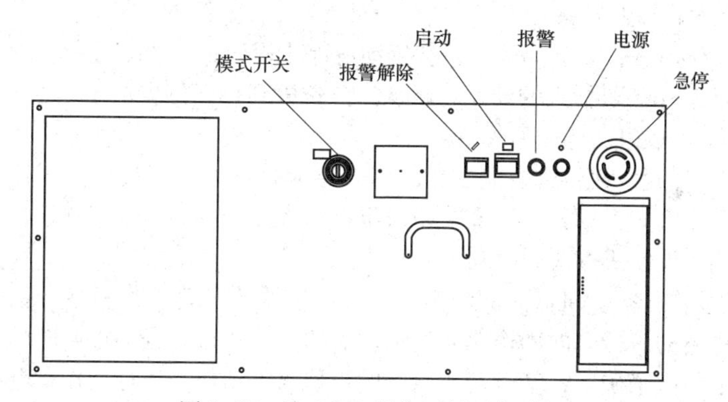

图2-27　R-30iB操作面板（标准）

操作面板按钮开关功能见表2-10。

表2-10　**操作面板按钮开关功能**

按钮开关	功能
急停按钮	按下此按钮可使机器人瞬时停止
报警解除按钮	向右旋转急停按钮即可解除报警状态
启动按钮	启动当前所选的程序，程序启动中亮灯
3方式开关	选择对应机器人的动作条件和使用状况的适当的操作方式

操作面板LED功能见表2-11。

表2-11　**操作面板LED功能**

LED	功能
报警	表示处在报警状态，按下报警解除按钮，解除报警
电源	表示控制装置的电源接通

（2）遥控装置。遥控装置是连接于机器人控制装置而构成系统的各类外部装置。遥控装置是使用机器人控制装置所提供的外围设备、I/O等而由用户自身创建的用来控制系统运转的控

制装置。

（3）CRT/KB。CRT/KB是选项的操作装置。外部CRT/KB经由RS-232C电缆与控制装置连接。可使用CRT/KB来执行与机器人动作相关的功能以外的几乎所有示教器的功能。有关伴随机器人动作的功能，仅使用示教器来执行。

（4）通信。机器人控制装置的操作面板和示教器上备有USB端口，可通过USB存储器进行文件的保存和加载。为与其他串口设备通信，配置有串行通信接口，以便与采用RS-232C通信协议的设备进行信息交换。

（5）I/O。I/O（输入/输出）信号可使用通用信号和专用信号在应用工具软件和外部之间进行数据的收发。通用信号（用户定义的信号）由程序进行控制，进行与外部设备之间的通信；专用信号（系统定义的信号）是使用于特定用途的信号线。

I/O的种类和数量，随控制装置的硬件和所选I/O模块的类型和数量而不同。I/O具有如下种类：①外围设备I/O；②操作面板I/O；③机器人I/O；④数字I/O；⑤组I/O；⑥模拟I/O。

控制装置上可以安装I/O单元MODEL A、I/O单元MODEL B或者处理I/O印刷电路板。

（6）外围设备I/O。外围设备I/O是与遥控装置和各类外围设备进行数据交换的、已被定义了用途的专用信号。

外围设备I/O作用有：①选择程序；②启动或停止程序；③解除报警；④其他情形。

（7）机器人的动作。机器人的动作，将从当前位置到目标位置的工具中心点（Tool Center Point，TCP）的运动作为一个动作指令来处理。

1）机器人控制装置。机器人控制装置是综合控制机器人的轨迹、加减速、定位、速度的动作控制系统。可以将多个轴分割为多个动作组进行控制（多动作功能）。各自的动作组相互独立，但是可以同步地使机器人同时动作。

2）机器人的动作分类。机器人的动作有来自示教器的点动进给和基于程序中的动作指令两类。基于点动进给的机器人的动作，通过示教器的按键执行。点动进给时的动作，通过手动进给坐标系和速度倍率来确定；基于动作指令的机器人的动作，通过动作指令中所指定的位置数据、动作类型、定位类型、移动速度、速度倍率等来确定。

3）动作类型。动作类型有J关节、L直线、C圆弧等，可从中选择来操作机器人。选定J时，工具中心点在两个示教点之间单纯移动；选定L时，工具中心点在两个示教点之间作直线移动；选定C时，工具中心点在3个示教点之间的圆弧上移动；

4）定位类型。定位类型有FINE定位和CNT平顺两种。

（8）急停装置。急停时，机器人在任何情况下均会急停。外部急停的信号端子位于控制装置内。机器人具有如下急停装置。

1）两个急停按钮（操作面板上及示教器上）。

2）外部急停（输入信号）。

（9）附加轴。附加轴除了机器人的标准装备轴（通常为6个轴）外，还可以针对每一组控制增加最多3个轴。附加轴有如下两类。

1）通常附加轴。仅执行关节动作下的动作。

2）组合附加轴。通过机器人的直线、圆弧和C圆弧动作，与机器人同时进行控制。一边操作附加轴，一边使机器人执行直线、圆弧和C圆弧动作时使用。

二、FANUC机器人开机

1. 开机方式

（1）初始开机。执行初始开机时，删除所有程序，所有设定返回标准值。初始开机完成

时，自动执行控制开机。

（2）控制开机。执行控制开机时，通过控制开机菜单，执行简易系统启动。虽然不能通过控制开机菜单来进行机器人的操作，但是可以进行通常无法更改的系统变量的更改、系统文件的读出、机器人的设定等操作，还可以通过控制开机菜单的辅助菜单执行冷开机。

（3）冷开机。冷开机，是在停电处理无效时执行通常的通电操作时使用的一种开机方式。程序的执行状态成为“结束”状态，输出信号全都断开。冷开机完成时，可以进行机器人的操作。即使在停电处理有效的时候，也可以通过通电时的操作来执行冷开机。

（4）热开机。热开机，是在停电处理有效时执行通常的通电操作时所使用的一种开机方式。程序的执行状态以及输出信号，保持电源切断时的状态而启动。热开机完成时，可以进行机器人的操作。

日常作业中，使用冷开机或热开机均可。使用哪一方，随停电处理的有效/无效而定。初始开机和控制开机通常在维修时使用。日常运转中不使用这些开机方式。

开机方式的相关性如图 2-28 所示。

开机方式选择 → 初始开机 → 控制开机 → 冷开机 → 系统启动

通常的通电 → 冷开机 / 热开机 → 系统启动

图 2-28 开机方式的相关性

2. 初始开机

执行初始开机时，删除所有程序，所有设定返回标准值。初始开机完成时，自动执行控制开机。

操作步骤如下。

（1）在按住示教器的 Fl 键和 F5 键的状态下，接通控制装置的电源断路器，出现引导监视器画面，如图 2-29 所示。

（2）选择 3. INIT start（初始开机）。弹出如图 2-30 所示的确认初始启动画面。

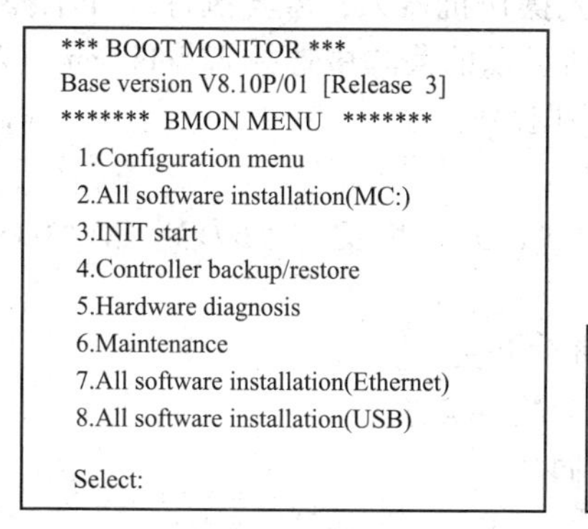

```
*** BOOT MONITOR ***
Base version V8.10P/01 [Release 3]
******* BMON MENU *******
 1.Configuration menu
 2.All software installation(MC:)
 3.INIT start
 4.Controller backup/restore
 5.Hardware diagnosis
 6.Maintenance
 7.All software installation(Ethernet)
 8.All software installation(USB)

 Select:
```

图 2-29 引导监视器画面

```
CAUTION: INIT start is selected

  Are you SURE ? [Y=1/N=else] :
```

图 2-30 确认初始启动画面

（3）要确认初始开机的启动情况时，输入 1（YES）执行初始开机。初始开机完成时，自动执行控制开机，显示控制开机菜单。

3. 控制开机

执行控制开机时，可以进行通常无法更改的系统变量的更改、系统文件的读出、机器人的设定等操作。

在控制开机菜单上按下 FCTN（辅助）键时，从所显示的菜单中选择 1Cold start（冷开机），执行冷开机操作。

（1）菜单画面。在控制开机菜单上，可通过按下 MENU（菜单）键显示的菜单，显示如下画面。

1）初始设定画面，可进行针对各应用工具的必要初始设定。

2）软件版本画面，显示软件版本。

3）系统变量画面，可以进行系统变量的设定。同时，还可以更改通常无法更改的系统变量（RO）。

4）文件画面，可以进行程序或系统文件的保存以及加载。系统文件的加载，可只通过控制开机菜单进行。在控制开机菜单的文件画面上，F4 显示为“恢复”，按下 F4 键时，自动加载所有文件。与通常的文件画面一样，若希望将 F4 切换到“备份 1”，可从按下 FCTN 键所显示的菜单中选择“还原/备份”。

5）异常履历画面，显示异常履历。

6）通信端口设定画面，进行串行通信端口的设定。

7）寄存器画面，显示寄存器的状态。

8）机器人设置画面，可以进行机器人设置的更改、附加轴的设定。

9）最大数设定画面，可以更改寄存器、宏指令、使用者定义异常等数。

10）密码设定画面，在进行各设定时存在基于密码的访问限制时，输入密码解除限制。

11）主机通信画面，进行各种通信的设定。控制开机时，在通过通信加载文件等中使用。

System version; V7.10P/01

……… CONFIGURATION MENU ………

1. Hot start
2. Cold start
3. Controlled start
4. Maintenance

Select>

图 2-31　配置菜单

（2）操作步骤。

1）在按住示教器的 PREV（返回）键和 NEXT（下一页）键的状态下，接通控制装置的电源断路器。显示配置菜单，如图 2-31 所示。

2）选择 3. Controlled start（3. 控制开机），出现控制开机菜单的初始设定画面。

3）要操作机器人，需要执行冷开机操作。从按下 FCTN 键所显示的菜单中选择 2. Cold start（2. 冷开机），执行冷开机操作。

4. 冷开机

冷开机执行如下处理：数字“I/O”、模拟“I/O”、机器人“I/O”、组“I/O”的输出成为 OFF 或者 0（零）。

程序的执行状态“结束”，当前行返回程序的开头。

速度倍率返回初始值。手动进给坐标系成为关节状态。

执行冷开机的步骤随停电处理的设定而不同。

冷开机的操作步骤如下。

（1）在按住示教器的 PREV（返回）键和 NEXT（下一页）键的状态下，接通控制装置的电源断路器显示开机配置菜单。

（2）选择 2. Cold start（冷开机），执行冷开机操作。

5. 热开机

热开机执行如下处理：数字“I/O”、模拟“I/O”、机器人“I/O”、组“I/O”的输出成为与电源切断时相同的状态。

程序的执行状态，成为与电源切断时相同的状态。电源切断时程序正在执行的情况下，进入“暂停”状态。

速度倍率、手动进给坐标系、机床锁住成为与电源切断时相同的状态。

热开机的操作步骤如下。

（1）接通控制装置的电源断路器。

（2）执行热开机操作，显示电源切断时曾经一度显示的画面。

6. 操作 3 方式开关

3 方式开关，也称手/自动模式开关，是安装在控制柜的操作面板或操作箱上的钥匙操作开关。操作方式有 AUTO—自动模式、T1—手动慢速模式和 T2—手动全速模式 3 种。3 方式开关如图 2-32 所示。

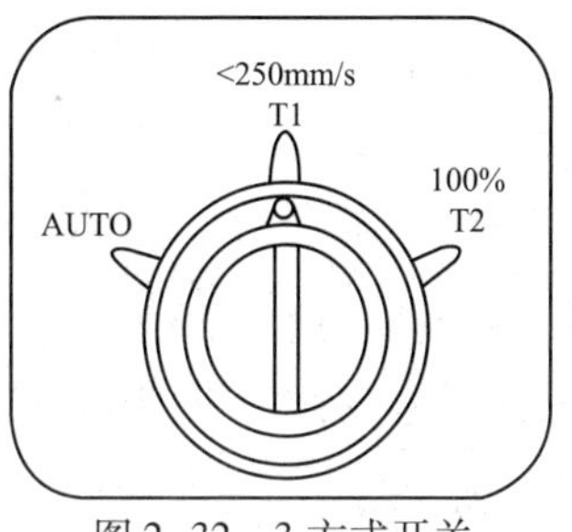

图 2-32　3 方式开关

该 3 方式开关用于根据机器人的动作条件和使用情况选择最合适的机器人操作方式。

使用 3 方式开关切换操作方式时，在示教器的画面显示消息，机器人暂停。将钥匙从开关上拔出，即可将开关固定在该位置。

技能训练

一、训练目的

（1）熟悉示教器 iPendant 的使用。

（2）熟练地掌握在手动运行模式下的移动机器人。

二、训练内容与步骤

（1）使用示教器 iPendant。

1）认识 iPendant

a. 观察 iPendant 的外观。

b. 查看 iPendant 各个按钮与开关。

2）试用 iPendant。

a. 接通电源前，检查工作区域包括机器人、控制器等。检查所有的安全设备是否正常。

b. 接通机器人控制器的电源开关，执行冷开机操作，启动机器人系统。

c. 将 TP 的示教器有效开关转至 ON 状态。

d. 选择机器人工作方式为“T1”，手动操作模式。

e. 按下“RESET”复位键，解除机器人的报警。

f. 按下主菜单键，调出主菜单，查看主菜单。

g. 选择主菜单下的各个子菜单，查看子菜单项目。

h. 按下紧急停止键，在危险情况下使机器人停机。

i. 旋转解锁紧急停止按键。

（2）示教机器人关节运动。

1）设置运行方式。

a. 接通电源前，检查工作区域包括机器人、控制器等。检查所有的安全设备是否正常。

b. 接通机器人控制电源。

c. 转动机器人控制器的方式开关，切换到 T1 运行方式。

2）手动移动机器人。

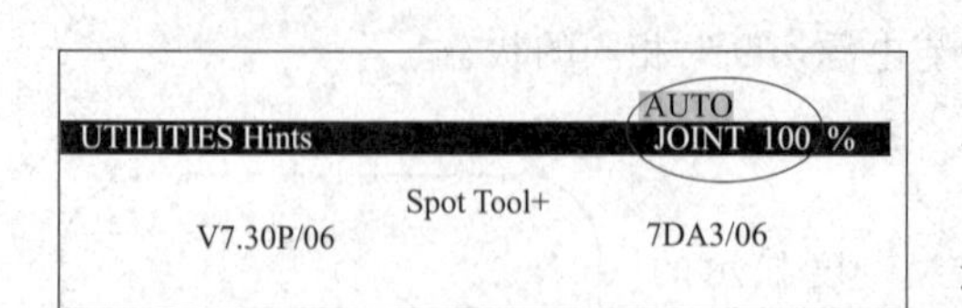

图 2-33 关节坐标 JOINT

a. 按示教器的 COORD，选择机器人坐标系为关节坐标系，关节坐标 JOINT 如图 2-33 所示。

b. 按下 SHIFT 的同时，每按一次“-%”递减速度键，观察机器人运动速度的数值变化。

c. 按下 SHIFT 的同时，每按一次“+%”递加速度键，观察机器人运动速度的数值变化。

d. 按下 DEADMAN 机器人有效开关中的任意一个。

e. 示教器关节运动控制按键区如图 2-34 所示，按下 SHIFT 和关节运动控制区的任意一个键，就可以控制机器人关节的运动。

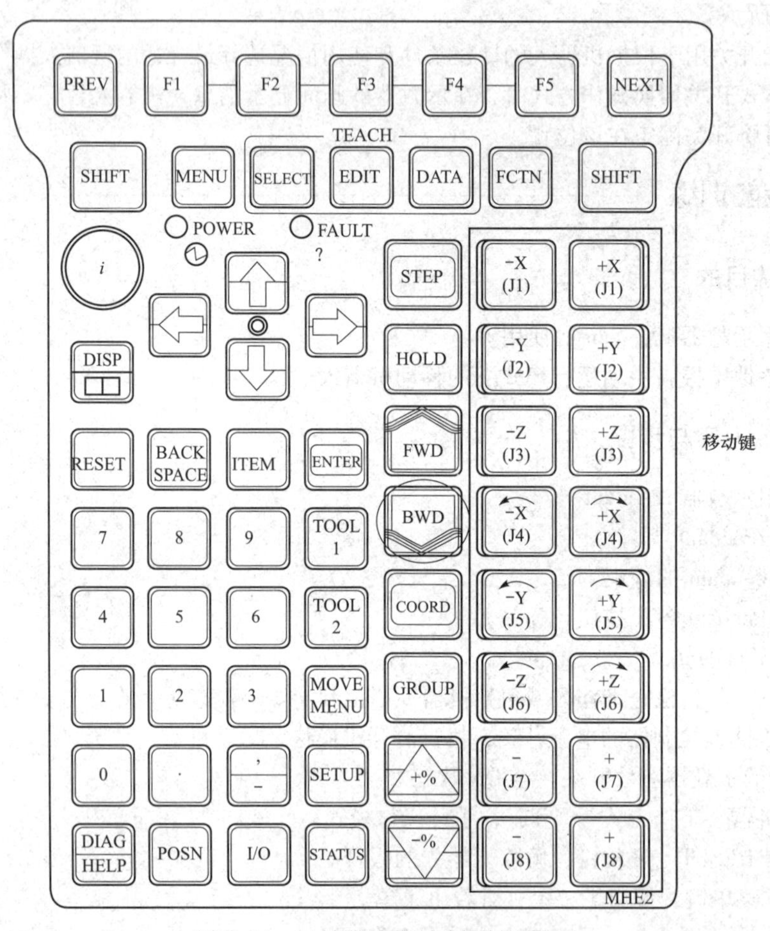

图 2-34 示教器关节运动控制按键区

f. 同时按下 SHIFT 和+X（J1），观察机器人的运动。

g. 同时按下 SHIFT 和-X（J1），观察机器人的运动。

h. 同时按下 SHIFT 和+Y（J2），观察机器人的运动。

i. 同时按下 SHIFT 和-Y（J2），观察机器人的运动。

j. 同时按下 SHIFT 和+Z（J3），观察机器人的运动。

k. 同时按下 SHIFT 和-Z（J3），观察机器人的运动。

l. 同时按下 SHIFT 和+X（J4），观察机器人的运动。

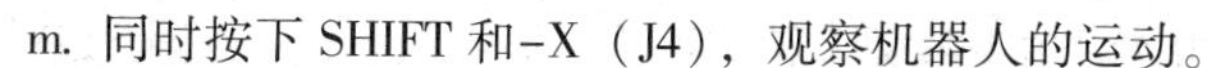

m. 同时按下 SHIFT 和−X（J4），观察机器人的运动。

n. 同时按下 SHIFT 和+Y（J5），观察机器人的运动。

o. 同时按下 SHIFT 和−Y（J5），观察机器人的运动。

p. 同时按下 SHIFT 和+Z（J6），观察机器人的运动。

q. 同时按下 SHIFT 和−Z（J6），观察机器人的运动。

任务3　机器人的手动操作

基础知识

一、FANUC 机器人坐标系

1. 机器人坐标系

机器人坐标系是为确定机器人的位置和姿势而在机器人或空间上进行定义的位置指标系统。

机器人坐标系有关节坐标系和直角坐标系等。

2. 关节坐标系

关节坐标系是设定在机器人的关节中的坐标系，如图 2−35 所示。关节坐标系中的机器人的位置和姿势，以各关节的底座侧的关节坐标系为基准而确定。

图 2−35 中的关节坐标系的关节值，处在所有轴都为 0 的状态。

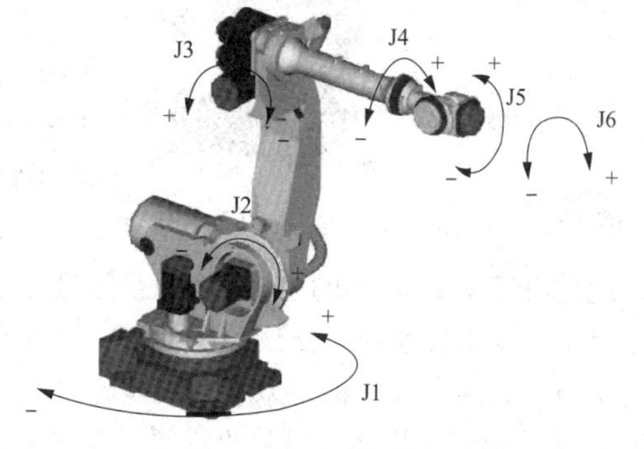

图 2−35　关节坐标系

3. 直角坐标系

直角坐标系中的机器人的位置和姿势，通过从空间上的直角坐标系原点到工具侧的直角坐标系原点（工具中心点）的坐标值 X_t、Y_t、Z_t 和空间上的直角坐标系的相对 X 轴、Y 轴、Z 轴周围的工具侧的直角坐标系的回转角（w、p、r）予以定义。图 2−36 所示为回转角（w，p，r）的含义。

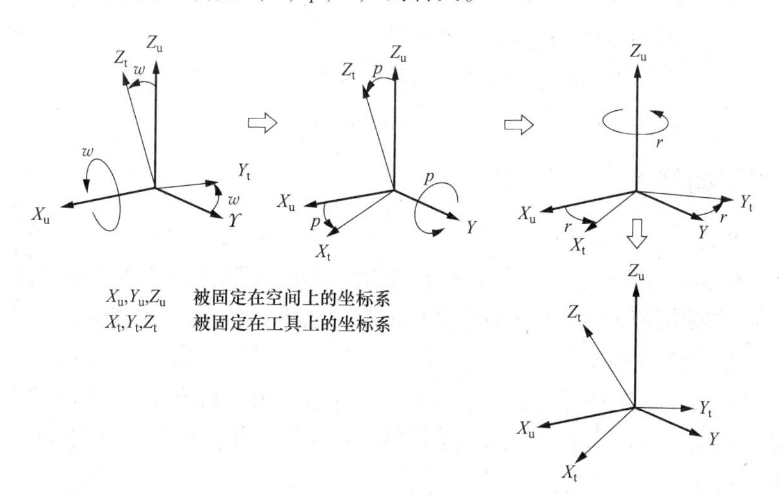

图 2−36　回转角（w、p、r）的含义

w 表示工具绕 X 轴的转角，回转角 p 表示工具绕 Y 轴的转角，回转角 r 表示工具绕 Z 轴的转角。

要在用户所设定的环境下操作机器人，应使用与其对应的直角坐标系。提供有如下所示的7类坐标系。

（1）机械接口坐标系（被固定在工具上的坐标系）。在机器人的机械接口（手腕法兰盘面）中定义的标准直角坐标系中，坐标系被固定在机器人所事先确定的位置。工具坐标系基于该坐标系而设定。

（2）工具坐标系。工具坐标系是用来定义工具中心点（TCP）的位置和工具姿势的坐标系。工具坐标系必须事先进行设定。工具坐标系未定义时，将由机械接口坐标系来替代该坐标系。

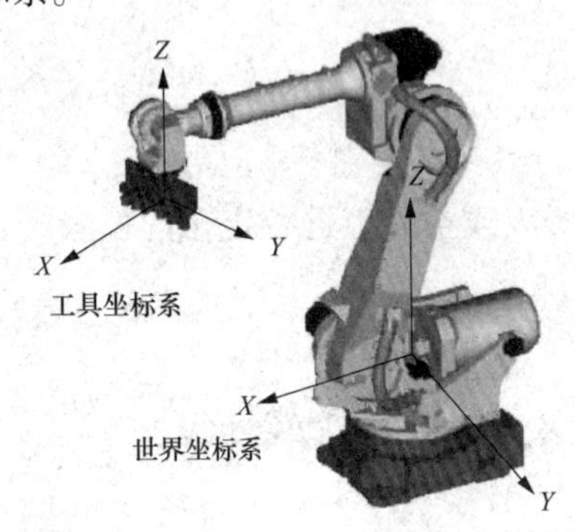

图 2-37　世界/工具坐标系的原点位置

（3）世界坐标系（被固定在空间的坐标系）。世界坐标系是被固定在空间上的标准直角坐标系，其被固定在由机器人事先确定的位置。用户坐标系、点动坐标系基于该坐标系而设定。它用于位置数据的示教和执行。机器人世界/工具坐标系的原点位置如图 2-37 所示。

（4）用户坐标系。用户坐标系是用户对每个作业空间进行定义的直角坐标系。它用于位置寄存器的示教和执行、位置补偿指令的执行等。用户坐标系未定义时，将由世界坐标系来替代该坐标系。

（5）点动坐标系。点动坐标系是在作业区域中为有效地进行直角点动而由用户在作业空间进行定义的直角坐标系。只有在作为手动进给坐标系而选择了点动坐标系时才使用该坐标系，因此点动坐标系的原点没有特殊的含义。点动坐标系未定义时，将由世界坐标系来替代该坐标系。

（6）单元坐标系。单元坐标系是工作单元内的所有机器人共享原点的坐标系。单元坐标系通常在 4D 图形功能等中使用，用来表示工作单元内的机器人位置。通过设定单元坐标系，就可以表达机器人相互之间的位置关系。单元坐标系通过相对单元坐标系的世界坐标系原点的位置（x、y、z）和绕 X 轴、Y 轴、Z 轴的回转角（w，p，r）来定义。单元坐标系可对工作单元内的各机器人的组进行设定。

（7）单元底板。单元底板是在 4D 图形功能等中，用来表达机器人所设置的地板的坐标系。单元底板是设定在单元坐标系上的地板的位置姿势，可通过坐标系设定画面进行设定。在标准情况下，单元底板自动设定考虑了机器人型号的值。

二、FANUC 机器人的手动操作

1. 设置 FANUC 机器人的运行方式

FANUC 机器人的运行方式可以通过机器人控制器操作面板上的 3 方式开关设置。

机器人控制器操作面板上的 3 方式开关有 3 个挡位，分别是：①AUTO，自动模式；②T1，手动慢速模式（最大移动速度 250mm/s）；③T2，手动全速模式（100%）。

要改变操作模式，首先必须将钥匙插入 3 方式开关的钥匙孔，转动钥匙开关至合适模式位置，以设置运行模式。设置完成，可以将钥匙拔出，机器人保持设置的模式运行。

2. FANUC 机器人的关节坐标运动

FANUC 机器人的关节坐标运动操作步骤如下。

（1）开机启动。

1）检查机器人，已经处于安全运行环境。

2）将钥匙插入3方式开关的钥匙孔，转动钥匙开关至机器人T1手动慢速运行模式。

3）开启机器人控制器电源开关。

4）右旋释放急停开关，解除急停。

5）按示教器RESET复位按钮，使机器人系统复位。

（2）按示教器COODR坐标系选择按钮，选择关节坐标系。

（3）控制机器人的J1轴运动。

1）手握TP示教器并按住TP示教器背部特殊手持开关。

2）按下SHIFT键和-X（J1）键，观察J1轴的运动。

3）按下SHIFT键和+X（J1）键，观察J1轴的运动。

（4）控制机器人的J2轴运动。

1）手握TP示教器并按住TP示教器背部特殊手持开关。

2）按下SHIFT键和-Y（J2）键，观察J2轴的运动。

3）按下SHIFT键和+Y（J2）键，观察J2轴的运动。

（5）控制机器人的J3轴运动。

1）手握TP示教器并按住TP示教器背部特殊手持开关。

2）按下SHIFT键和-Z（J3）键，观察J3轴的运动。

3）按下SHIFT键和+Z（J3）键，观察J3轴的运动。

（6）控制机器人的J4轴运动。

1）手握示教器并按住示教器背部特殊手持开关。

2）按下SHIFT键和-X（J4）键，观察J4轴的运动。

3）按下SHIFT键和+X（J4）键，观察J4轴的运动。

（7）控制机器人的J5轴运动。

1）手握示教器并按住示教器背部特殊手持开关。

2）按下SHIFT键和-Y（J5）键，观察J5轴的运动。

3）按下SHIFT键和+Y（J5）键，观察J5轴的运动。

（8）控制机器人的J6轴运动。

1）手握示教器并按住示教器背部特殊手持开关。

2）按下SHIFT键和-Z（J6）键，观察J6轴的运动。

3）按下SHIFT键和+Z（J6）键，观察J6轴的运动。

3. FANUC机器人在世界坐标系运动

（1）FANUC机器人在世界坐标系运动的准备。

1）打开FUNAC机器人控制器电源开关。

2）手握示教器并按住示教器背部特殊手持开关。

3）旋动紧急制动开关。

4）按示教器RESET复位按钮使机器人系统复位。

5）按示教器COODR坐标系选择按钮，选择通用世界坐标系。

（2）FANUC机器人在世界坐标系运动。

1）按下SHIFT键和+X键，观察机器人的运动。

2）按下SHIFT键和-X键，观察机器人的运动。

3）按下 SHIFT 键和+Y 键，观察机器人的运动。
4）按下 SHIFT 键和−Y 键，观察机器人的运动。
5）按下 SHIFT 键和+Z 键，观察机器人的运动。
6）按下 SHIFT 键和−Z 键，观察机器人的运动。
7）按下 SHIFT 键和+X（J4）键，观察机器人的运动。
8）按下 SHIFT 键和−X（J4）键，观察机器人的运动。
9）按下 SHIFT 键和+Y（J5）键，观察机器人的运动。
10）按下 SHIFT 键和−Y（J5）键，观察机器人的运动。
11）按下 SHIFT 键和+Z（J6）键，观察机器人的运动。
12）按下 SHIFT 键和−Z（J6）键，观察机器人的运动。

技能训练

一、训练目的

（1）了解机器人的坐标系。
（2）控制 FANUC 机器人在通用世界坐标系移动机器人。

二、训练内容与步骤

（1）FANUC 机器人在世界坐标系运动的准备。
1）打开 FUNAC 机器人控制器电源开关。
2）将钥匙插入 3 方式开关的钥匙孔，转动钥匙开关至机器人 T1 手动慢速运行模式。
3）手握示教器并按住示教器背部特殊手持开关。
4）旋动紧急制动开关。
5）按示教器 RESET 复位按钮使机器人系统复位。
6）按示教器 COODR 坐标系选择按钮，选择世界坐标系。
（2）FANUC 机器人在世界坐标系运动。
1）按下 SHIFT 键和+X 键，观察机器人世界坐标系的运动轨迹。
2）按下 SHIFT 键和−X 键，观察机器人世界坐标系的运动轨迹。
3）按下 SHIFT 键和+Y 键，观察机器人世界坐标系的运动轨迹。
4）按下 SHIFT 键和−Y 键，观察机器人世界坐标系的运动轨迹。
5）按下 SHIFT 键和+Z 键，观察机器人世界坐标系的运动轨迹。
6）按下 SHIFT 键和−Z 键，观察机器人世界坐标系的运动轨迹。
7）按下 SHIFT 键和+X（J4）键，观察机器人世界坐标系的运动轨迹。
8）按下 SHIFT 键和−X（J4）键，观察机器人世界坐标系的运动轨迹。
9）按下 SHIFT 键和+Y（J5）键，观察机器人世界坐标系的运动轨迹。
10）按下 SHIFT 键和−Y（J5）键，观察机器人世界坐标系的运动轨迹。
11）按下 SHIFT 键和+Z（J6）键，观察机器人世界坐标系的运动轨迹。
12）按下 SHIFT 键和−Z（J6）键，观察机器人世界坐标系的运动轨迹。

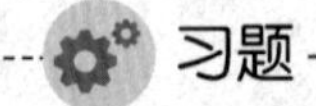

习题

1. 填空题
（1）手动运行机器人分为______方式，分别是______________、______________。

（2）FANUC 机器人中规定了______种坐标系方向，分别是__________、____________、和__________、____________、____________。

（3）FANUC 机器人是由______个________分别驱动机器人的六个关节轴。

（4）手动运行速度在 T1 运行方式下最高为____________。运行方式可通过__________进行设置。

（5）示教器安全开关的 3 个挡位分别是__________、__________、___________。

（6）FANUC 机器人在世界坐标系运动，按下 SHIFT 键和+X 键，机器人沿世界坐标系运动的__________方向运行、按下 SHIFT 键和−X 键，机器人沿世界坐标系运动的__________方向运行、按下 SHIFT 键和+Y 键，机器人沿世界坐标系运动的__________方向运行、按下 SHIFT 键和−Y 键，机器人沿世界坐标系运动的__________方向运行、按下 SHIFT 键和+Z 键，机器人沿世界坐标系运动的__________方向运行、按下 SHIFT 键和−Z 键，机器人沿世界坐标系运动的__________方向运行。

2. 问答题

（1）机器人有哪些运动方式，区别是什么？

（2）手动运行的速度如何设置？

3. 实操题

请按要求完成以下操作任务。

（1）接通控制柜，等待启动阶段结束。

（2）按紧急停止按钮，停止机器人运行。

（3）通过示教器，复位机器人。

（4）确保运行方式设置为 T1。

（5）激活轴相关的手动运行。

（6）用 SHIFT 键和手动运行键手动运行机器人。

（7）在 FANUC 多功能工作台上移动示教机器人到指定的点。

项目一 认知FANUC工业机器人

学习目标

（1）了解 FANUC 机器人的世界坐标系。
（2）了解 FANUC 机器人的工具坐标系。
（3）了解 FANUC 机器人的用户坐标系。
（4）学会设置工具坐标系。
（5）学会设置用户坐标系。
（6）熟练掌握在手动运行模式下移动机器人。
（7）调整机器人的姿态，准确地移动到目标点。

任务 4 创建机器人工具坐标系

基础知识

工具坐标系，是表示工具中心点和工具姿势的直角坐标系。工具坐标系通常以工具中心点为原点，将工具方向取为 Z 轴。没有定义工具坐标系时，将由机械接口坐标系来替代工具坐标系。

1. 工具中心

不同的机器人工具，有不同的工具中心点（Tool Center Point，TCP），不同工具的中心点如图 3-1 所示。

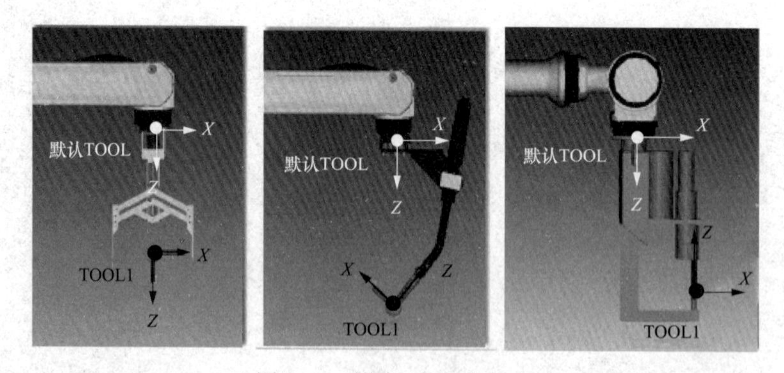

图 3-1 不同工具的中心点

2. 工具坐标系

设定机械坐标系的原点位于机器人 J6 轴的法兰上。根据需要把工具坐标系的原点移到工作的位置和方向上，该位置即工具中心点（TCP）。

工具坐标系如图 3-2 所示，由工具中心点（TCP）的位置（x，y，z）和工具的姿势（w，p，r）构成。

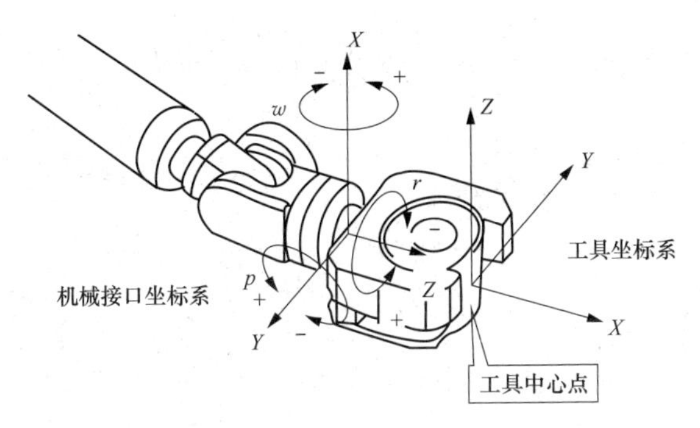

图 3-2 工具坐标系

工具中心点（TCP）的位置，通过相对机械接口坐标系的工具中心点的坐标值（x、y、z）来定义。

工具的姿势，通过机械接口坐标系的 X 轴、Y 轴、Z 轴周围的回转角（w、p、r）来定义。

建立工具坐标系的作用有二：①确定工具的 TCP 点（即工具中心点），方便工具位置调整；②确定工具的进给方向，方便调整工具姿态。

工具坐标系有如下特点：新的工具坐标系是相对于默认的工具坐标系变化得到的；新的工具坐标系的位置和方向始终同法兰盘保持绝对的位置和姿态关系，但在空间上是一直变化的。

默认的工具坐标系如图 3-3 所示。

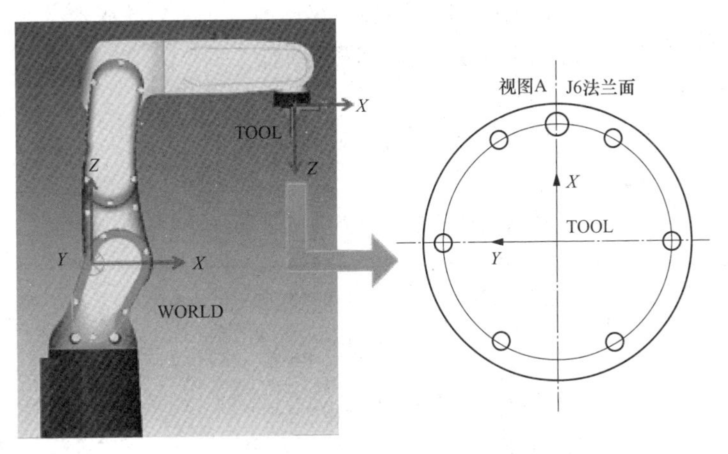

图 3-3 默认的工具坐标系

工具坐标系的所有测量都是相对于 TCP 的，用户最多可以设置 10 个工具坐标系，它被存储于系统变量 $ MNUTOOLNUM。

工具坐标系可在坐标系设定画面上进行定义，或者通过改写如下系统变量来定义，可定义 10 个工具坐标系，并可根据情况进行切换。

（1）在 SMNUTOOL［group，i］（坐标系号码 i=1～10）中设定值。

（2）在 SMNUTOOLNUN［group］中，设定将要使用的工具坐标系号码。

（3）可通过以下方法将工具坐标系编号最多增加到 29 个。

1）进行控制启动。

2）按下 MENU（菜单）键。

3）选择“4 系统变量”。

4）将系统变量 $ SCR. $ MAXNUMUTOOL 的值改写为希望增大的值（最多 29 个）。

5）执行冷启动。

3. 工具坐标系 3 点示教设置方法

设定工具中心点（工具坐标系的 x、y、z）。进行示教，使参考点 1、2、3 以不同的姿势指向 1 个固定点，通过 3 点示教来自动设定 TCP，如图 3-4 所示。要进行正确设定，应尽量使 3 个趋近方向各不相同。

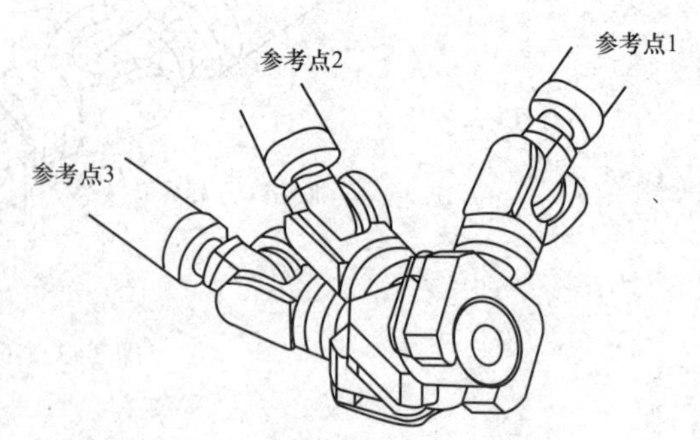

图 3-4　通过 3 点示教来自动设定 TCP

3 点示教法中，只可以设定工具中心点（x，y，z）。工具姿势（w，p，r）中输入标准值（0，0，0）。在设定完位置后，以 6 点示教法或直接示教法来定义工具姿势。

3 点示教设置操作步骤如下。

（1）按下 MENU（菜单）键，显示出画面菜单。

（2）选择“6 设置”。

（3）按下 Fl（类型），显示出画面切换菜单。

（4）选择“坐标系”。

（5）按下 F3（坐标）。

（6）选择“工具坐标系”，出现工具坐标系一览画面，如图 3-5 所示。

（7）将光标指向将要设定的工具坐标系号码所在行。

（8）按下 F2（详细）。

（9）出现所选的坐标系号码的工具坐标系设定画面。

（10）按下 F2（方法）。

（11）选择“3 点记录”，显示工具坐标系 3 点示教画面，如图 3-6 所示。

设置坐标系　　关节 30%

工具坐标系　　/直接数值输入　1/9

	X	Y	Z	注释
1:	0.0	0.0	0.0	**********
2:	0.0	0.0	0.0	**********
3:	0.0	0.0	0.0	**********
4:	0.0	0.0	0.0	**********
5:	0.0	0.0	0.0	**********
6:	0.0	0.0	0.0	**********
7:	0.0	0.0	0.0	**********
8:	0.0	0.0	0.0	**********
9:	0.0	0.0	0.0	**********

选择完成的工具坐标号码[G:1]=1

[类型]　详细　[坐标]　清除　设定号码

图 3-5　工具坐标系一览画面

设置 坐标系　　关节 30%

工具 坐标系　　3点记录　1/4

坐标系：1

X:	0.0	Y:	0.0	Z:	0.0
W:	0.0	P:	0.0	R:	0.0

注释：　Tool1

参照点1：　未示教

参照点2：　未示教

参照点3：　未示教

选择完成的工具坐标号码[G:1]=1

[类型]　[方法]　坐标号码

图 3-6　工具坐标系 3 点示教画面

（12）输入注释。

1）先将光标移动到注释行，按下 ENTER（输入）键。

2）选择使用单词、英文字母。

3）按下适当的功能键，输入注释。

4）注释输入完后，按下 ENTER 键。

（13）记录各参照点。

1）将光标移动到各参照点。

2）在点动方式下将机器人移动到应进行记录的点。

3）将工具的前端从 3 个方向对合于相同点，如图 3-7 所示，记录 3 个参照点。

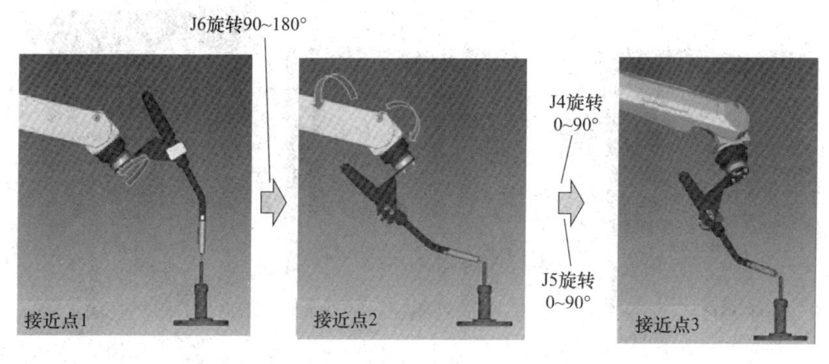

图 3-7　从 3 个方向对合于相同点

设置　坐标系	关节 30%
参照点1:	记录完成
参照点2:	记录完成
参照点3:	未示教

选择完成的工具坐标号码[G:1]=1

[类型]　[方法]　坐标号码　位置移动　位置记录

图 3-8　示教参考点记录完成

4）在按住 SHIFT 键的同时，按下 F5（位置记录），将当前值的数据作为参照点输入。

5）所示教的参照点，显示“记录完成”，示教参考点记录完成，如图 3-8 所示。

6）对所有参照点都进行示教后，显示“设定完成”，工具坐标系即被设定，示教参考点设定完成如图 3-9 所示。

（14）在按住 SHIFT 键的同时按下 F4（位置移动），即可使机器人移动到所存储的点。

（15）要确认已记录的各点的位置数据，将光标指向各参照点，按下 ENTER 键，出现各点的位置数据的位置详细画面。要返回原先的画面，按下 PREV（返回）键。

（16）按下 PREV（返回）键，显示工具坐标系一览画面。可以确认所有工具坐标系的设定值（x、y、z 及注释），确认工具坐标系参数，如图 3-10 所示。

设置　坐标系　　　　关节 30%

工具　坐标系　3点记录　　　4/4

坐标系:　1

X:	100.0	Y:	0.0	Z:	120.0
W:	0.0	P:	0.0	R:	0.0

注释:	Tool1
参照点1:	设定完成
参照点2:	设定完成
参照点3:	设定完成

选择完成的工具坐标号码[G:1]=1

[类型]　[方法]　坐标号码　位置移动　位置记录

图 3-9　示教参考点设定完成

设置 坐标系　　　　关节 30%

工具 坐标系　　直接数值输入　　1/9

	X	Y	Z	注释
1:	100.0	0.0	120.0	**********
2:	0.0	0.0	0.0	**********
3:	0.0	0.0	0.0	**********
4:	0.0	0.0	0.0	**********
5:	0.0	0.0	0.0	**********
6:	0.0	0.0	0.0	**********
7:	0.0	0.0	0.0	**********
8:	0.0	0.0	0.0	**********
9:	0.0	0.0	0.0	**********

选择完成的工具坐标号码[G:1]=1

[类型]　详细　[坐标]　清除　设定号码

图 3-10　确认工具坐标系参数

（17）要将所设定的工具坐标系作为当前有效的工具坐标系来使用，按下 F5（设定号码），并输入坐标系号码。

（18）要擦除所设定的坐标系的数据，按下 F4（清除）。

4. 工具坐标系 6 点示教法

用与 3 点示教法一样的方法设定工具中心点，然后设定工具姿势（*w*，*p*，*r*）。6 点示教法包括 6 点（*XY*）示教法和 6 点（*XZ*）示教法。6 点（*XZ*）示教法中进行示教，以使 *w*，*p*，*r* 成为空间的任意 1 点、与工具坐标系平行的 *X* 轴方向的 1 点、*XZ* 平面上的 1 点。此时，通过笛卡尔点动或工具点动进行示教，以使工具的倾斜保持不变。6 点（*XZ*）示教法如图 3-11 所示。

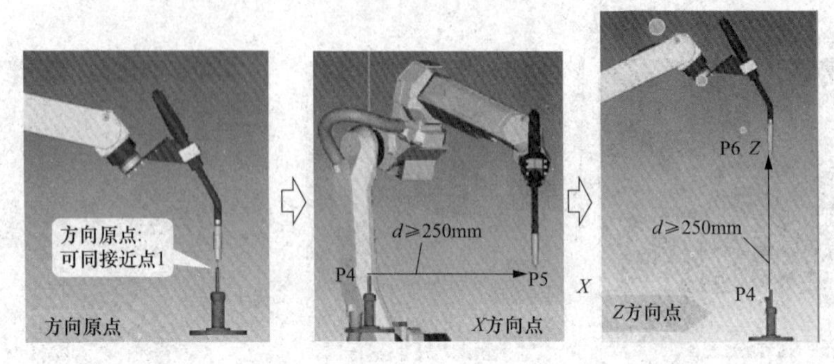

图 3-11　6 点（*XZ*）示教法

6 点（*XZ*）示教法操作步骤如下。

（1）显示工具坐标系一览画面。

（2）将光标指向将要设定的工具坐标系号码所在行。

（3）按下 F2（详细）。

（4）出现所选的坐标系号码的工具坐标系设定画面。

（5）按下 F2（方法）。

（6）选择“6 点记录”。出现基于 6 点（*XZ*）示教法的工具坐标系设定画面，如图 3-12 所示。

（7）输入注释。

（8）记录参照点。

1）将光标移动到各参照点。

2）在点动方式下将机器人移动到应进行记录的点。

3）在按住 SHIFT 键的同时，按下 F5（位置记录），将当前值的数据作为参照点输入。所示教的参照点，显示“记录完成”，参照点记录完成，如图 3-13 所示。

设置 坐标系　　关节 30%
工具 坐标系　　6点记录　　1/7
坐标系:　2
X:　0.0　Y:　0.0　Z:　0.0
W:　0.0　P:　0.0　R:　0.0
注释:
参照点1:　未示教
参照点2:　未示教
参照点3:　未示教
坐标原点:　未示教
X轴方向:　未示教
Z轴方向:　未示教
选择完成的工具坐标号码[G:1]=1
[类型]　[方法]　坐标号码

图 3-12　基于 6 点（*XZ*）示教法的工具坐标系设定画面

设置 坐标系　　关节 30%
注释:
参照点1:　记录完成
参照点2:　记录完成
参照点3:　记录完成
坐标原点:　记录完成
X轴方向:　未示教
Z轴方向:　未示教
[类型]　[方法]　坐标号码　位置移动　位置记录

图 3-13　参照点记录完成

4）对所有参照点都进行示教后，显示“设定完成”，工具坐标系即被设定。参照点设定完成，如图 3-14 所示。

（9）按下 PREV（返回）键，显示工具坐标系一览画面。可以确认所有工具坐标系的设定值。查看新设 TOOL2 工具坐标系如图 3-15 所示。

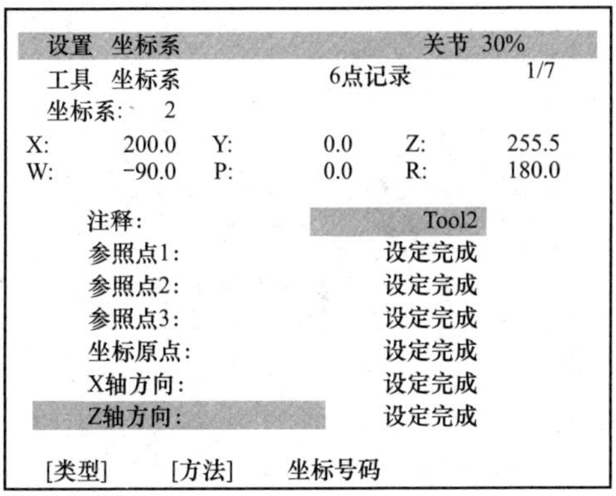

设置　坐标系　　　　关节 30%
工具　坐标系　　　6点记录　　1/7
坐标系:　2

X:	200.0	Y:	0.0	Z:	255.5
W:	−90.0	P:	0.0	R:	180.0

注释:	Tool2
参照点1:	设定完成
参照点2:	设定完成
参照点3:	设定完成
坐标原点:	设定完成
X轴方向:	设定完成
Z轴方向:	设定完成

[类型]　[方法]　坐标号码

图 3-14　参照点设定完成

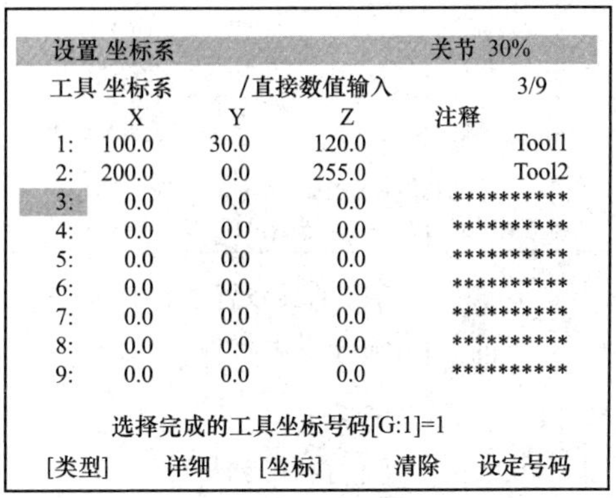

设置 坐标系　　　　关节 30%
工具 坐标系　　/直接数值输入　　3/9

	X	Y	Z	注释
1:	100.0	30.0	120.0	Tool1
2:	200.0	0.0	255.0	Tool2
3:	0.0	0.0	0.0	**********
4:	0.0	0.0	0.0	**********
5:	0.0	0.0	0.0	**********
6:	0.0	0.0	0.0	**********
7:	0.0	0.0	0.0	**********
8:	0.0	0.0	0.0	**********
9:	0.0	0.0	0.0	**********

选择完成的工具坐标号码[G:1]=1

[类型]　详细　[坐标]　清除　设定号码

图 3-15　查看新设 TOOL2 工具坐标系

（10）要将所设定的工具坐标系作为当前有效的工具坐标系来使用，按下 F5（设定号码），并输入坐标系号码。

（11）要擦除所设定的坐标系的数据，按下 F4（清除）。

5. 工具坐标系直接示教法

工具坐标系直接设置法，通过直接输入 TCP 的位置（x、y、z）和机械接口坐标系的 X 轴、Y 轴、Z 轴周围的工具坐标系的回转角（w、p、r）来确定工具坐标系。

工具坐标系直接设置法操作步骤如下。

（1）显示工具坐标系一览画面。

（2）将光标指向将要设定的工具坐标系号码所在行。

（3）按下 F2（详细）。

（4）出现所选的坐标系号码的工具坐标系设定画面。

（5）按下 F2（方法）。

（6）选择“直接数值输入法”。出现基于直接设置法的工具坐标系设定画面，如图 3-16 所示。

（7）输入注释。详情请参阅工具坐标系（3 点示教法）。

（8）输入工具坐标系的坐标值。

1）将光标移动到各条目。

2）通过数值键设定新的数值。

3）按下 ENTER 键，输入新的数值，如图 3-17 所示。

（9）按下 PREV（返回）键，显示工具坐标系一览画面。可以确认所有工具坐标系的设定值，查看新设 TOOL3 工具坐标系。

（10）要将所设定的工具坐标系作为当前有效的工具坐标系来使用，按下 F5（设定号码），并输入坐标系号码。

（11）要擦除所设定的坐标系的数据，按下 F4（清除）。

设置 坐标系		关节 30%
工具 坐标系	/直接数值输入	1/7
坐标系: 3		
1:	注释:	
2:	X:	0.0
3:	Y:	0.0
4:	Z:	0.0
5:	W:	0.0
6:	P:	0.0
7:	R:	0.0
8:	形态:	NDB，0，0，0
选择完成的工具坐标号码[G:1]=1		
[类型]	[方法]	坐标号码

图 3-16 基于直接设置法的工具坐标系设定画面

设置 坐标系		关节 30%
工具 坐标系	/直接数值输入	4/7
坐标系: 3		
1:	注释:	Tool3
2:	X:	0.0
3:	Y:	0.0
4:	Z:	350.0
5:	W:	180.0
6:	P:	0.0
7:	R:	0.0
8:	形态:	NDB，0，0，0
选择完成的工具坐标号码[G:1]=1		
[类型]	[方法]	坐标号码

图 3-17 输入新的数值

6. 激活工具坐标系

（1）激活工具坐标操作方法 1。

1）按 PREV（返回）键回到工具坐标系浏览画面。

2）按下 F5（设定号码），并输入坐标系号码“1”。

3）按 ENTER 键确认，工具坐标系 TOOL1 被激活。

（2）激活工具坐标操作方法 2。

1）按下 SHIFT 键的同时按下 COORD 键，弹出坐标系选择对话框。

2）通过光标键，移动到 Tool 行，用数字键输入所要激活的工具坐标系和号码，该工具坐标系被激活。

7. FANUC 机器人在工具坐标系运动

（1）FANUC 机器人在工具坐标系运动的准备。

1）打开 FUNAC 机器人控制器电源开关。

2）手握示教器并按住示教器背部特殊手持开关。

3）旋动紧急制动开关。

4）按示教器 RESET 复位按钮使机器人系统复位。

5）按示教器 COODR 坐标系选择按钮，选择工具坐标系。

（2）FANUC 机器人在工具坐标系运动。

1）按下 SHIFT 键和+X 键，观察机器人的运动。

2）按下 SHIFT 键和-X 键，观察机器人的运动。

3）按下 SHIFT 键和+Y 键，观察机器人的运动。

4）按下 SHIFT 键和-Y 键，观察机器人的运动。

5）按下 SHIFT 键和+Z 键，观察机器人的运动。

6）按下 SHIFT 键和-Z 键，观察机器人的运动。

7）按下 SHIFT 键和+X（J4）键，观察机器人的运动。

8）按下 SHIFT 键和-X（J4）键，观察机器人的运动。

9）按下 SHIFT 键和+Y（J5）键，观察机器人的运动。

10）按下 SHIFT 键和-Y（J5）键，观察机器人的运动。

11）按下 SHIFT 键和+Z（J6）键，观察机器人的运动。

12）按下 SHIFT 键和-Z（J6）键，观察机器人的运动。

技能训练

一、训练目的

（1）学会设置机器人工具坐标系。
（2）控制 FANUC 机器人在工具坐标系移动。

二、训练内容与步骤

（1）设置机器人工具坐标系。
应用 3 点示教设置操作步骤：
1）按下 MENU（菜单）键，显示出画面菜单。
2）选择“6 设置”。
3）按下 F1（类型），显示出画面切换菜单。
4）选择“坐标系”。
5）按下 F3（坐标）。
6）选择“工具坐标系”，出现工具坐标系一览画面。
7）将光标指向将要设定的工具坐标系号码所在行。
8）按下 F2（详细）。
9）出现所选的坐标系号码的工具坐标系设定画面。
10）按下 F2（方法）。
11）选择“3 点记录”，显示工具坐标系 3 点示教画面。
12）输入注释。
a. 先将光标移动到注释行，按下 ENTER（输入）键。
b. 选择使用单词、英文字母。
c. 按下适当的功能键，输入注释。
d. 注释输入完后，按下 ENTER 键。
13）记录各参照点。
a. 将光标移动到各参照点。
b. 在点动方式下将机器人移动到应进行记录的点。
c. 将工具的前端从 3 个方向对合于相同点，记录 3 个参照点。
d. 在按住 SHIFT 键的同时，按下 F5（位置记录），将当前值的数据作为参照点输入。
e. 所示教的参照点，显示“记录完成”。
f. 对所有参照点都进行示教后，显示“设定完成”，工具坐标系即被设定。
g. 在按住 SHIFT 键的同时按下 F4（位置移动），即可使机器人移动到所存储的点。
h. 要确认已记录的各点的位置数据，将光标指向各参照点，按下 ENTER 键。出现各点的位置数据的位置详细画面。要返回原先的画面，按下 PREV（返回）键。
i. 按下 PREV（返回）键，显示工具坐标系一览画面。可以确认所有工具坐标系的设定值（x、y、z）及注释。
14）要将所设定的工具坐标系作为当前有效的工具坐标系来使用，按下 F5（设定号码），并输入坐标系号码。
15）要擦除所设定的坐标系的数据，按下 F4（清除）。

（2）机器人在工具坐标系运动。

1）FANUC 机器人在工具坐标系运动的准备。

a. 打开 FUNAC 机器人控制器电源开关；

b. 将钥匙插入 3 方式开关的钥匙孔，转动钥匙开关至机器人 T1 手动慢速运行模式。

c. 手握示教器并按住示教器背部特殊手持开关。

d. 旋动紧急制动开关。

e. 按示教器 RESET 复位按钮使机器人系统复位。

f. 按示教器 COODR 坐标系选择按钮，选择工具坐标系。

g. 按下 SHIFT 键的同时，不断按下-% 键，减少机器人运行速度，至 10% 全速。

2）FANUC 机器人在工具坐标系运动。

a. 按下 SHIFT 键和+X 键，观察机器人新工具系的运动轨迹。

b. 按下 SHIFT 键和-X 键，观察机器人新工具坐标系的运动轨迹。

c. 按下 SHIFT 键和+Y 键，观察机器人新工具坐标系的运动轨迹。

d. 按下 SHIFT 键和-Y 键，观察机器人新工具坐标系的运动轨迹。

e. 按下 SHIFT 键和+Z 键，观察机器人新工具坐标系的运动轨迹。

f. 按下 SHIFT 键和-Z 键，观察机器人新工具坐标系的运动轨迹。

g. 按下 SHIFT 键和+X（J4）键，观察机器人新工具坐标系的运动轨迹。

h. 按下 SHIFT 键和-X（J4）键，观察机器人新工具坐标系的运动轨迹。

i. 按下 SHIFT 键和+Y（J5）键，观察机器人新工具坐标系的运动轨迹。

j. 按下 SHIFT 键和-Y（J5）键，观察机器人新工具坐标系的运动轨迹。

k. 按下 SHIFT 键和+Z（J6）键，观察机器人新工具坐标系的运动轨迹。

l. 按下 SHIFT 键和-Z（J6）键，观察机器人新工具坐标系的运动轨迹。

任务 5 创建机器人用户坐标系

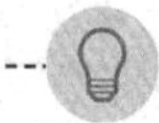

基础知识

1. 用户坐标系

用户坐标系，是用户对每个作业空间进行定义的直角坐标系，世界/用户坐标系如图 3-18 所示。

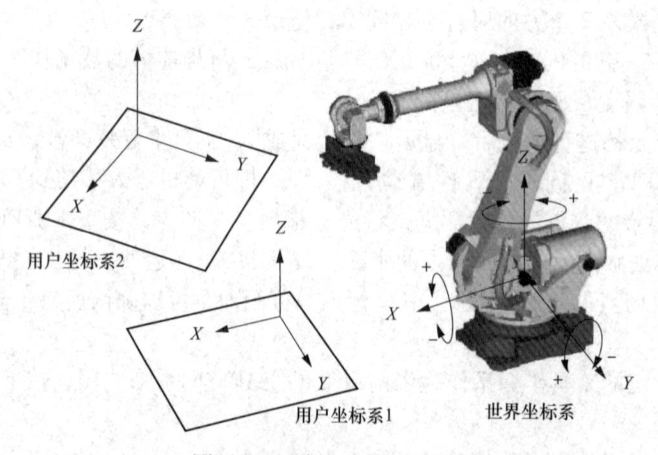

图 3-18 世界/用户坐标系

用户坐标系，通过相对世界坐标系的坐标系原点的位置（x，y，z）、和 X 轴、Y 轴、Z 轴周围的回转角（w，p，r）来定义。建立用户坐标系的作用就是确定用户参考坐标，确定工作台上的运动方向，方便调试。

用户坐标系有如下特点：新的用户坐标系是根据默认的用户坐标系 UserO 变化得到的；新的用户坐标系的位置和姿态相对空间是不变化的。

用户坐标系在尚未设定时，将被世界坐标系所替代，初始的用户坐标系如图 3-19 所示。

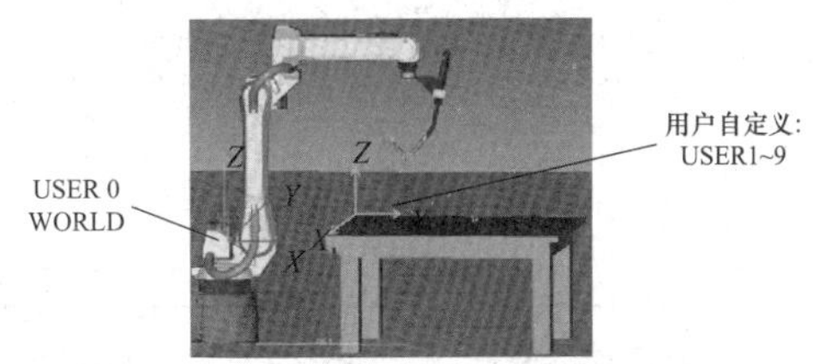

图 3-19　初始的用户坐标系

用户坐标系通常在设定和执行位置寄存器，执行位置补偿指令时使用。此外，还可通过用户坐标系输入选项，根据用户坐标对程序中的位置进行示教。

通过坐标系设定画面定义用户坐标系时，系统变量 SMNUFRAME［groupl，i］（坐标系号码 i=1～9）和 SMNUFRAMENUM［group1］将被改写。默认可定义 9 个用户坐标系，并可根据情况进行切换。可通过如下方法来将用户坐标系编号最多增加到 61 个。

（1）进行控制启动。

（2）按下 MENU（菜单）键。

（3）选择“4Variables”。

（4）将系统变量 $ SCR. $ MAXNUMUFRAM 的值改写为希望增大的值（最多 61 个）。

（5）执行冷启动。

2. 用户坐标系的 3 点示教法

对用户坐标系的 3 点，即坐标系的原点、X 轴方向的 1 点、XY 平面上的 1 点进行示教，确定对应的用户坐标系。

用户坐标系的 3 点示教操作步骤如下。

（1）按下（菜单）键，显示出画面菜单。

（2）选择“6 设置”。

（3）按下 F1（类型），显示出画面切换菜单。

（4）选择“坐标系”。

（5）按下 F3（坐标）。

（6）选择“用户坐标系”。出现用户坐标系一览画面。

（7）将光标指向将要设定的用户坐标系号码所在行。

（8）按下 F2（详细）。出现所选的坐标系号码的用户坐标系设定画面，用户坐标系设定画面如图 3-20 所示。

设置 坐标系　　　　关节30%
用户 坐标系　　3点记录　　1/4
坐标系：1

X:	0.0	Y:	0.0	Z:	0.0
W:	0.0	P:	0.0	R:	0.0

1	注释:	***********
2	坐标原点:	未示教
3	X轴方向:	未示教
4	Y轴方向:	未示教

已经选择的用户坐标号码[G:1]=1
[类型]　[方法]　坐标号码

图 3-20　用户坐标系设定画面

（9）按下 F2（方法）。

（10）选择“3 点记录”。

（11）输入注释。

（12）记录参考点。

1）将光标移动到各参考点。

2）在点动方式下将机器人移动到应进行记录的点。

3）在按住 SHIFT 键的同时，按下 F5（位置记录），将当前值的数据作为参考点输入。所示教的参考点，显示“记录完成”。X 方向记录完成，如图 3–21 所示。

4）对所有参考点都进行示教后，显示“设定完成”。用户坐标系即被设定。参考点设定完成，如图 3–22 所示。

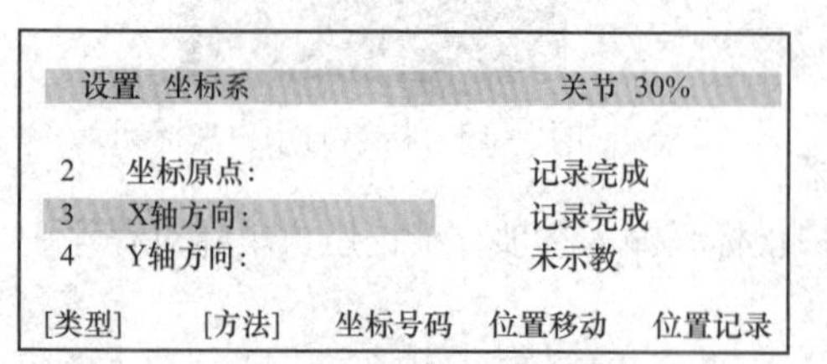

图 3–21 X 方向记录完成

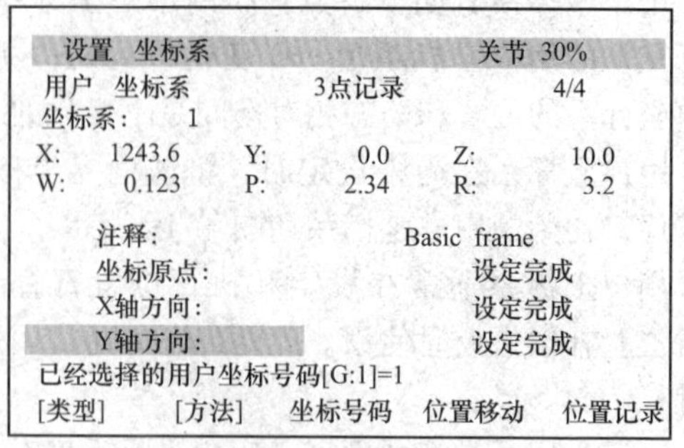

图 3–22 参考点设定完成

（13）在按住 SHIFT 键的同时按下 F4（位置移动），即可使机器人移动到所存储的点。

（14）要确认已记录的各点的位置数据，将光标指向各参考点，按下 ENTER 键。

（15）出现各点的位置数据的详细画面。

（16）要返回原先的画面，按下 PREV（返回）键。

（17）按下 PREV（返回）键，显示用户坐标系一览画面。可以确认所有用户坐标系的设定值。

（18）要将所设定的工具坐标系作为当前有效的工具坐标系来使用，按下 F5（设定号码），并输入坐标系号码。

（19）要擦除所设定的坐标系的数据，按下 F4（清除）。

3. 用户坐标系的 **4** 点示教法

对 4 点，即平行于坐标系的 *X* 轴的始点、*X* 轴方向的 1 点、*XY* 平面上的 1 点、坐标系的原点进行示教，由此设定用户坐标系。4 点示教法如图 3–23 所示。

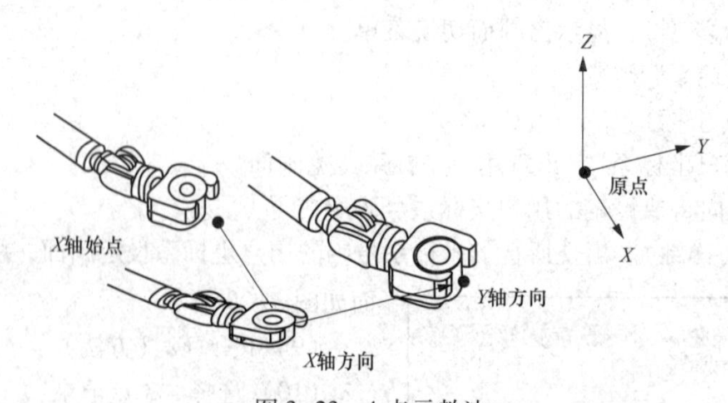

图 3–23 4 点示教法

4 点示教法操作步骤如下。

（1）显示用户坐标系一览画面。

（2）将光标指向将要设定的用户坐标系号码所在行。

（3）按下 F2（详细），出现所选的坐标系号码的用户坐标系设定画面。

（4）按下 F2（方法）。

（5）选择“4 点记录”，出现基于 4 点示教法的用户坐标系设定画面，如图 3–24 所示。

（6）输入注释和参考点。参考点记录设置完成如图3-25所示。

设置　坐标系				关节　30%	
用户　坐标系		4点记录		1/5	
坐标系:　2					
X:	0.0	Y:	0.0	Z:	0.0
W:	0.0	P:	0.0	R:	0.0
注释:			**********		
X轴始点:			未示教		
X轴方向:			未示教		
Y轴方向:			未示教		
坐标原点:			未示教		
已经选择的用户坐标号码[G:1]=1					
[类型]	[方法]	坐标号码			

图3-24　基于4点示教法的用户坐标系设定画面

设置　坐标系				关节　30%	
用户　坐标系		4点记录		5/5	
坐标系:　2					
X:	1243.6	Y:	525.2	Z:	43.9
W:	0.123	P:	2.34	R:	3.2
注释:			[Right frame　　]		
X轴始点:			设定完成		
X轴方向:			设定完成		
Y轴方向:			设定完成		
坐标原点:			设定完成		
已经选择的用户坐标号码[G:1]=1					
[类型]	[方法]	坐标号码	位置移动	位置记录	

图3-25　参考点记录设置完成

（7）按下PREV（返回）键，显示用户坐标系一览画面。可以确认所有用户坐标系的设定值。

（8）要将所设定的工具坐标系作为当前有效的工具坐标系来使用，按下F5（设定号码），并输入坐标系号码。

（9）要擦除所设定的坐标系的数据，按下F4（清除）。

4. 用户坐标系的直接示教法

通过直接输入用户坐标系的参数设置用户坐标系的方法，称作用户坐标系直接示教法。

用户坐标系直接示教法操作步骤如下。

（1）显示用户坐标系一览画面。

（2）将光标指向用户坐标系号码。

（3）按下F2（详细），或者按下ENTER（输入）键，出现所选的用户坐标系号码的用户坐标系设定画面。

（4）按下F2（方法）。

（5）选择“直接数值输入”。出现基于直接示教法的用户坐标系设定画面，如图3-26所示。

（6）输入注释和坐标值。直接输入用户坐标数据，如图3-27所示。

设置　坐标系			关节　30%
用户　坐标系		直接数值输入	1/7
坐标系:　3			
1:	注释:	***********	
2:	X:	0.0	
3:	Y:	0.0	
4:	Z:	0.0	
5:	W:	0.0	
6:	P:	0.0	
7:	R:	0.0	
	形态:	NDB，0，0，0	
已经选择的用户坐标号码[G:1]=1			
[类型]　[方法]　坐标号码　位置移动　位置记录			

图3-26　基于直接示教法的用户坐标系设定画面

设置　坐标系			关节　30%
用户　坐标系		直接数值输入	4/7
坐标系:　3			
1:	注释:	Left frame	
2:	X:	126.3	
3:	Y:	-525.2	
4:	Z:	43.9	
5:	W:	0.123	
6:	P:	3.24	
7:	R:	3.2	
	形态:	NDB，0，0，0	
已经选择的用户坐标号码[G:1]=1			
[类型]　[方法]　坐标号码　位置移动　位置记录			

图3-27　直接输入用户坐标数据

（7）按下 PREV（返回）键，显示用户坐标系一览画面。可以确认所有用户坐标系的设定值。

（8）要将所设定的工具坐标系作为当前有效的工具坐标系来使用，按下 F5（设定号码），并输入坐标系号码。

（9）要擦除所设定的坐标系的数据，按下 F4（清除）。

5. 将用户坐标系号码变为 0 号（世界坐标）的方法

将用户坐标系号码变为 0 号的操作步骤如下。

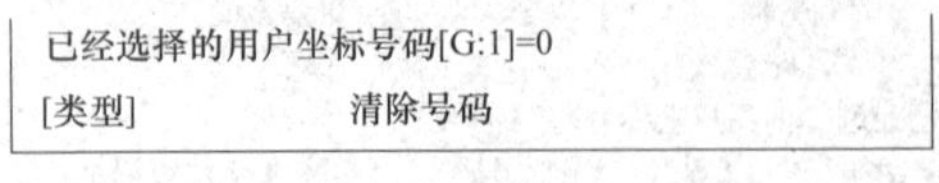

图 3-28 用户坐标系号码被设定为 0

（1）显示用户坐标系一览画面。

（2）按下 NEXT 键。

（3）按下 F2（清除号码），用户坐标系号码被设定为 0，如图 3-28 所示。

6. 激活用户坐标系

（1）激活用户坐标操作方法 1。

1）按 PREV 键回到工具坐标系浏览画面。

2）按下 F5（设定号码），并输入坐标系号码 3，将用户坐标系设定为 3，如图 3-29 所示。

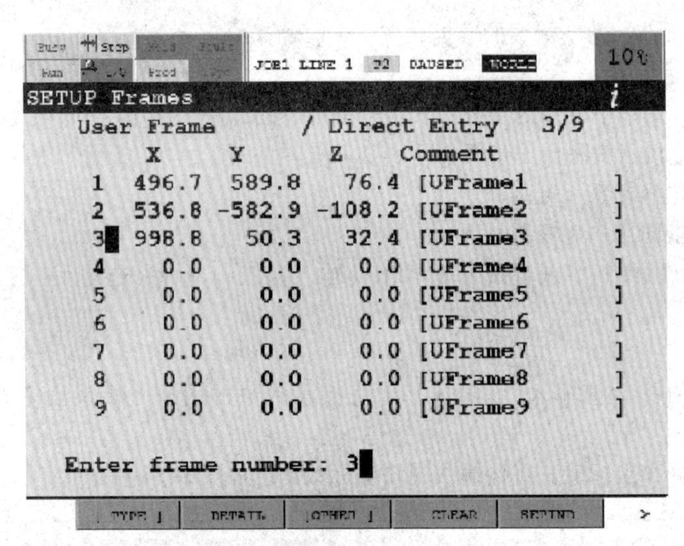

图 3-29 将用户坐标系设定为 3

3）按"ENTER"键确认，用户坐标系 USER3 被激活。

（2）激活工具坐标操作方法 2。

1）按下 SHIFT 键的同时按下 COORD 键，弹出坐标系选择对话框。

2）通过光标键，移动到 User 行，用数字键输入所要激活的用户坐标系号码，该用户坐标系被激活。

7. 设定点动坐标系

点动坐标系，是在作业区域中为有效地进行直角点动而由用户在作业空间进行定义的直角坐标系。

点动坐标系通过相对世界坐标系的坐标系原点的位置（x，y，z）和 X 轴、Y 轴、Z 轴周围的回转角（w，p，r）来定义。

在坐标系设定画面上设定点动坐标系时，下列系统变量将被改写：

在 $JOQGROUP [group]. $JOGFRAME 中设定点动坐标系。

可设定 5 个点动坐标系，并可根据情况进行切换。

未设定点动坐标系时，将由世界坐标系来替代该坐标系。

点动坐标系有 3 点示教法和直接示教法 2 种设定方法。

（1）3 点示教法。对 3 点，即坐标原点、X 轴方向的 1 点、XY 平面上的 1 点进行示教。X 轴的始点作为坐标系的原点使用。

（2）直接示教法。直接输入相对世界坐标系的坐标系原点的位置（x、y、z）和 X 轴、Y 轴、Z 轴周围的回转角（w、p、r）的值。

8. 设定参考位置

参考位置是在程序中或点动中频繁使用的固定位置（预先设定的位置）之一。参考位置通常是离开机床和外围设备的可动区域的安全位置，参考位置如图 3-30 所示。可以设定 10 个参考位置。

图 3-30　参考位置

机器人位于参考位置时，输出预先设定的数字信号 DO。特别是当机器人位于参考位置 1 时，输出外围设备 I/O 的参考位置输出信号（ATPERCH）。

该功能可以通过将参考位置的设定置于无效，即可设定为不输出信号。

要使机器人返回参考位置时，创建一个指定返回路径的程序，并调用该程序。此时，有关轴的返回顺序，也通过程序来指定。

设定参考位置操作步骤如下。

（1）按下 MENU（菜单）键，显示出画面菜单。

（2）选择“6 设置”。

（3）按下 F1（类型），显示出画面切换菜单。

（4）选择“参考位置”，出现参考位置一览画面，如图 3-31 所示。

（5）按下 F3（详细），出现参考位置详细画面，如图 3-32 所示。

参考位置　　关节 30%

1/3

编号	启用/禁用	范围内	注释
1	无效	无效	[ ]
2	无效	无效	[ ]
3	无效	无效	[ ]

[类型]　　详细　　启用　　禁用

图 3-31　参考位置一览画面

参考位置　　关节 30%

参考位置　　1/3

参考位置编号:　　1

1	注释:	[ ]
2	启用/禁用:	禁用
3	原点:	无效
4	信号定义:	DO [0]
5	J1: 0.000	+/- 0.0000
6	J2: 0.000	+/- 0.0000
7	J3: 0.000	+/- 0.0000
8	J4: 0.000	+/- 0.0000
9	J5: 0.000	+/- 0.0000
10	J6: 0.000	+/- 0.0000

[类型]　　记录位置

图 3-32　参考位置详细画面

（6）输入注释。

1）将光标移动到注释行，按下 ENTER（输入）键。

2）选择使用单词、英文字母中的其中一个来输入注释。

3）按下适当的功能键，输入注释。

4）注释输入完后，按下 ENTER 键。

（7）在“信号定义”中，设定工具位于参考位置时输出的数字输出信号。信号定义中使用的信号，要避免与其他参考位置重复。在 2 个以上参考位置中定义同一信号时，有可能会发生虽然处在参考位置，但不会输出信号的预料之外的结果。

（8）要进行参考位置的示教，将光标指向 J1 ~ J9 的设定栏，在按住 SHIFT 键的同时按下 F5（记录位置），对当前位置进行示教。

（9）直接输入参考位置数值的情况下，将光标指向 J1 ~ J9 的设定栏，分别输入参考位置的坐标值，直接输入参考位置数据，如图 3-33 所示。在左侧输入坐标值，在右侧输入允许误差范围。此外，忽略输入到不存在的轴中的值（单位为°或 mm）。

（10）请勿将允许误差设定为 0。基本上应将其设定为 0.1 以上。此外，附加轴中的允许值与齿轮比等相关联，设定完后应在多挡速度（低中高）下进行动作确认，设定一个必定会输出参考位置信号的允许值。

（11）完成设定后按下 PREV（返回）键，返回参考位置一览画面。

（12）要使参考位置输出信号有效/无效，将光标指向有效/无效条目，按下相应的功能键，参考位置输出信号的有效/无效设置如图 3-34 所示。

参考位置		关节 30%
参考位置		1/3
参考位置编号:		1
1	注释:	[参考位置1]
2	启用/禁用:	禁用
3	原点:	无效
4	信号定义:	RO [1]
5	J1: 129.000	+/- 2.0000
6	J2: -31.560	+/- 2.0000
7	J3: 3.320	+/- 2.0000
8	J4: 179.240	+/- 2.0000
9	J5: 1.620	+/- 2.0000
10	J6: 33.000	+/- 2.0000
[类型]		记录

图 3-33 直接输入参考位置数据

参考位置			关节 30%
			1/3
编号	启用/禁用	范围内	注释
1	启用	无效	[参考位置1]
[类型]	详细	启用	禁用

图 3-34 参考位置输出信号的有效/无效设置

9. FANUC 机器人在用户坐标系运动

（1）FANUC 机器人在用户坐标系运动的准备。

1）打开 FUNAC 机器人控制器电源开关。

2）手握示教器并按住示教器背部的特殊手持开关。

3）旋动紧急制动开关。

4）按示教器 RESET 复位按钮使机器人系统复位。

5）按示教器 COODR 坐标系选择按钮，选择用户坐标系。

（2）FANUC 机器人在世界坐标系运动。

1）按下 SHIFT 键和+X 键，观察机器人的运动。

2）按下 SHIFT 键和-X 键，观察机器人的运动。

3）按下 SHIFT 键和+Y 键，观察机器人的运动。
4）按下 SHIFT 键和−Y 键，观察机器人的运动。
5）按下 SHIFT 键和+Z 键，观察机器人的运动。
6）按下 SHIFT 键和−Z 键，观察机器人的运动。
7）按下 SHIFT 键和+X（J4）键，观察机器人的运动。
8）按下 SHIFT 键和−X（J4）键，观察机器人的运动。
9）按下 SHIFT 键和+Y（J5）键，观察机器人的运动。
10）按下 SHIFT 键和−Y（J5）键，观察机器人的运动。
11）按下 SHIFT 键和+Z（J6）键，观察机器人的运动。
12）按下 SHIFT 键和−Z（J6）键，观察机器人的运动。

技能训练

一、训练目的

（1）学会设置机器人用户坐标系。
（2）控制 FANUC 机器人在用户坐标系移动。

二、训练内容与步骤

1. 设置机器人用户坐标系

应用 3 点示教设置操作步骤如下。
（1）按下（菜单）键，显示出画面菜单。
（2）选择“6 设置”。
（3）按下 F1（类型），显示出画面切换菜单。
（4）选择“坐标系”。
（5）按下 F3（坐标）。
（6）选择“用户坐标系”，出现用户坐标系一览画面。
（7）将光标指向将要设定的用户坐标系号码所在行。
（8）按下 F2（详细），出现所选的坐标系号码的用户坐标系设定画面，用户坐标系设定画面。
（9）按下 F2（方法）。
（10）选择“3 点记录”。
（11）输入注释。
（12）记录参考点。
1）将光标移动到各参考点。
2）在点动方式下将机器人移动到应进行记录的点。
3）在按住 SHIFT 键的同时，按下 F5（位置记录），将当前值的数据作为参考点输入。所示教的参考点，显示“记录完成”，*X* 方向记录完成。
4）对所有参考点都进行示教后，显示“设定完成”，用户坐标系即被设定。
（13）在按住 SHIFT 键的同时按下 F4（位置移动），即可使机器人移动到所存储的点。
（14）要确认已经记录的各点的位置数据，将光标指向各参考点，按下 ENTER 键。
（15）出现各点的位置数据的详细画面。

（16）要返回原先的画面，按下 PREV（返回）键。

（17）按下 PREV 键，显示用户坐标系一览画面，可以确认所有用户坐标系的设定值。

2. 机器人在用户坐标系运动

（1）FANUC 机器人在用户坐标系运动的准备。

1）打开 FUNAC 机器人控制器电源开关。

2）将钥匙插入 3 方式开关的钥匙孔，转动钥匙开关至机器人 T1 手动慢速运行模式。

3）手握示教器并按住示教器背部特殊手持开关。

4）旋动紧急制动开关。

5）按示教器 RESET 复位按钮使机器人系统复位。

6）按示教器 COODR 坐标系选择按钮，选择用户坐标系，输入新用户坐标系的号码，按下 ENTER 键确认。

7）按下 SHIFT 键的同时，不断按下-% 键，减少机器人运行速度，至 10% 全速。

（2）FANUC 机器人在用户坐标系运动。

1）按下 SHIFT 键和+X 键，观察机器人用户坐标系的运动轨迹。

2）按下 SHIFT 键和-X 键，观察机器人用户坐标系的运动轨迹。

3）按下 SHIFT 键和+Y 键，观察机器人用户坐标系的运动轨迹。

4）按下 SHIFT 键和-Y 键，观察机器人用户坐标系的运动轨迹。

5）按下 SHIFT 键和+Z 键，观察机器人用户坐标系的运动轨迹。

6）按下 SHIFT 键和-Z 键，观察机器人用户坐标系的运动轨迹。

7）按下 SHIFT 键和+X（J4）键，观察机器人用户坐标系的运动轨迹。

8）按下 SHIFT 键和-X（J4）键，观察机器人用户坐标系的运动轨迹。

9）按下 SHIFT 键和+Y（J5）键，观察机器人用户坐标系的运动轨迹。

10）按下 SHIFT 键和-Y（J5）键，观察机器人用户坐标系的运动轨迹。

11）按下 SHIFT 键和+Z（J6）键，观察机器人用户坐标系的运动轨迹。

12）按下 SHIFT 键和-Z（J6）键，观察机器人用户坐标系的运动轨迹。

习题

1. 填空题

（1）FANUC 机器人可供选择的坐标系有____个。

（2）工具中心点简称______。

（3）不同的机器人工具，有不同的_____________。

（4）设定的机械坐标系的原点位于机器人____轴的法兰上。

（5）设置工具坐标系有___________、_______________和_________示教法等。

（6）设置用户具坐标系有___________、_______________和_________示教法等。

2. 问答题

（1）如何使用 6 点示教法设置工具坐标系？

（2）如何激活工具坐标系？

（3）如何使用 4 点示教法设置用户坐标系？

（4）如何激活用户坐标系？

项目四 FANUC机器人编程基础

学习目标

（1）学会创建机器人新程序。
（2）学会使用机器人动作指令写程序。
（3）学会编辑和修改程序。
（4）学会调试机器人程序。
（5）学会使用机器人码垛堆积指令。
（6）学会设计机器人复杂控制程序。

任务6 机器人程序操作

基础知识

一、FANUC 机器程序的详细信息

程序详细信息，是为程序赋予名称并明确其属性的特有信息。程序详细信息包括以下内容：①创建日期、修改日期、复制来源的文件名、位置数据、程序数据大小等与属性相关的信息；②程序名、注释、子类型、组掩码、写保护、忽略、暂停等与执行环境相关的信息。

程序详细信息的设定，在程序详细信息画面上进行，如图 4-1 所示。

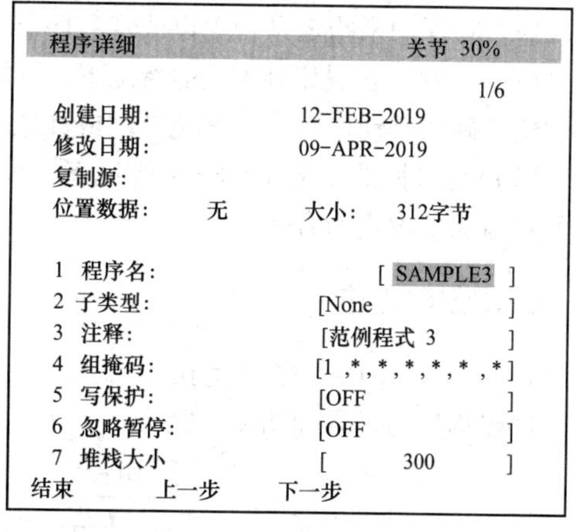

图 4-1 程序详细信息画面

1. 程序名

使用程序名来区别存储在控制装置内的存储器中的若干个程序。在相同控制装置内不能创建2个以上相同名称的程序。程序名的长度为 1 ~ 8 个字符。程序名相对程序必须是独一无二的。程序应以能够弄清其目的和功能的方式进行命名。

（1）可以使用的程序名。

1）字符。英文字母（仅限大写字母）。

2）数字。0 ~ 9。程序名不可从数字开始。

3）记号。仅限_（下划线）。不可使用@（@ 符号）和 *（星号）。

（2）不能使用的程序名

1）接口等。如 CON、PRN、AUX、NUL。

2）串口名称。如 COM1、COM2、COM3、COM4、COM5、COM6、COM7、COM8、COM9。

3）并口名称。如 LPTI、LPT2、LPT3、LPT4、LPT5、LPT6、LPT7、LPT8、LVF9。

2. 程序注释

创建新的程序时，还可以在程序名上添加程序注解。程序注解用来记述希望在选择画面上与程序名一起显示的附加信息。

程序注释的长度为 1 ~ 16 个字符。

程序注释应以能够弄清程序的目的和功能的方式进行描述。

3. 程序的子类型

（1）Job（工作程序），即指定可作为主程序而从示教器等装置启动的程序。在程序中呼叫并执行过程程序。

（2）Process（处理程序），即指定作为子程序而从工作程序中呼叫并执行特定作业的程序。

（3）Macro（宏程序），即指定用来执行宏指令的程序。在宏设定画面上登录的程序，其属性自动地被设定为 MR。

（4）State（状态），即通过状态监视功能，在创建条件程序时指定。

4. 组掩码

组掩码用来设定具有程序的组掩码。组掩码表示使用于各自独立的机器人、定位工作台、其他夹具等中不同的轴（电动机）组。

机器人控制装置可以将多个轴分割为多个动作组进行控制（多动作功能）。系统中只有一个动作组的情况下，标准的组为 1（1 *， *， *， *， *， *， *）。

机器人控制装置可以将最多 56 轴（插入有附加轴板时）分割为最多 8 个动作组后同时进行控制。每一群组最多可控制 9 轴（多运动功能）。

5. 写保护

通过写保护来指定是否可以改变程序。

（1）写保护被设定在 ON 的情况下，不能将数据追加到程序中，或修改程序。在结束程序的创建，确认其动作后，为避免自己或其他人员改写程序，应将写仅护设定为 ON。

（2）写保护被设定在 OFF 的情况下，可以创建程序，追加或改变程序指令。标准设定下，已经将写保护设定为 OFF。

二、创建程序

1. 创建程序的内容与过程

创建程序的过程如图 4-2 所示。

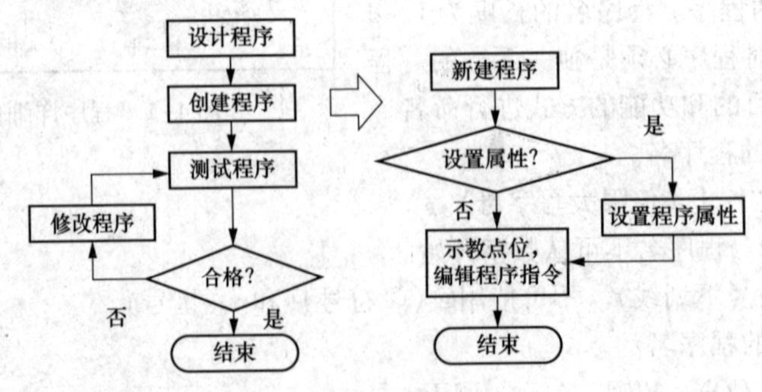

图 4-2 创建程序的过程

程序的创建包括以下内容。

（1）记录程序和设定程序详细信息。

（2）修改标准指令语句（标准动作指令和标准弧焊指令）。

（3）示教动作指令。

（4）示教点焊、码垛、弧焊、封装指令和各类控制指令。

2. 创建程序操作步骤

（1）示教器有效开关置于 ON。

（2）按下 MENU（菜单）键，显示出画面菜单，选择“一览”。或者按下 SELECT 键，出现如图 4-3 所示的程序一览界面。

（3）按下 F2（创建），出现程序记录画面，如图 4-4 所示。

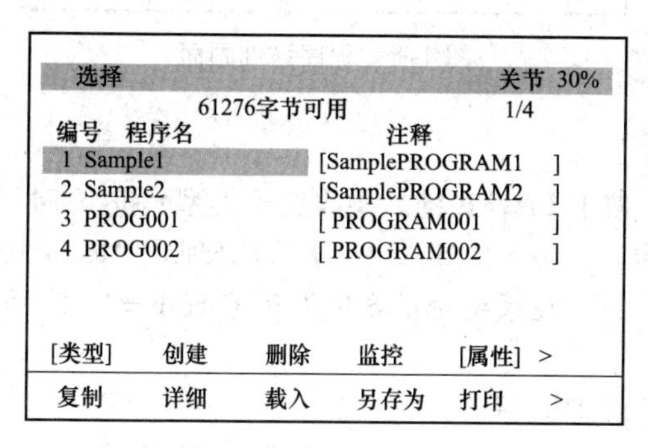

图 4-3 程序一览界面

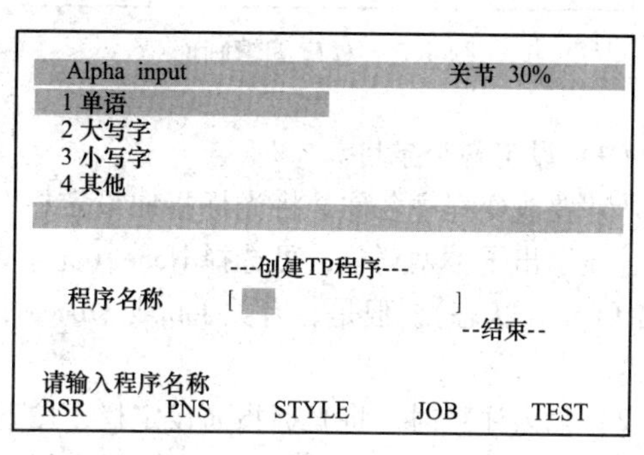

图 4-4 程序记录画面

（4）通过上下光标键↑、↓选择程序名称的输入方法（字、字母），如图 4-5 所示。

（5）按下表示在程序名称中使用的字符的功能键，所显示的功能键菜单按照（4）中所选择的输入方法予以显示。比如，字母输入的情况下，按住希望输入的字符所表示的功能键，直到该字符显示在程序名称栏。按下→键，使光标向右移动。反复执行该步骤，输入程序名称。

（6）程序名称输入结束后，按下 ENTER 键。输入程序名称如图 4-6 所示。

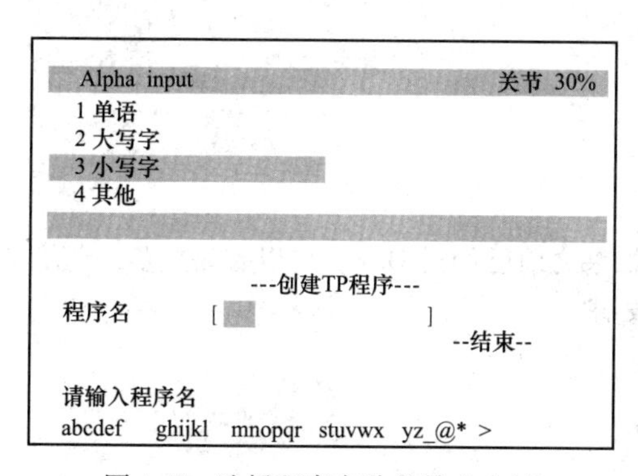

图 4-5 选择程序名称的输入方法

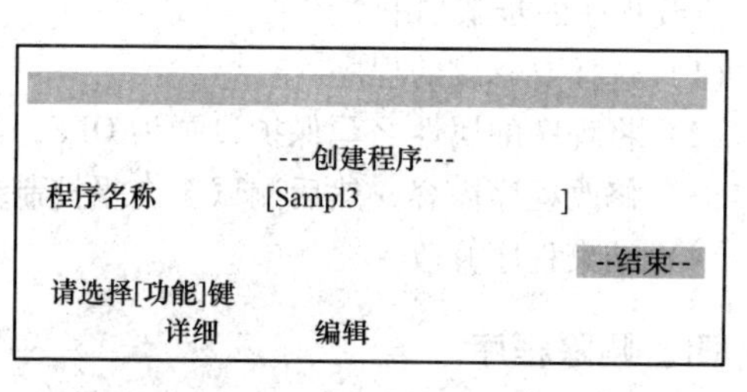

图 4-6 输入程序名称

（7）要对所记录的程序进行编辑时，按下 F3（编辑）或者 ENTER 键，将出现所记录程序的程序编辑画面，如图 4-7 所示。

（8）输入程序详细消息时，在（6）中的画面上按下 F2（详细），将显示程序详细画面，如图 4-8 所示。

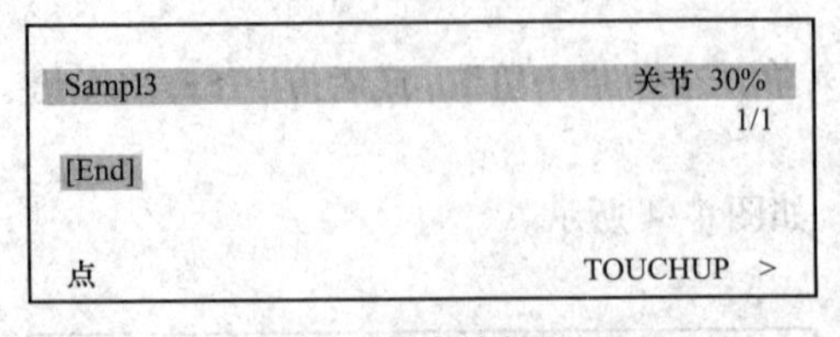

图 4-7 程序编辑画面

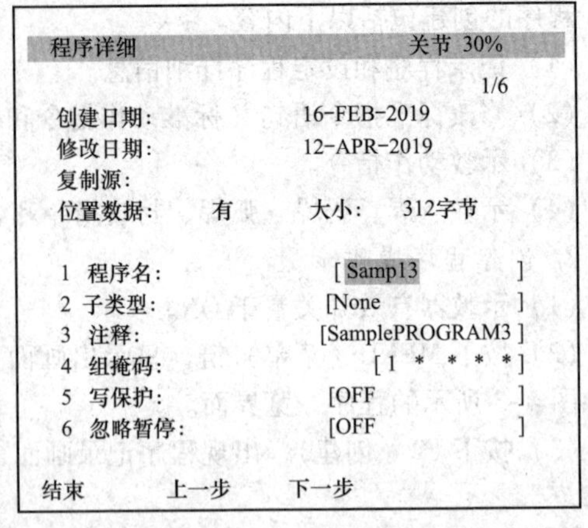

图 4-8 程序详细画面

（9）设定各个条目。

1）要改变程序名称，将光标指向设定栏，按下 ENTER 键。要改变子类型，按下 F4（选择），显示出子类型菜单，可选择 None（无指定）、Job（任务）、Process（处理）、Macro（宏）或者 Cond（状态）。但是，有关 Job 或 Process，只有在系统变量 $ JORPROC ENR = 1 时，可以选择。

2）输入注释时，将光标指向设定栏，按下 ENTER 键。

3）要设定组掩码时，将光标指向设定栏，选择“1”“.”，进行所设定组掩码的控制。不包含动作指令的程序中，为确保安全而设定（＊，＊，＊，＊，＊）。

4）要设定写保护，将光标指向设定栏，选择 ON 或 0FF。

5）要设定暂停忽略，将光标指向设定栏，选择功能链（ON 或 OFF）。

6）宏指令和自动启动程序等不希望因报警而被中断的程序，将其设定为 ON。

7）进行堆栈大小的设定时，将光标指向设定栏，按下 ENTER 键。

8）程序详细消息的输入完成后，按下 F1（结束），出现所记录程序的程序编辑画面。

三、修改程序

修改程序如图 4-9 所示。

修改程序的步骤如下。

（1）选择要修改的程序。

（2）将程序的属性之写保护设置为 OFF，如果之前已经是 OFF，可以省略此步。

（3）修改程序内容，然后测试至合乎控制要求。

（4）结束程序修改。

四、删除程序

删除程序如图 4-10 所示。

删除程序的操作步骤如下。

（1）选择要删除的程序。

（2）将程序的属性之写保护设置为 OFF，如果之前已经是 OFF，可以省略此步。

（3）删除程序。

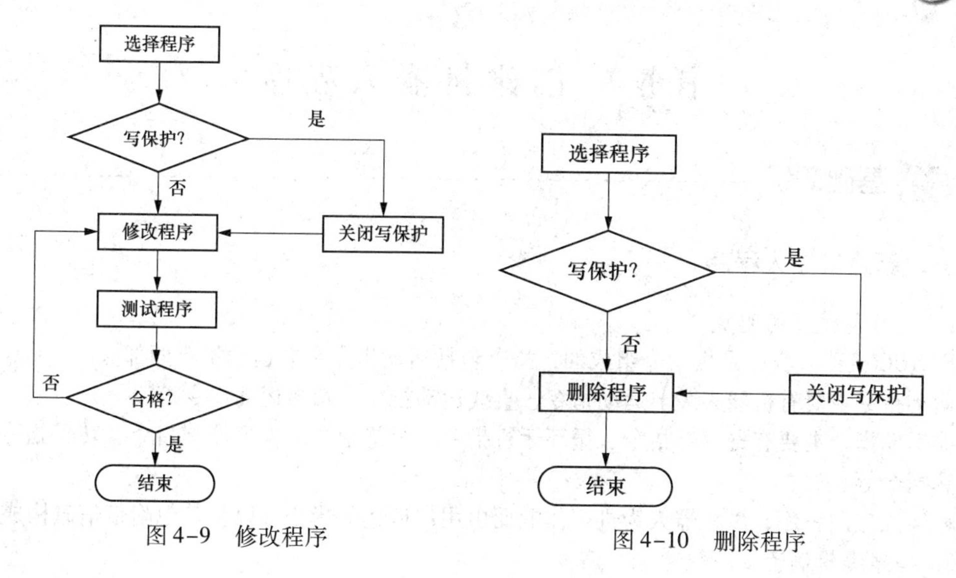

图 4-9　修改程序

图 4-10　删除程序

技能训练

一、训练目的

（1）学会创建机器人新程序。

（2）学会删除机器人程序。

二、训练内容与步骤

（1）创建机器人新程序 TEST1。

1）示教器有效开关置于 ON。

2）按下 MENU（菜单）键，显示出画面菜单，选择“一览”。或者按下 SELECT 键，出现程序一览界面。

3）按下 F2（创建），出现程序记录画面。

4）通过上下光标键↑、↓选择程序名称的输入方法（字、字母）。

5）按下表示在程序名称中使用的字符的功能键，所显示的功能键菜单按照之前所选择的输入方法予以显示。比如，字母输入的情况下，按住希望输入的字符所表示的功能键，直到“T”字符显示在程序名称栏。按下→键，使光标向右移动。反复执行字符输入，输入程序名称 TEST，再按数字键“1”输入 1。

6）程序名称的输入结束后，按下 ENTER（输入）键，完成程序名的设置。

（2）删除程序。

1）示教器有效开关置于 ON。

2）按下 MENU（菜单）键，显示出画面菜单，选择“一览”。或者按下 SELECT 键，出现程序一览界面。

3）通过光标移动键，选择要删除的程序。

4）将程序的属性之写保护设置为 OFF，如果之前已经是 OFF，可以省略此步。

5）删除程序。

任务7 创建机器人程序

基础知识

一、新建机器人程序

1. 机器人程序的组成

FANUC 机器人程序是由指令组成的，指令包括运动指令和非运动指令两部分。

运动指令主要有机器人关节运动指令、直线运动指令、圆弧运动指令等。

非运动指令主要有寄存器指令、循环运行指令、等待指令、程序控制指令、转移指令、复合运算指令等。

机器人应用程序，由机器人为进行作业而由用户记述的指令，以及其他附带信息构成。

2. 程序编辑画面

在程序一览界面，选择要编辑的程序，按下 ENTER 键，显示程序编辑画面，如图 4-11 所示。

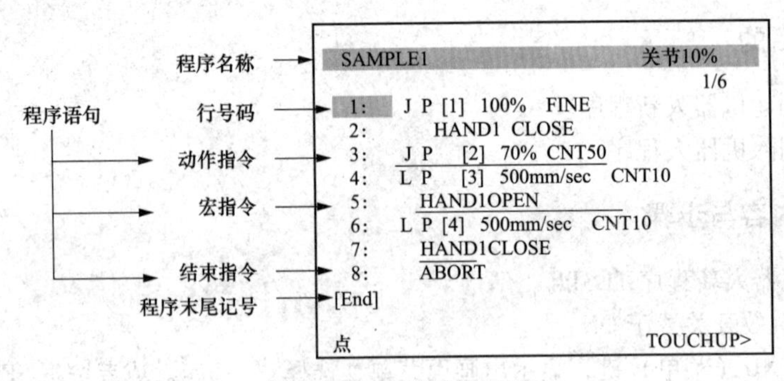

图 4-11 程序编辑画面

程序的创建/修改，在程序编辑画面上进行。

(1) 行号码。行号码自动插入到程序上所追加的各指令旁。在删除指令，或将指令移动到程序中新的位置的情况下，程序将自动地重新赋予号码，使得最初一行始终为行 1，第 2 行为行 2。改变程序时，可以使用行号码通过光标来指定将哪一行作为移动、删除、范围指定的对象。此外，还可以通过指定行号码（ITEM 键），将光标移动到目标行号码。

(2) 程序末尾记号。程序末尾记号（End），自动显示在程序中的最后指令之后。随着新指令的追加，程序末尾记号可在将该位置保持在程序最后一行的同时，朝向画面下方移动。

程序在执行程序最后的指令到末尾记号时，自动返回第 1 行并结束操作。但是，若“回到程序的前头来了”处在无效的情况，在执行结束后光标将停留在程序最终行。

(3) 自变量 i。自变量 i 是在控制指令（动作指令以外的程序指令）的指定中所使用的指数。自变量有直接指定和间接指定之分。

1）直接指定。通常情况下指定 1～32767 范围内的整数。值的范围，随所使用的指令种类而不同。

2）间接指定用来指定寄存器号码，如图 4-12 所示。

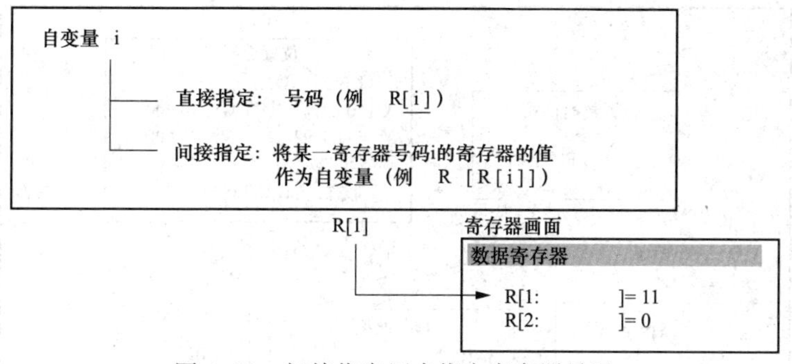

图 4-12 间接指定用来指定寄存器号码

3. 程序编辑操作

（1）移动光标。

1）要移动光标，可使用↓、→、↑、←这 4 个光标键，若要每隔几行移动光标，可在按住 SHIFT 键的同时按下↓、↑键。

2）要选择行号码，可按下 ITEM（条目选择）键后，输入希望移动光标的行号码。

（2）输入数值。

1）要输入数值，将光标指向自变量栏，如图 4-13 所示，按下数值键后，再按下 ENTER 键。

2）通过寄存器进行间接指定的情况下，按下 F3（间接），选择间接变量，如图 4-14 所示，输入数值后，再按下 ENTER 键。

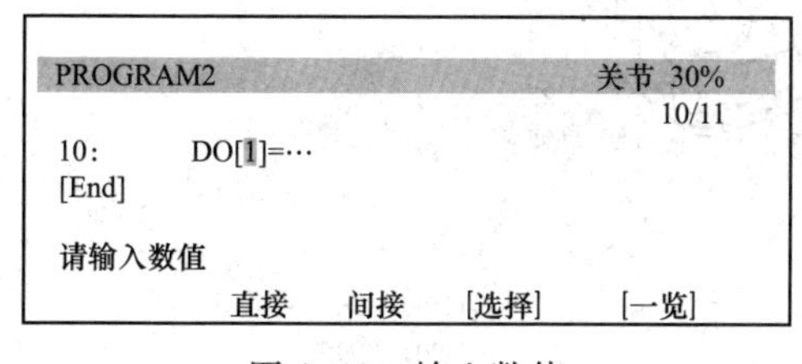

图 4-13 输入数值

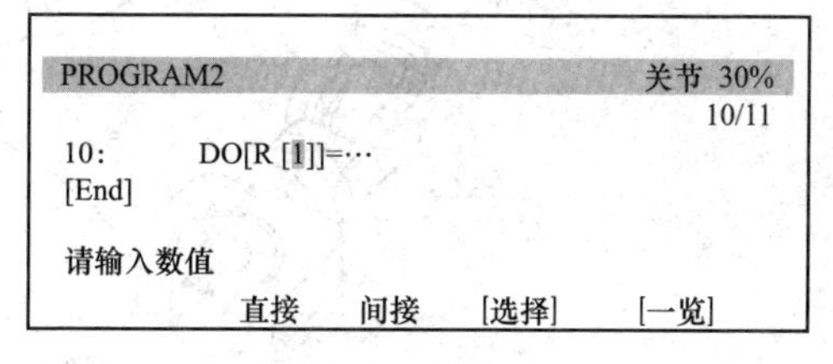

图 4-14 间接输入

二、机器人动作指令

1. 动作指令

动作指令，是指以指定的移动速度和移动方法使机器人向作业空间内的指定位置移动的指令。动作指令如图 4-15 所示。

动作指令可指定动作类型、位置资料、移动速度和定位类型。动作类型指定向指定位置的轨迹控制；位置资料指对机器人将要移动的位置进行示教；移动速度指机器人的移动速度；定位类型指是否在指定位置定位。

动作附加指令，指定在动作中执行附加指令。

要进行运动指令的示教，按下 F1 ~ F5 键，选择标准动作指令语句后进行。

（1）动作类型。动作类型指定向指定位置的轨迹控制。动作类型有：不进行轨迹控制/姿势控制的关节动作、进行轨迹控制/姿势控制的直线动作、圆弧动作以及 C 圆弧动作。

1）关节动作（J）。关节动作是将机器人移动到指定位置的基本的移动方法，如图 4-16 所示。机器人沿着所有轴同时加速，在示教速度下移动后，同时减速后停止。移动轨迹通常为非线性。在对结束点进行示教时记述动作类型。关节移动速度的指定，从%（相对最大移动速度的百分比）、sec、msec 中予以选择。移动中的工具姿势不受控制。

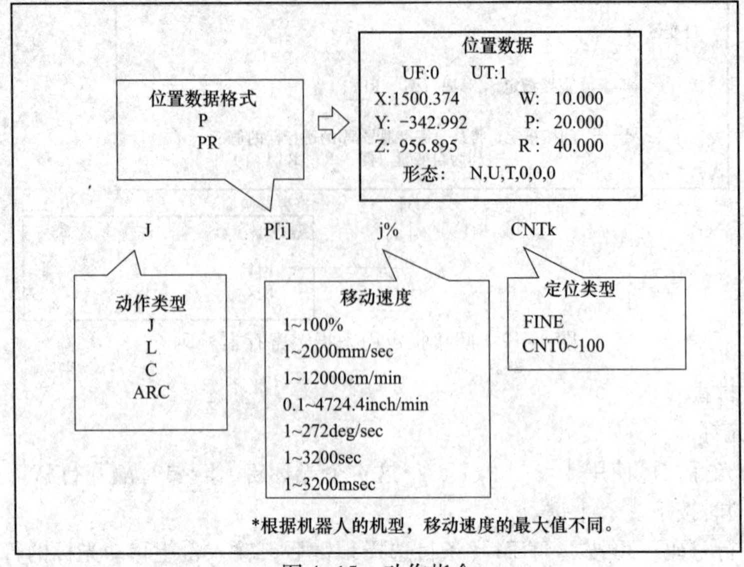

图 4-15 动作指令

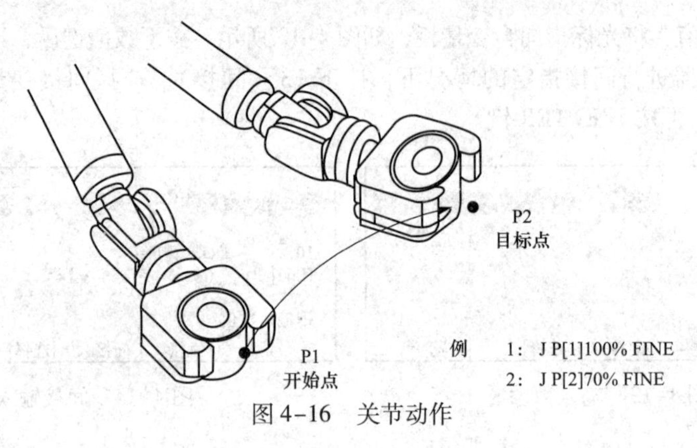

图 4-16 关节动作

2）直线动作（L）。直线动作是以线性方式对从动作开始点到结束点的工具中心点移动轨迹进行控制的一种移动方法，如图 4-17 所示。在对结束点进行示教时记述动作类型，直线移动速度的指定，从 mm/sec、cm/min. inch/min、sec、msec 中予以选择。将开始点和目标点的姿势进行分割后对移动中的工具姿势进行控制。

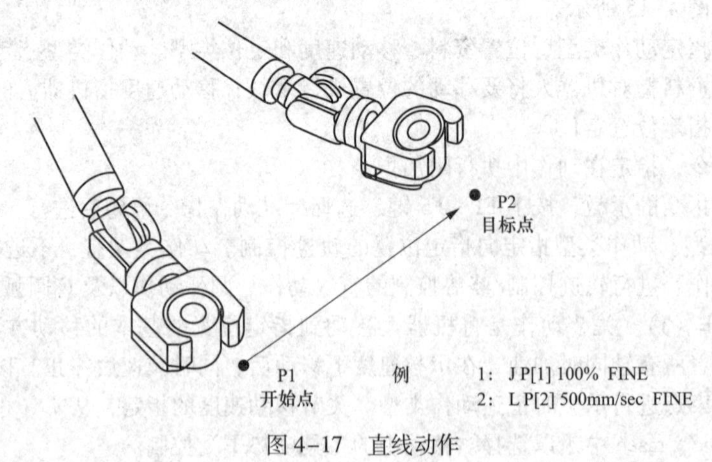

图 4-17 直线动作

回转移动是使用直线动作，使工具的姿势从开始点到结束点以工具中心点（TCP）为中心回转的一种移动方法，如图 4-18 所示。将开始点和目标点的姿势进行分割后对移动中的工具姿势进行控制。此时，移动速度以 deg/sec 指定，移动轨迹（工具中心点移动的情况下）通过线性方式进行控制。

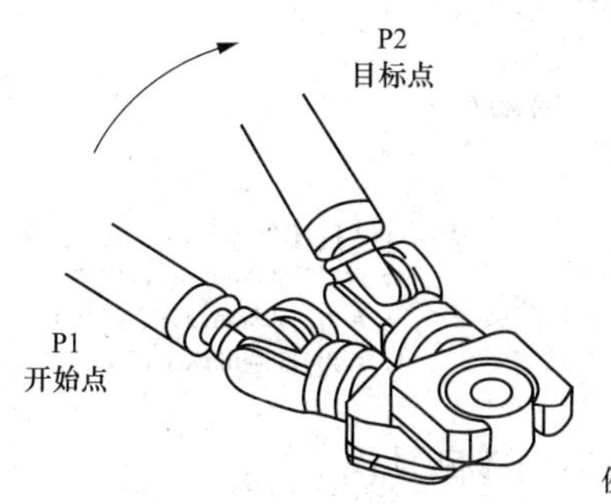

图 4-18 回转移动

3）圆弧动作（C）。圆弧动作是从动作开始点通过经由点到结束点以圆弧方式对工具中心点移动轨迹进行控制的一种移动方法，如图 4-19 所示其在一个指令中对经由点和目标点进行示教。圆弧移动速度的指定，从 mm/sec、cm/min、inch/min、sec、msec 中予以选择。将开始点、经路点、目标点的姿势进行分割后对移动中的工具姿势进行控制。

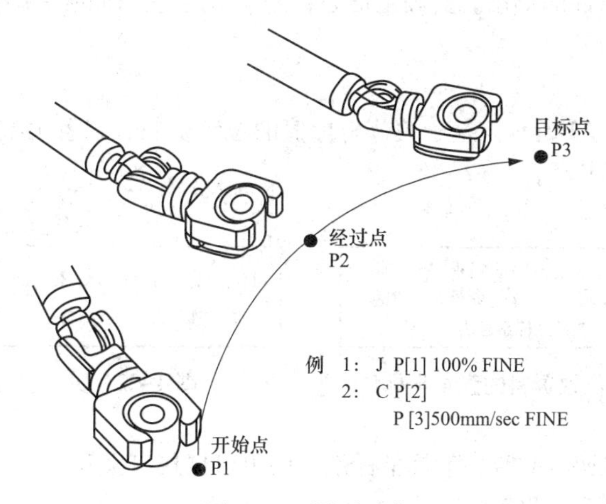

图 4-19 圆弧动作

4）C 圆弧动作（A）。圆弧动作指令下，需要在 1 行中示教 2 个位置，也即经过点和终点；C 圆弧动作指令下，在 1 行中只示教 1 个位置，在连接由连续的 3 个 C 圆弧动作指令生成的圆弧的同时进行圆弧动作。C 圆弧动作如图 4-20 所示。

（2）位置资料。位置资料存储机器人的位置和姿势。在对动作指令进行示教时，位置资料同时被写入程序。位置资料有：基于关节坐标系的关节坐标值和通过作业空间内的工具位置和姿势来表示的直角坐标值。标准设定下将直角坐标值作为位置资料来使用。

直角坐标值。直角坐标值的位置资料通过 4 个要素来定义，即直角坐标系中的工具中心点（工具坐标系原点）位置、工具方向（工具坐标系）的斜度、形态、所使用的直角坐标系。直角坐标系中使用世界坐标系或用户坐标系。位置资料的直角坐标值如图 4-21 所示。

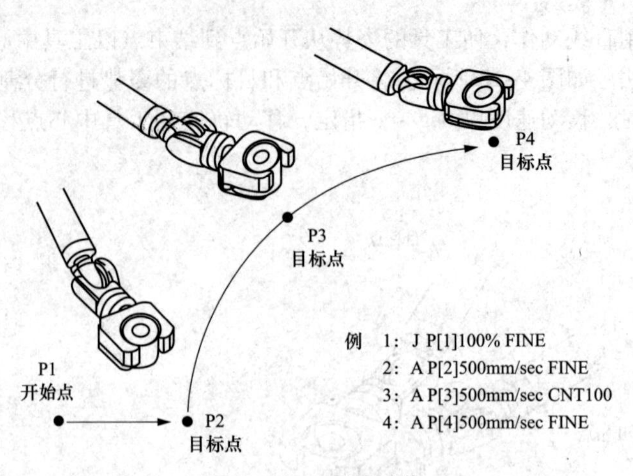

图 4-20 C 圆弧动作

（3）位置和姿势。

1）位置（*x*，*y*，*z*），以三维坐标值来表示直角坐标系中的工具中心点（工具坐标系原点）位置。

2）姿势（*w*，*p*，*r*），以直角坐标系中的 *X*、*Y*、*Z* 轴周围的回转角来表示。

（4）形态。形态（Configuration）是指机器人主体部分的姿势。有多个满足直角坐标值（*x*，*y*，*z*，*w*，*p*，*r*）条件的形态。要确定形态，需要指定每个轴的关节配置（Joint Placement）和回转数（Turn Number）。

（5）关节坐标值

关节坐标值如图 4-22 所示。基于关节坐标值的位置资料，以各关节的基座侧的关节坐标系为基准，用回转角来表示。

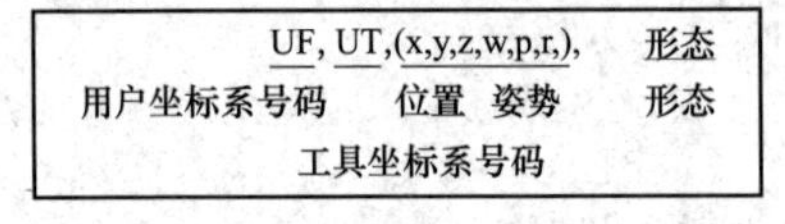

图 4-21 位置资料的直角坐标值

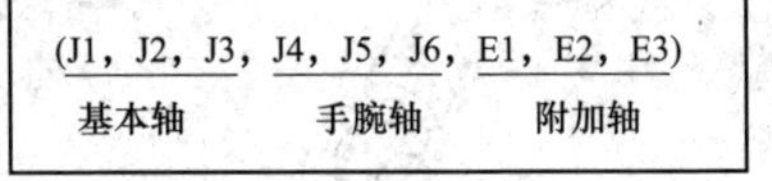

图 4-22 关节坐标值

（6）工具坐标系号码（UT）。工具坐标系号码由机械接口坐标系或工具坐标系的坐标系号码指定。工具侧的坐标系由此而确定。

1）0 表示使用机械接口坐标系。

2）1 ~ 10 表示使用所指定的工具坐标系号码的工具坐标系。

3）F 表示使用当前所选的工具坐标系号码的坐标系。

（7）用户坐标系号码（UF）。用户坐标系号码由世界坐标系或用户坐标系的坐标系号码指定。作业空间的坐标系由此而确定。

1）0 表示使用世界坐标系。

2）1 ~ 10 表示使用所指定的用户坐标系号码的用户坐标系。

3）F 表示使用当前所选的用户坐标系号码的坐标系。

（8）详细位置资料。要显示详细位置资料，可通过按下 F5（位置）予以显示。再按下 F5（形式）可进行直角坐标值、关节坐标值的切换。

(9) 位置变量和位置寄存器。在动作指令中，位置资料以位置变量（P[i]）或位置寄存器（PR[i]）来表示。标准设定下使用位置变量。位置变量和位置寄存器如图4-23所示。

P[i]　PR　[GPk: i]
位置号码　组号码(1~8)　直接：位置寄存器号码　间接：寄存器

图4-23　位置变量和位置寄存器

(10) 移动速度。在移动速度中指定机器人的移动速度。在程序执行中，移动速度受到速度倍率的限制。速度倍率值的范围为1%～100%。在移动速度中指定的单位，根据动作指令所示教的动作类型而不同。

1）动作类型为关节动作的情况。指令示例：

```
JP[1]30% FINE
```

a. 在1%～100%的范围内指定相对最大移动速度的比率。

b. 单位为sec时，在0.1～3200sec指定移动所需时间。移动时间较为重要的情况下进行指定。此外，有的情况下不能按照指定时间进行动作。

c. 单位为msec时，在1～32000msec指定移动所需时间。

2）动作类型为直线动作、圆弧动作或者C圆弧动作的情况。指令示例：

```
LP[1]100mm/sec FINE
```

a. 单位为mm/sec时，在1～2000mm/sec指定。

b. 单位为cm/min时，在1～12000cm/min指定。

c. 单位为inch/min时，在0.1～4724.4inch/min指定。

d. 单位为sec时，在0.1～3200sec指定移动所需时间。

e. 单位为msec时，在1～32000msec指定移动所需时间。

3）移动方法为在工具中心点附近的回转移动的情况。指令示例：

```
LP[1]50deg/sec FINE
```

a. 单位为deg/sec时，在1～272deg/sec指定。

b. 单位为sec时，在0.1～3200sec指定移动所需时间。

c. 单位为msec时，在1～32000msec指定移动所需时间。

4）通过寄存器指定速度。可以通过寄存器来指定速度。由此，便可在寄存器中进行移动速度的计算后，指定动作指令的移动速度。此外，还可以指定组输入（GI）、数据传输等来自外部的移动速度。

(11) 定位类型。根据定位类型，定义动作指令中的机器人的动作结束方法。标准情况下，定位类型有FINE定位类型、CNT定位类型两种。

1）FINE定位类型。指令示例：

```
JP[1]50% FINE
```

根据FINE定位类型，机器人在目标位置停止（定位）后，向着下一个目标位置移动。

2）CNT定位类型。指令示例：

```
JP[1]50% CNT
```

根据CNT定位类型，机器人靠近目标位置，但是不在该位置停止而在下一个位置动作。机器人靠近目标位置到什么程度，由1～100的值来定义，如图4-24所示。

值的指定可以使用寄存器。寄存器的索引至多可以使用255。

指定0时，机器人在最靠近目标位置处动作，但是不在目标位置定位而开始下一个动作。指定100时，机器人在目标位置附近不减速而马上向着下一个点开始动作，并通过最远离目标位置的点。

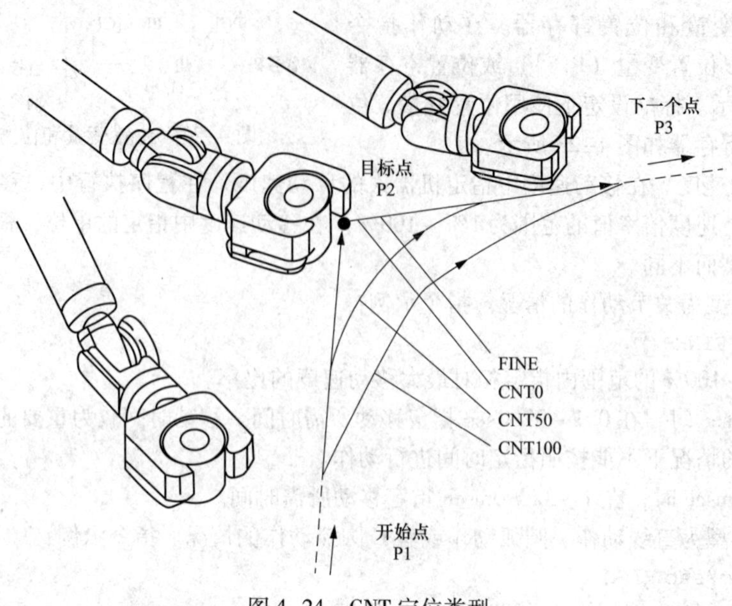

图 4-24　CNT 定位类型

2. 机器人运动附加指令

运动附加指令是在机器人动作中使其执行特定作业的指令。运动附加指令包括手腕关节动作指令（Wjnt）、加减速倍率指令（ACC）、跳过指令（Skip，LBL［*i*］）、位置补偿指令（Offset）、直接位置补偿指令（Offset PR［*i*］）、工具补偿指令（Tool_Offset）、直接工具补偿指令（Tool_Offset PR［*i*］）、增量指令（INC）、附加轴速度指令（同步）（EV *i*%）、附加轴速度指令（非同步）（ind. EV *i*%）、路径指令（PTH）、预先执行指令（TIME BEFORE/TIME AFTER）、中断指令（BREAK）等。

要进行动作附加指令的示教，将光标指向动作指令后，按下 F4（选择），显示动作附加指令一览，从中选择所希望的动作附加指令。动作附加指令如图 4-25 所示。

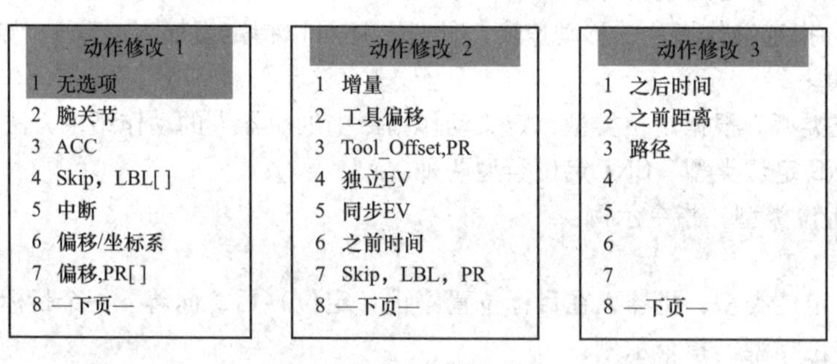

图 4-25　动作附加指令

（1）手腕关节动作指令。指令示例：

```
LP[1]50mm/sec FINE Wjnt
```

手腕关节动作指令，指定不在轨迹控制动作中对手腕的姿势进行控制（标准设定下设定为在移动中始终控制手腕的姿势），如图 4-26 所示在指定直线动作、圆弧动作或者 C 圆弧动作时使用该指令。

由此，虽然手腕的姿势在动作中发生变化，但是，不会引起因手腕轴特异点而造成的手腕轴的反转动作，从而使工具中心点沿着编程轨迹动作。

动作修改 1
1 无选项
2 腕关节
3 ACC
4 Skip，LBL[ ]
5 中断
6 偏移/坐标系
7 偏移,PR[ ]
8 —下页—

图 4-26 手腕关节动作指令

（2）加减速倍率指令。指令示例：

```
JP[1]50% FINE ACC 80
```

加减速倍率指令，指定动作中的加减速所需时间的比率。它是一种从根本上延缓动作的功能。减小加减速倍率时，加减速时间将会延长（慢慢地进行加速、减速）；增大加减速倍率时，加减速时间将会缩短（快速进行加速、减速）。

通过加减速倍率，可以使机器人从开始位置到目标位置的移动时间缩短或者延长。加减速倍率值的指定中可以使用寄存器。加减速倍率值为 0～150%。加减速倍率被编程在目标位置。

（3）跳过指令 SKIP（见图 4-27）。

1）跳过指令在跳过条件尚未满足的情况下，跳到转移目的地标签。机器人向目标位置移动的过程中，跳过条件满足时，机器人在中途取消动作，程序执行下一行的程序语句；跳过条件尚未满足的情况下，在结束机器人的动作后，跳到目的地标签行。

2）跳过条件指令，预先指定在跳过指令中使用的跳过条件（执行跳过指令的条件）。在执行跳过指令前，务须执行跳过条件指令。曾被指定的跳过条件，在程序执行结束或者执行下一个跳过条件指令之前有效。

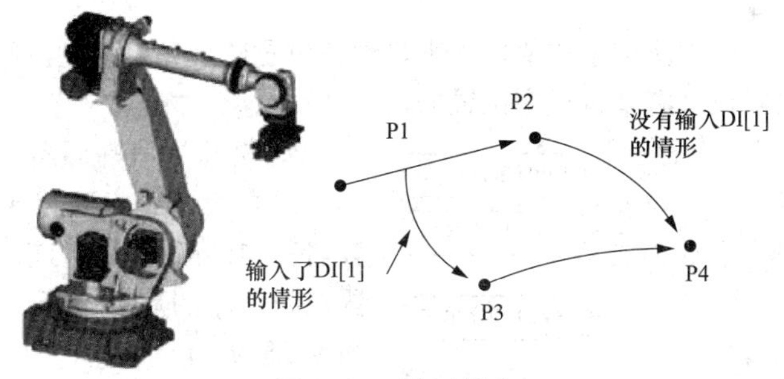

图 4-27 跳过指令

（4）位置补偿指令。指令示例：

```
OFFSET CONDITION PR[2](UFRAME[1])
JP[1]50%  FINE Offset
```

1）位置补偿指令，在位置资料中所记录的目标位置，使机器人移动到偏移位置补偿条件中所指定的补偿最后的位置。偏移的条件由位置补偿条件指令来指定。

2）位置补偿条件指令，预先指定位置补偿指令中所使用的位置补偿条件，位置补偿条件指令必须在执行位置补偿指令前执行。曾被指定的位置补偿条件，在程序执行结束，或者执行下一个位置补偿条件指令之前有效。位置补偿条件指定如下要素。

a. 位置寄存器指定偏移的方向和偏移量。

b. 位置资料为关节坐标值的情况下，使用关节的偏移量。

c. 位置资料为直角坐标值的情况下，指定作为基准的用户坐标系（UFRAME）。在没有指定的情况下，使用当前所选的用户坐标系（UF）。工具坐标系号码（UT）和形态（CONF：）被忽略。

（5）直接位置补偿指令。指令示例：

```
JP[1]50% FINE Offset PR[2]
```

直接位置补偿指令，忽略位置补偿条件指令中所指定的位置补偿条件，按照直接指定的位置寄存器值进行偏移。作为基准的坐标系，使用当前所选的用户坐标系号码。

（6）工具补偿指令。指令示例：

```
TOOL_OFFSET CONDITION PR[2]
                        (UTOOL[1])
JP[1]  50% FINE Tool Offset
```

位置补偿指令，在位置资料中所记录的目标位置，使机器人移动到偏移工具补偿条件中所指定的补偿量后的位置。偏移的条件由工具补偿条件指令来指定。工具补偿条件指令，预先指定工具补偿指令中所使用的位置补偿条件。工具补偿条件指令，必须在执行工具补偿指令之前执行。曾被指定的工具补偿条件，在程序执行结束，或者执行下一个工具补偿条件指令之前有效。工具补偿条件指定如下要素。

a. 位置寄存器指定偏移的方向和偏移量。

b. 补偿时使用工具坐标系。在没有指定工具坐标系号码的情况下，使用当前所选的工具坐标系号码。

（7）直接工具补偿指令。指令示例：

```
JP[1]50% FINE Tool Offset,PR[2]
```

直接工具补偿指令，忽略工具补偿条件指令中所指定的工具补偿条件，按照直接指定的位置寄存器值进行偏移。作为基准的坐标系，使用当前所选的工具坐标系号码。

（8）增量指令。指令示例：

```
JP[1]50% FINE INC
```

增量指令将位置资料中所记录的值作为来自现在位置的增量移动量而使机器人移动。这意味着，位置资料中已经记录有来自现在位置的增量移动量。

3. 机器人程序运行

（1）程序的启动方式。程序的启动受示教器影响，当示教器有效开关为 ON 时，示教器控制程序的启动运行。程序的启动方式如图 4-28 所示。

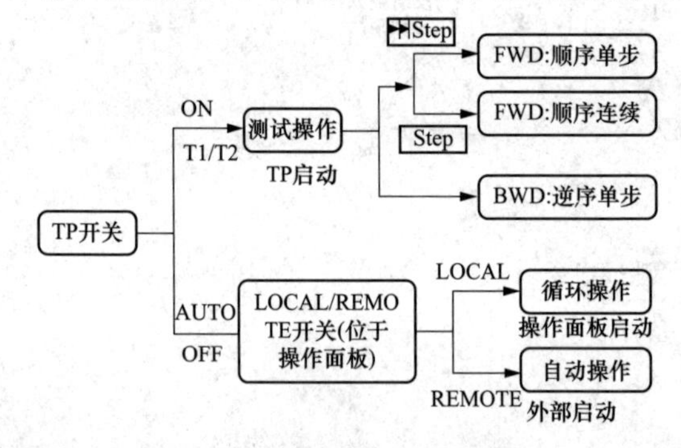

图 4-28　程序的启动方式

为了确保安全，启动程序时，只能从具有程序启动权限的装置进行。启动权限，可通过示教器的有效开关和远程/本地方式开关来进行切换。

（2）程序的启动方法。启动程序时有 3 种方法：①利用示教器［SHIFT 键+FWD（前进）或 RWD（后退）键］；②利用操作面板的启动按钮；③利用外围设备（RSR1～8 输入、PROD_START 输入、START 输入）。

（3）程序的运行方式。通过安装在操作面板或操作箱上的钥匙操作开关控制 3 方式开关控制程序的运行方式。操作方式有 AUTO 自动运行、T1 手动慢速和 T2 手动全速运行 3 种。

技能训练

一、训练目的

（1）学会创建机器人新程序。

（2）学会应用机器人动作指令。

（3）学会运行机器人程序。

二、训练内容与步骤

（1）设计运动指令控制程序。

1）控制任务。从 P1 点沿直线运行到 P2 点，由 P2 点沿半圆弧经过 P3 点运行到 P4 点，由 P4 点弧形运行到 P6 点，由 P6 点弧形运行回到 P1 点。

2）参考程序。

```
J P[1]50%  FINE
L P[2]1000mm/sec FINE
C P[3]
P[4]1000mm/sec FINE
L P[5]1000mm/sec CNT60
L P[1]1000mm/sec CNT80
```

（2）调试运行程序。

1）创建一个名为 BASE1 程序。

2）输入参考程序。

3）手动慢速运行、调试程序。

a. 将机器人运行方式设置为 T1 手动慢速模式。

b. 按下示教器的 SHIFT 键和 FWD（前进）键，观察程序的运行。

c. 按下示教器的 SHIFT 键和 RWD（后退）键，观察程序的运行。

d. 修改程序指令 L P［2］1000mm/sec FINE 为 L P［2］50mm/sec FINE，重新运行程序，观察机器人的运行。

e. 修改圆弧运行指令中的运行速度，重新运行程序，观察机器人的运行。

任务 8　学会使用机器人码垛堆积指令

 基础知识

一、码垛堆积

码垛堆积只要对几个具有代表性的点进行示教，即可从下段到上段按照顺序码垛堆积工件。码垛堆积如图 4-29 所示。

通过对堆上点的代表点进行示教，即可简单创建堆上式样。

通过对路经点（接近点、逃点）进行示教，即可创建经路式样。

通过设定多个经路式样，即可进行多种多样式样的码垛堆积。

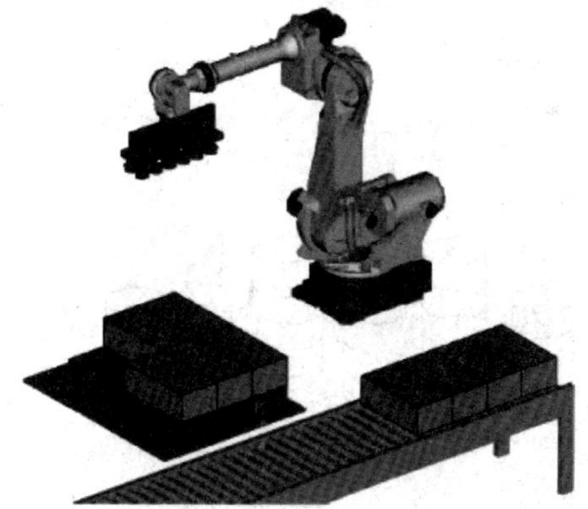

图 4-29　码垛堆积

1. 码垛堆积的结构

码垛堆积的结构如图 4-30 所示。

码垛堆积由以下 2 种式样构成。

（1）堆上式样。堆上式样确定工件的堆上方法。

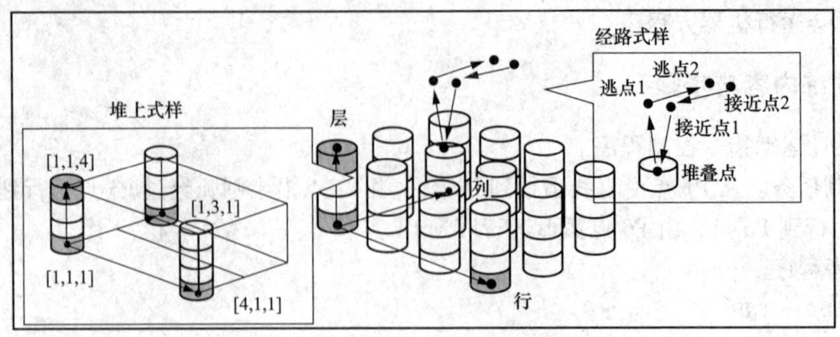

图 4-30 码垛堆积的结构

（2）经路式样。经路式样确定堆上工件时的路经。

2. 码垛堆积的类型

码垛堆积根据堆上式样和经路式样的设定方法差异，可分为码垛堆积 B、码垛堆积 BX、码垛堆积 E、码垛堆积 EX 共 4 种。

（1）码垛堆积 B。码垛堆积 B 如图 4-31 所示，对应所有工件的姿势一定、堆上时的底面形状为直线，或者平行四边形的情形。

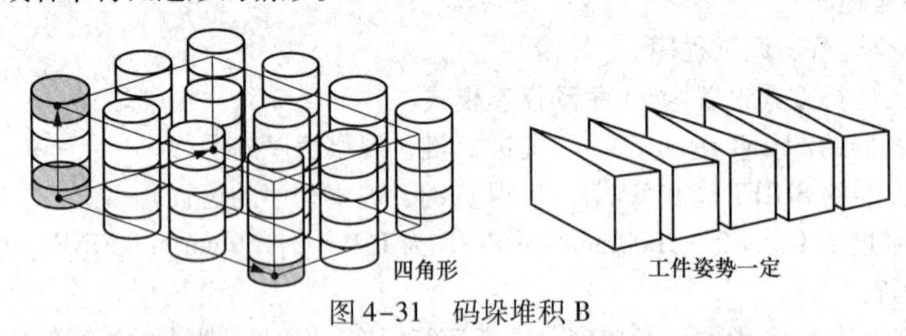

图 4-31 码垛堆积 B

（2）码垛堆积 E。码垛堆积 E 如图 4-32 所示，对应更为复杂的堆上式样的情形（如希望改变工件的姿势的情形、堆上时的底面形状不是平行四边形的情形等）。

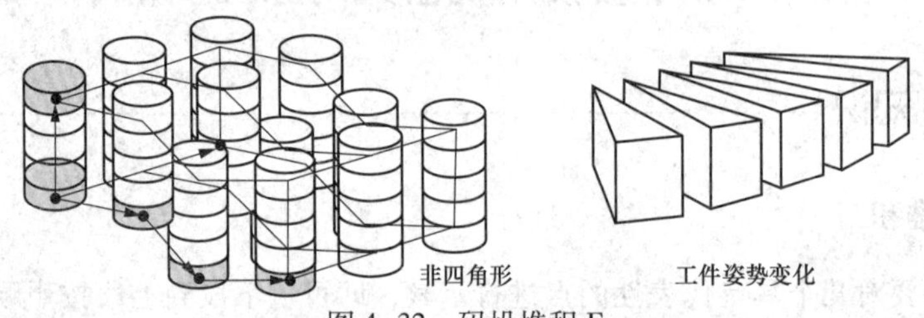

图 4-32 码垛堆积 E

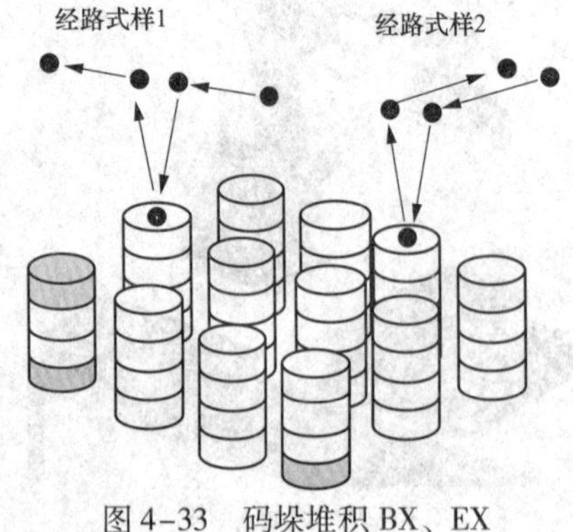

图 4-33 码垛堆积 BX、EX

（3）码垛堆积 BX、EX。码垛堆积 BX、EX 如图 4-33 所示，可以设定多个经路式样。码垛堆积 B、E 只能设定一个经路式样。

二、机器人码垛堆积指令

1. 码垛堆积指令

基于堆上式样、经路式样和码垛寄存器的值，计算当前的路经，并改写码垛堆积动作指令的位置数据。

码垛堆积指令基于码垛寄存器的值，根据堆上式样计算当前的堆上点位置，并根据经路式样计算当前的路经，改写码垛堆积动作指令的位置数据。

码垛堆积指令的格式如图 4-34 所示。

码垛堆积号码，在示教完码垛堆积的数据后，随同指令（码垛堆积指令、码垛堆积动作指令、码垛堆积结束指令）一起被自动写入。此外，在对新的码垛堆积进行示教时，码垛堆积号码将被自动更新。

2. 码垛堆积动作指令

码垛堆积动作指令，是以使用具有接近点、堆上点、逃点的路经点作为位置数据的动作指令，是码垛堆积专用的动作指令。该位置数据通过码垛堆积指令每次都被改写。

码垛堆积动作指令的格式如图 4-35 所示。

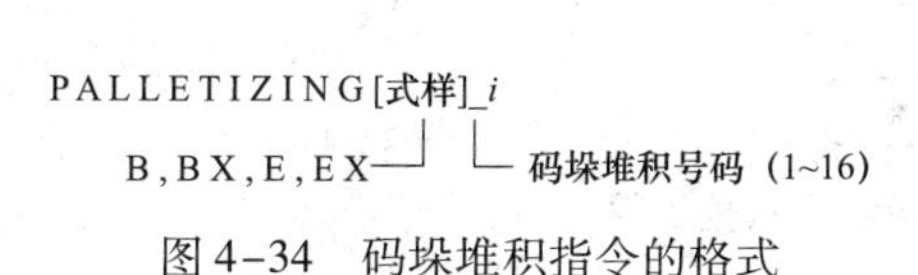

图 4-34 码垛堆积指令的格式

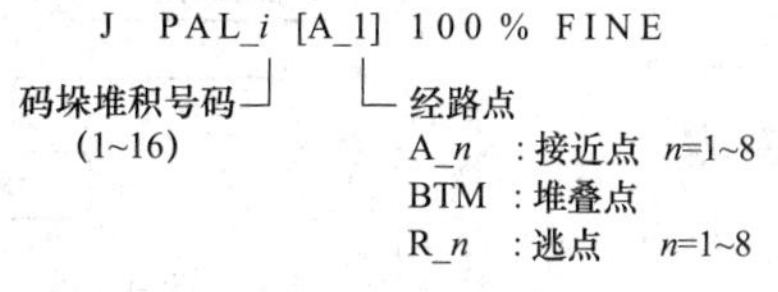

图 4-35 码垛堆积动作指令的格式

3. 码垛堆积结束指令

码垛堆积结束指令，用于计算下一个堆上点，改写码垛寄存器的值，使得码垛寄存器的值增减。

码垛堆积结束指令的格式如图 4-36 所示。

4. 码垛寄存器指令

码垛寄存器指令，用于码垛堆积的控制。进行堆上点的指定、比较、分支等。

码垛寄存器指令的格式如图 4-37 所示。

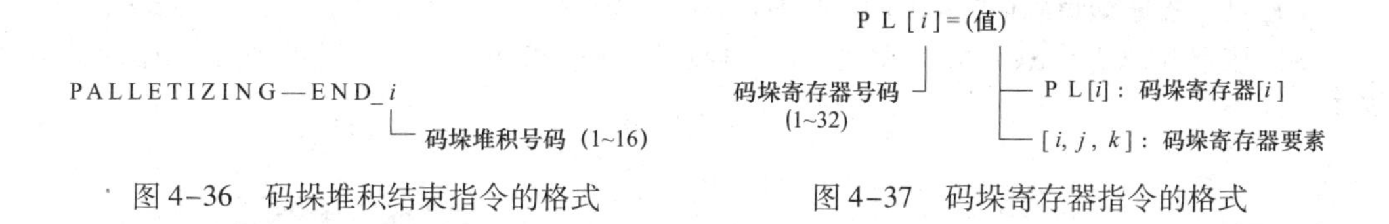

图 4-36 码垛堆积结束指令的格式

图 4-37 码垛寄存器指令的格式

5. 码垛指令应用

指令示例：

```
1:PALLETIZING-B 3
2:J PAL_3[A_2]50% CNT50
3:L PAL_3[A_1]50mm/sec CNT10
4:L PAL_3[BTM]50mm/sec FINE
5:L PAL_3[R_1]100mm/sec CNT10
6:J PAL_3[R_2]50mm/sec CNT50
7:PALLETIZING-END 3
```

三、示教码垛堆积

码垛堆积示教步骤如图 4-38 所示。

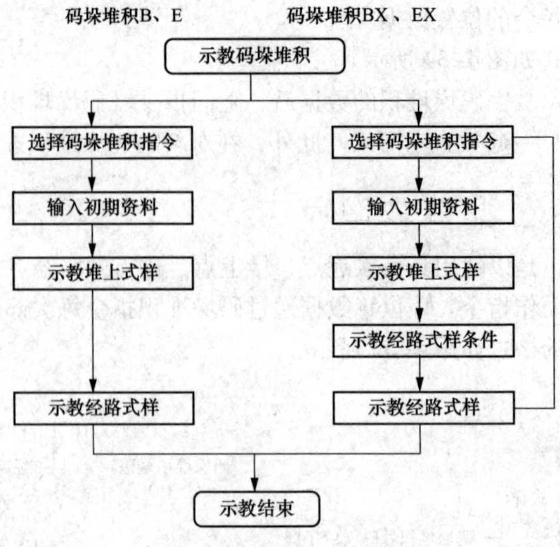

图 4-38 码垛堆积示教步骤

码垛堆积的示教，在码垛堆积编辑画面上进行。选择码垛堆积指令时，自动出现一个码垛堆积编辑画面。通过码垛堆积的示教，自动插入码垛堆积指令、码垛堆积动作指令、码垛堆积结束指令等所需的码垛堆积指令。

1. 选择码垛堆积指令

通过码垛堆积指令的选择，选择希望进行示教的码垛堆积种类（码垛堆积 B、BX、E、EX）。

操作步骤如下。

（1）示教器 TP 有效开关置于 ON。

（2）进入程序编辑画面，如图 4-39 所示。

（3）按下 NEXT（下一页）或“>”，再按下 F1（指令），显示辅助菜单，如图 4-40 所示。

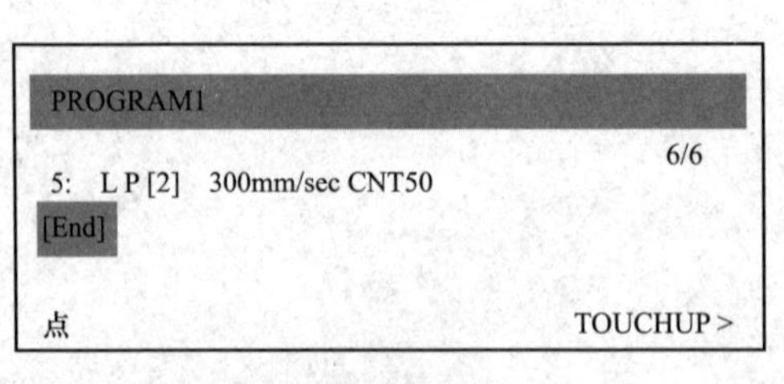

图 4-39 程序编辑画面

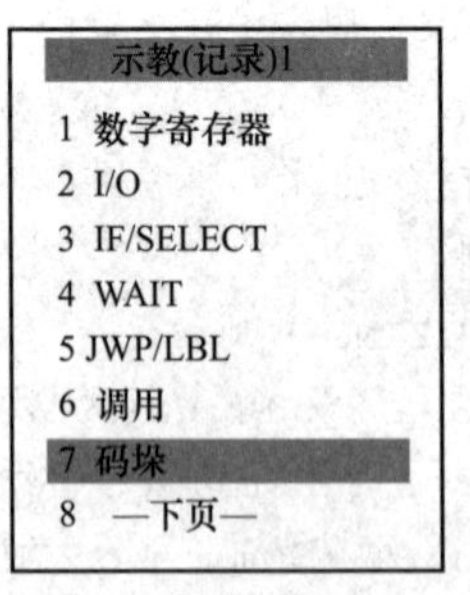

图 4-40 辅助菜单

（4）选择“7 码垛”，弹出码垛指令选择画面，如图 4-41 所示。

（5）选择“4 PALLETIZING-EX”（码垛堆积 EX）。自动进入码垛堆积示教画面。出现如图 4-42 所示的初期资料输入画面。

叠栈指令 1
1 PALLETIZING-B
2 PALLETIZING-BX
3 PALLETIZING-E
4 PALLETIZING-EX
5 PALLETIZING-END
6
7
8

图 4-41 码垛指令选择画面

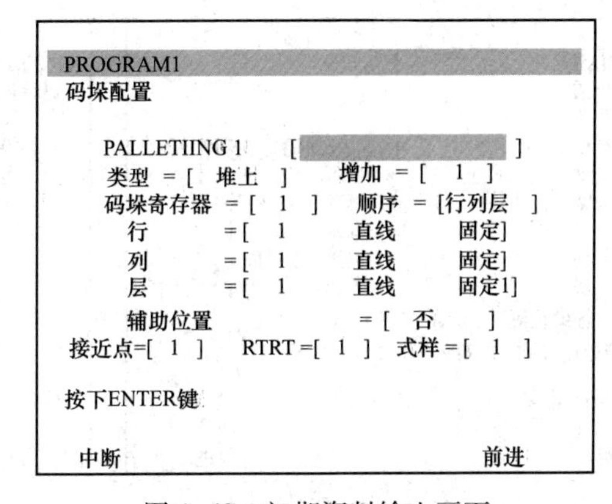

图 4-42 初期资料输入画面

2. 输入初期资料

在码垛堆积初期资料输入画面设定进行什么样的码垛堆积。这里设定的数据，将在后期的示教画面上使用。

初期资料输入画面，报据码垛堆积的种类有 4 类显示。码垛堆积的种类见表 4-1。

表 4-1　　码垛堆积的种类

情形	排列方法	层式样	姿势控制	经路式样数
B	只示教直线	无	始终固定	1
BX	只示教直线	无	始终固定	1 ~ 16
E	示教直线，自由示教或间隔指定	有	固定分割	1
EX	示教直线，自由示教或间隔指定	有	固定分割	1 ~ 16

（1）码垛堆积 B 的情形如图 4-43 所示。

（2）码垛堆积 BX 的情形如图 4-44 所示。

PROGRAM1
码垛配置
PALLETIING 4 [PALLET]
类型 = [堆上] 增加 = [1]
码垛寄存器 = [1] 顺序 = [RCL]
行 = [5]
列 = [4]
层 = [3]
辅助位置 = [否]
接近点=[2] RTRT =[2]
按下ENTER键
中断 前进

图 4-43 码垛堆积 B 的情形

PROGRAM1
码垛配置
PALLETIING 4 [PALLET]
类型 = [堆上] 增加 = [1]
码垛寄存器 = [1] 顺序 = [RCL]
行 = [5]
列 = [4]
层 = [3]
辅助位置 = [否]
接近点=[2] RTRT =[2] 式样 =[2]
按下ENTER键
中断 前进

图 4-44 码垛堆积 BX 的情形

（3）码垛堆积 E 的情形如图 4-45 所示。

（4）码垛堆积 EX 的情形如图 4-46 所示。

```
PROGRAM1
码垛配置

  PALLETIING 4     [      PALLET      ]
  类型 = [ 堆上 ]      增加 = [  1  ]
  码垛寄存器 = [ 1 ]   顺序 = [ RCL ]
    行        =[ 5    直线    固定]
    列        =[ 4    直线    固定]
    层        =[ 3    直线    固定  1 ]
    辅助位置          = [ 否   ]
  接近点=[ 2 ] RTRT =[ 2 ]

按下ENTER键

 中断                          前进
```

图 4-45　码垛堆积 E 的情形

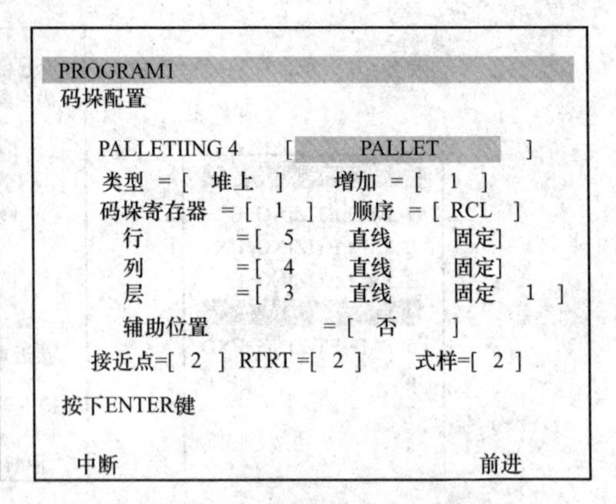

图 4-46　码垛堆积 EX 的情形

通过码垛堆积指令的选择，显示对应所选的码垛堆积种类的初期资料输入画面。若是码垛堆积 EX，可以指定码垛堆积的所有功能；若是码垛堆积 B、BX、E，可以输入的功能则受到限制。

码垛堆积初期资料输入说明见表 4-2。

表 4-2　码垛堆积初期资料输入说明

项目	说明
码垛堆积号码	对码垛堆积语句进行示教时，自动赋予号码；码垛堆积 N：1～16
码垛堆积种类	利用码垛堆积结束指令来选择码垛寄存器的加法运算或减法运算； 选择堆上或堆下
寄存器增加数	利用码垛堆积结束指令，在码垛寄存器上加法运算或减法运算的值
码垛寄存器号码	指定在码垛堆积指令和码垛堆积结束指令中所使用的码垛寄存器
顺序	指定堆上（堆下）行列层的顺序
排列（行列层）数	堆上式样的行、列和层数；1～127
排列方法	堆上式样的行、列和层的排列方法； 有直线示教、自由示教、间隔指定之分（仅限码垛堆积 E、EX）
姿势控制	堆上式样的行、列和层的姿势控制； 有固定和分创之分（仅限码垛堆积 E、EX）
层式样数	可以根据层来改变堆上方法（仅限码垛堆积 E、EX）；1～16
接近点数	经路式样的接近点数
逃点数	经路式样的逃点数
经路式样数	经路式样的数量

基于码垛堆积的堆上点控制使用码垛寄存器进行。利用初期资料来指定码垛寄存器的控制，指定码垛寄存器如图 4-47 所示。

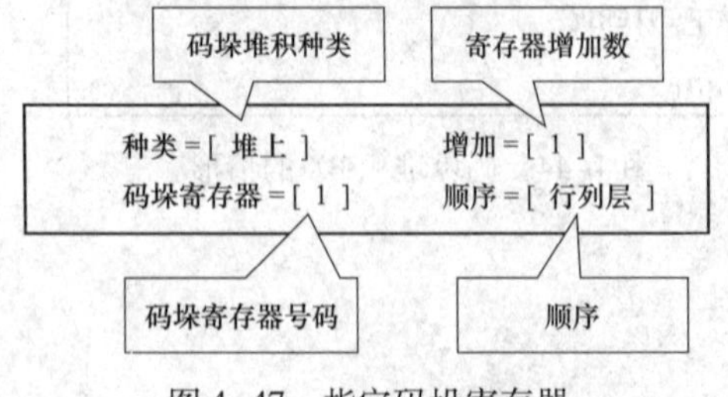

图 4-47　指定码垛寄存器

其中，码垛堆积种类（种类），指定堆上/堆下（标准：堆上）；增加，指定每隔几个堆上（堆下），也即通过码垛堆积结束指令，来指定加法运算或减法运算几个码垛寄存器，标准值为1；码垛寄存器，指定上述进行与堆上方法有关的控制的码垛寄存器的寄存器号码；顺序，表示堆上/堆下顺序。

按照行、列、层的顺序堆上如图 4-48 所示。

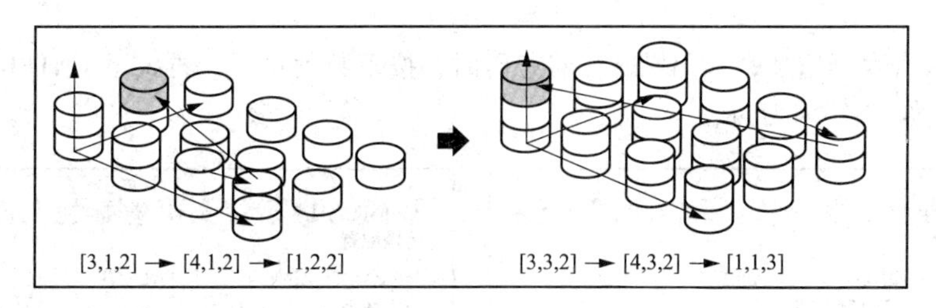

图 4-48　按照行、列、层的顺序堆上

作为堆上式样的初期资料，设定排列（行、列、层）数、排列方法、姿势控制、层式样数、辅助点的有/无。设定堆上排列方法如图 4-49 所示。

作为经路式样的初期资料，设定接近点数、逃点数、经路式样数。设定经路式样如图 4-50 所示。

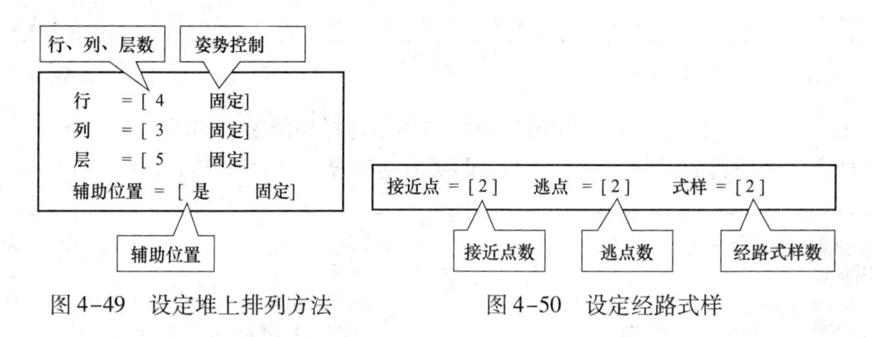

图 4-49　设定堆上排列方法　　图 4-50　设定经路式样

四、输入码垛堆积初期资料操作步骤

(1) 通过选择码垛堆积指令，来选择码垛堆积种类，出现初期资料输入画面。

(2) 输入注释。

1) 将光标指向注释，按下 ENTER（输入）键。显示字符输入辅助菜单，如图 4-51 所示。

2) 通过↓↑来选择使用大写字、小写字、标点符号、其他。

3) 按下适当的功能键，输入字符，如图 4-52 所示。

4) 注释输入完后，按下 ENTER 键完成。

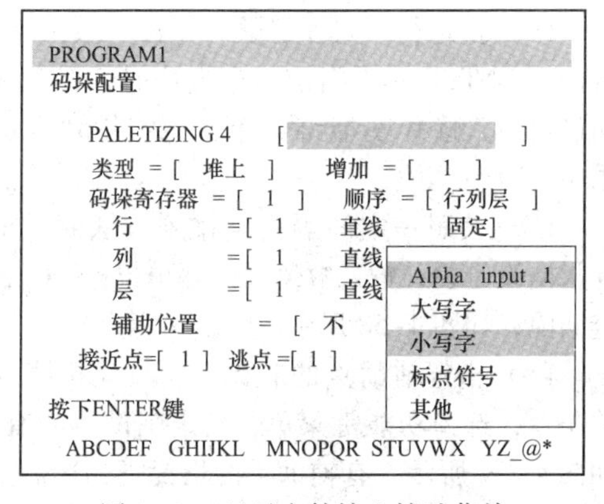

图 4-51　显示字符输入辅助菜单

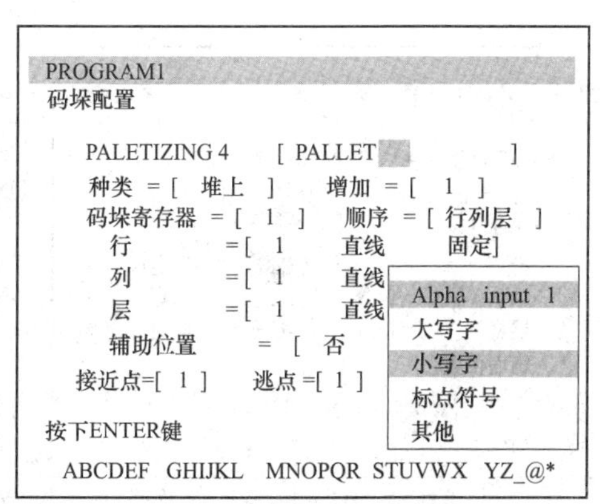

图 4-52　输入字符

(3）选择码垛堆积种类时，将光标指向相关条目，选择功能键，确定码垛堆积种类，如图 4-53 所示。

(4）输入寄存器增加数和码垛寄存器号码时，按下数值键后，再按下 ENTER 键。输入寄存器增加数，如图 4-54 所示。

```
PROGRAM1
码垛配置
   PALETIZING 4      [ PALLET                ]
  种类 = [ 堆上 ]    增加 = [ 1 ]
  码垛寄存器 = [ 1 ]    顺序 = [ 行列层 ]
    行        =[ 1     直线     固定]
    列        =[ 1     直线     固定]
    层        =[ 1     直线     固定  1 ]
    辅助位置      = [ 否    ]
  接近点=[ 1 ]    逃点 =[ 1 ]    式样 =[ 1 ]
按下ENTER键
  中断      堆上      堆下      前进
```

图 4-53 确定码垛堆积种类

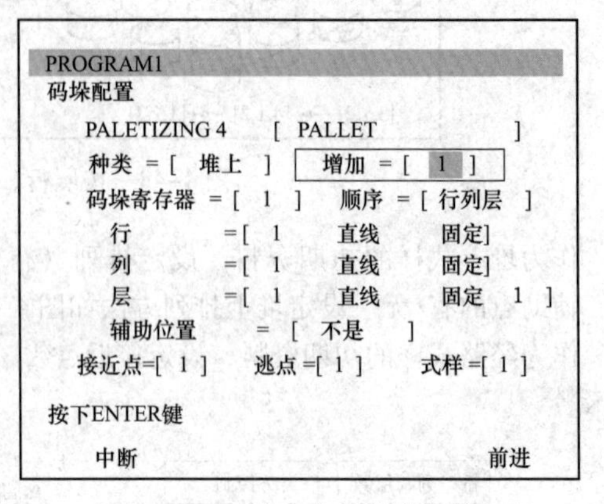

图 4-54 输入寄存器增加数

(5）输入码垛堆积的顺序时，按希望设定的顺序选择功能键，如图 4-55 所示。在选择第 2 个条目的时刻，第 3 个条目即被自动确定，自动确定如图 4-56 所示。

```
PROGRAM1
码垛配置
   PALETIZING_4    [ WORK PALLET      ]
  类型 = [ 码垛 ]    INCR = [ 1 ]
  码垛寄存器 = [ 1 ]    顺序 = [ R_ ]
    行        =[ 1     直线     固定]
    列        =[ 1     直线     固定]
    层        =[ 1     直线     固定  1 ]
    辅助位置      = [ 否    ]
  接近点=[ 1 ]    RTRT =[ 1 ]    式样 =[ 1 ]
选择键
| 程序 | 行 | 列 | 层 | 完成 |
```

图 4-55 希望设定的顺序选择功能键

```
PROGRAM1
码垛配置
   PALETIZING_4    [ WORK PALLET      ]
  类型 = [ 码垛 ]    INCR = [ 1 ]
  码垛寄存器 = [ 1 ]    顺序 = [ RCL ]
    行        =[ 1     直线     固定]
    列        =[ 1     直线     固定]
    层        =[ 1     直线     固定  1 ]
    辅助位置      = [ 否    ]
  接近点=[ 1 ]    RTRT =[ 1 ]    式样 =[ 1 ]
选择键
| 程序 | 行 | 列 | 层 | 完成 |
```

图 4-56 自动确定

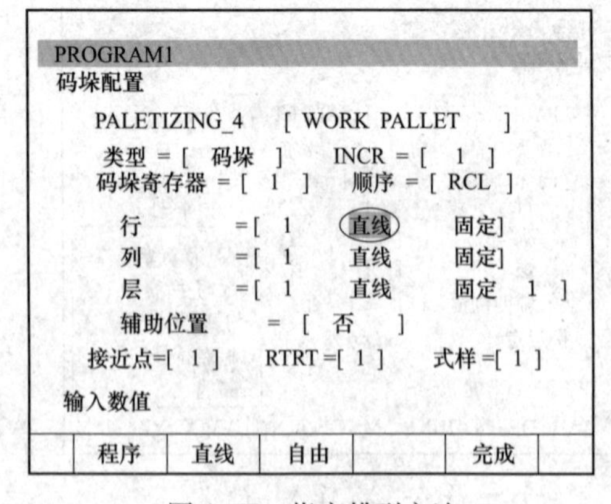

图 4-57 指定排列方法

(6）指定行、列和层数时，按下数值键后，再按下 ENTER 键。指定排列方法时，将光标指向设定栏，选择功能键菜单，指定排列方法如图 4-57 所示。

(7）按照一定间隔指定排列方法时，将光标指向设定栏，输入数值（间隔单位：mm），设定间隔，如图 4-58 所示。

(8）指定辅助点的有无时，将光标指向相关条目，选择功能键菜单，指定辅助点的有无，如图 4-59 所示。有辅助点的情况下，还需要选择固定或分割。

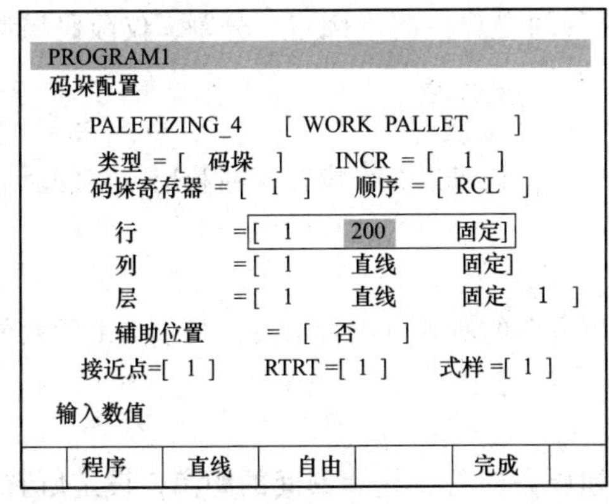

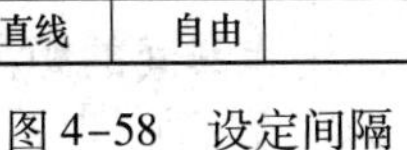

图 4-58　设定间隔

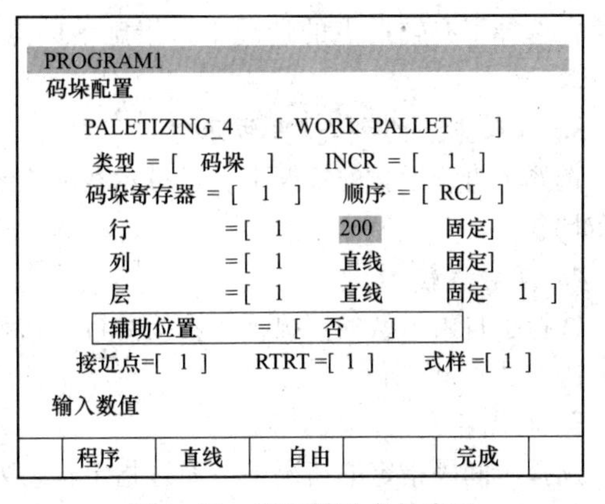

图 4-59　指定辅助点的有无

（9）输入接近点数和逃点数。

（10）要中断初期资料的设定时，按下 F1（中断）。需要注意的是，希望在中途中断初期资料的设定时，此时设定的值无效。

（11）输入完所有数据后，按下 F5（前进）。画面上显示下一个码垛堆积堆上式样示教画面。在进行码垛堆积初期资料的设定或更改后，按下 F5（前进），成为码垛堆积堆上式样的示教时，码垛寄存器被自动初始化。

五、示教堆上式样

在码垛堆积的堆上式样示教画面上，对堆上式样的代表堆上点进行示教。由此，执行码垛堆积时，从所示教的代表点自动计算目标堆上点。堆上式样示教画面如图 4-60 所示。

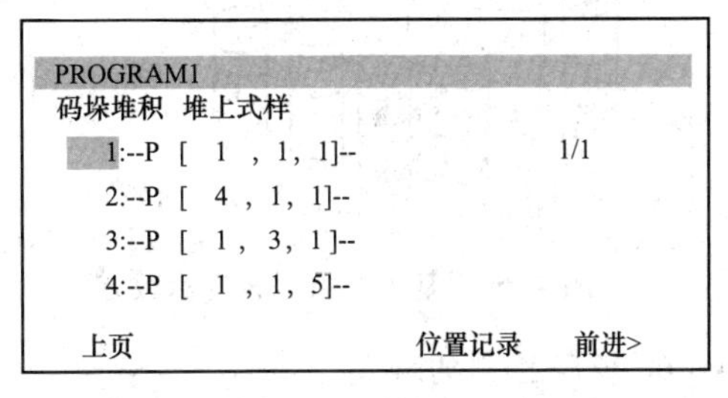

图 4-60　堆上式样示教画面

通过码垛堆积初始数据，显示应该示教的位置一览。据此，对代表堆上点的位置进行示教。

1. 无辅助点的堆上式样

无辅助点的堆上式样下，分别对堆上式样的四角形的 4 个顶点进行示教，如图 4-61 所示。

2. 有辅助点的堆上式样

有辅助点的堆上式样，以第 1 层的形状为梯形时所使用的功能，对四角形的第 5 个顶点进行示教，如图 4-62 所示。

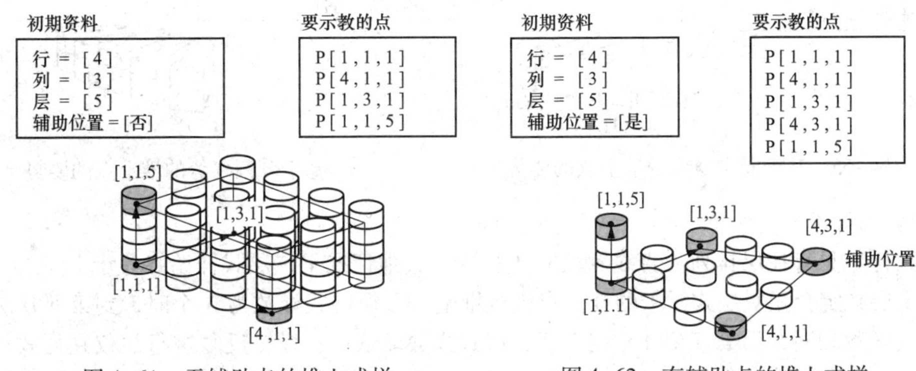

图 4-61　无辅助点的堆上式样　　图 4-62　有辅助点的堆上式样

在选择了有辅助点的情况下，指定辅助点位置的姿势控制（固定、分割，仅限码垛堆积E、EX）。

3. 排列方法的种类/直线示教

选择了直线示教的情况下，通过示教端边缘的2个代表点，设定行、列和层方向的所有点（标准）。

4. 自由示教

选择了自由示教的情况下，直接对行、列和层方向的所有点进行示教，基于自由示教的示教方法如图4-63所示。

5. 间隔指定

选择了间隔指定的情况下，通过指定行、列和层方向的直线和其间的距离，设定所有点。基于间隔指定的示教方法如图4-64所示。

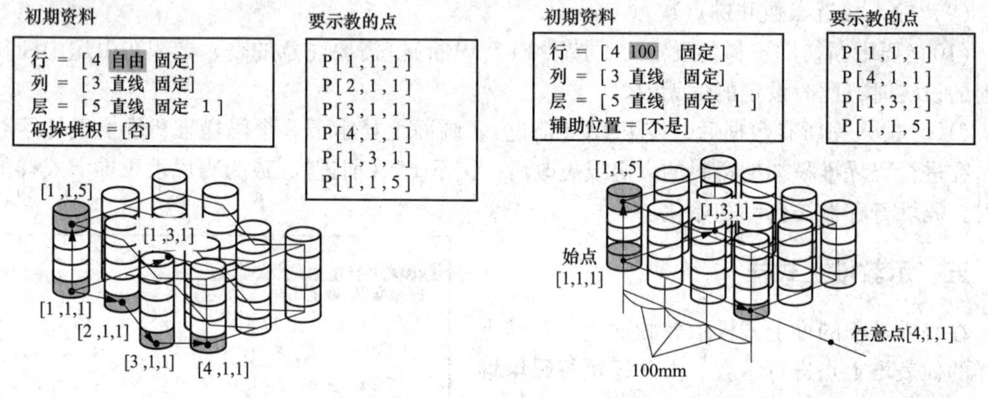

图4-63 基于自由示教的示教方法　　　图4-64 基于间隔指定的示教方法

6. 姿势控制的种类

（1）固定姿势。基于固定姿势的堆上点的姿势如图4-65所示。在所有堆上点，始终取［1，1，1］中所示教的姿势（标准）。

（2）分割姿势。基于分割姿势的堆上点的姿势如图4-66所示。在进行直线示教时，分割后取端缘直线中所示教的姿势；自由示教时，取所示教点的姿势。

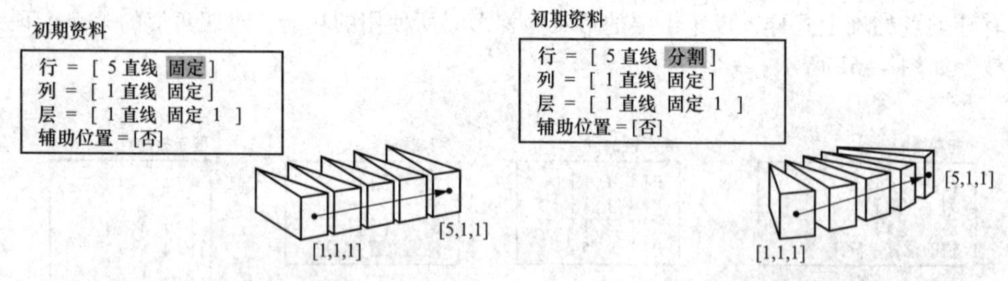

图4-65 基于固定姿势的堆上点的姿势　　　图4-66 基于分割姿势的堆上点的姿势

7. 层式样数

层式样数只有在层排列为直线示教时才有效（其他情况下，层式样始终等于1）。

第1层必定会相对层式样1的堆上点进行堆上。假设层式样数为N个时，到第N层为止层数和层式样数相同，而第（N+1）层以后，层式样数又从层式样1反复进行。仅在层式样1的位置示教中进行层方向的位置示教。各层式样的层方向位置通过层式样1的示教计算得出。

指定了层式样的示教方法如图 4-67 所示。

层式样最多可设定 16 个。但全层数少于 16 层时，不能设定超出该层数的层式样数。此外，变更为层数比层式样数小时，层式样数将自动变更为该层数。

初期资料

行 = [2 自由 分割]
列 = [2 自由 分割]
层 = [4 自由 固定 2]
辅助位置 = [否]

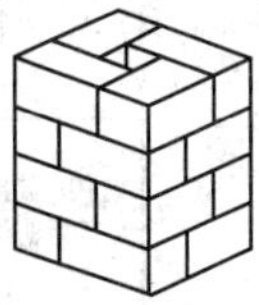

图 4-67　指定了层式样的示教方法

8. 示教码垛堆积堆上式样操作步骤

（1）按照初期资料的设定，显示应该示教的堆上点一览。

（2）将机器人点动进给到希望示教的代表堆上点。

（3）将光标指向相应行，在按住 SHIFT 键的同时按下 F4（位置记录）。当前的机器人位置即被记录下来。未示教位置显示有“ * ”标记，已示教位置显示有“--”标记，位置记录如图 4-68 所示。

（4）要显示所示教的代表堆上点的位置详细数据，将光标指向堆上点号码，按下 F5（位置记录）。显示出位置详细数据，如图 4-69 所示，也可以直接输入位置数据的数值。返回时，按下 F4（完成）。

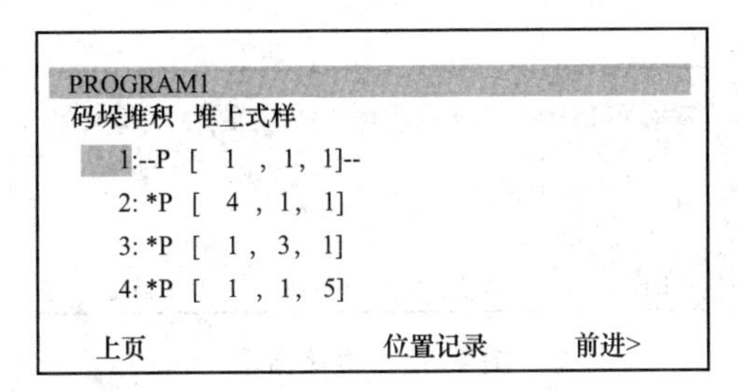

PROGRAM1
码垛堆积　堆上式样
1:--P [1 , 1, 1]--
2: *P [4 , 1, 1]
3: *P [1 , 3, 1]
4: *P [1 , 1, 5]
上页　位置记录　前进>

图 4-68　位置记录

PROGRAM1
PAL 1[BTM]　UF :0　UT :1　姿势 :FUT0
X : 5161.129 mm　W: 180.000 deg
Y : 111.347 mm　P: 0.000 deg
Z : 1010.224 mm　R: 0.000 deg
位置详细
码垛堆积　堆上式样
1:--P [1 , 1, 1]--
2: *P [4 , 1, 1]
3: *P [1 , 3, 1]
4: *P [1 , 1, 5]
请输入数值
形态　完成

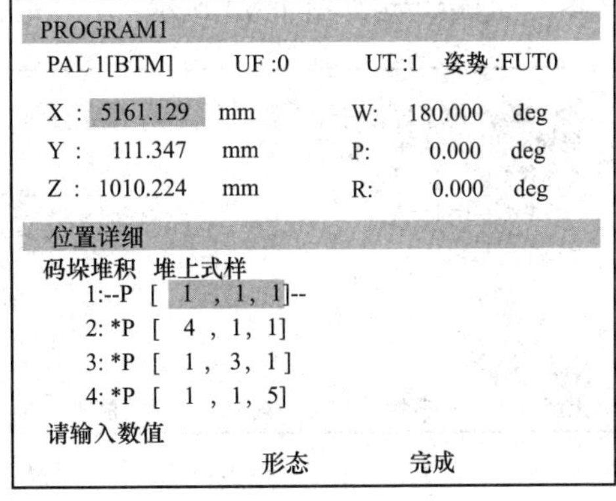

图 4-69　位置详细数据

（5）在按住 SHIFT 键的同时按下 FWD（前进）键，机器人移动到光标行的代表堆上点。可以进行示教点的确认。

（6）按照相同的步骤，对所有代表堆上点进行示教。

（7）按下 F1（上页），返回到之前的初期资料示教画面。

（8）按下 F5（前进），显示下一个经路式样条件设定画面（BX、EX），或经路式样示教画面（B、E）。

（9）使用层式样的情况下（E、EX），按下 F5（前进），显示下一层的堆上式样。

9. 设定经路式样条件

在经路式样示教画面上设定了多个经路式样的情况下，码垛堆积经路式样条件设定画面，事先设定相对哪个堆上点使用哪种经路式样的条件。

码垛堆积 BX、EX，可根据堆上点分别设定多种经路式样；码垛堆积 B、E，只可以设定一个经路式样，所以不会显示该画面。

经路式样条件设定画面如图 4-70 所示。

要根据堆上点来改变路经，事先在设定初期资料时指定所需的经路式样数。为每个经路式样数分别设定经路式样的条件。

使用 3 个经路式样的码垛堆积如图 4-71 所示。堆上点的第 1 列使用式样 1，第 2 列使用式样 2，第 3 列使用式样 3。

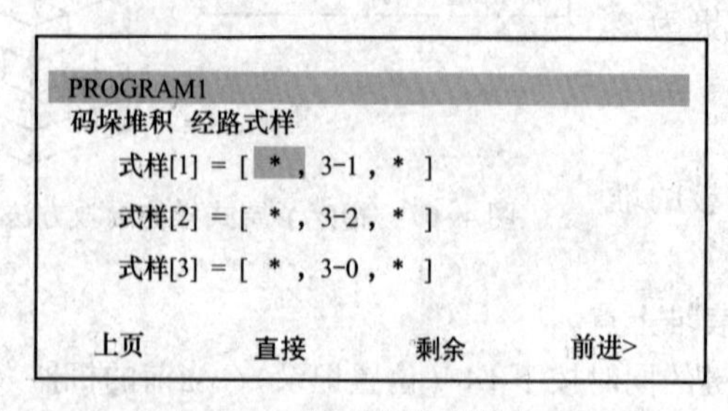

图 4-70 经路式样条件设定画面

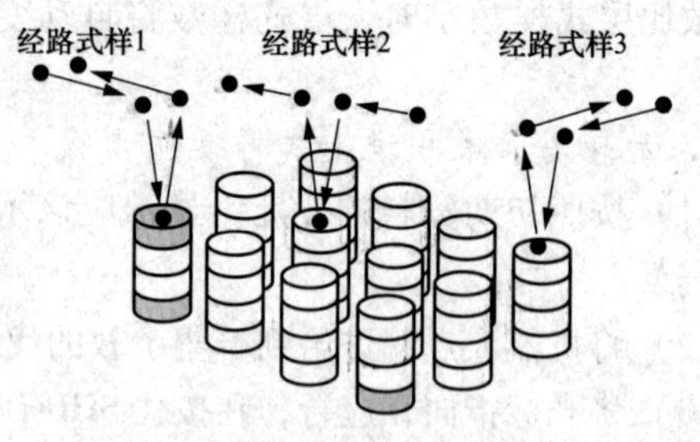

图 4-71 使用 3 个经路式样的码垛堆积

设定码垛堆积经路式样条件操作步骤如下。

(1) 根据初期资料的式样数设定值，显示应该输入的条件条目，式样条目如图 4-72 所示。

(2) 直接指定方式下，将光标指向希望更改的点，输入数值。要指定 *（星号）时，输入 0（零）。直接指定如图 4-73 所示。

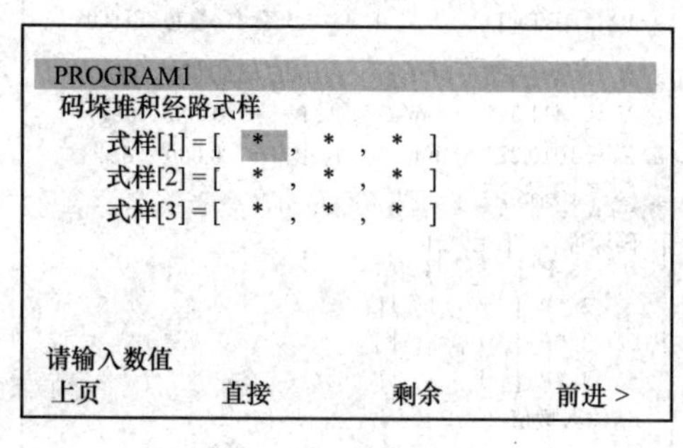

图 4-72 式样条目

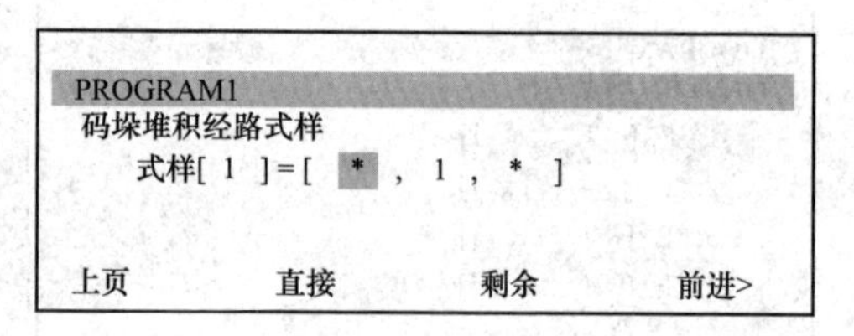

图 4-73 直接指定

(3) 剩余指定方式下，按下 F4（剩余）。条目被分成 2 个。在该状态下输入某一个数值。剩余指定如图 4-74 所示。

(4) 要在直接指定方式下输入值时，按下 F3（直接）。

(5) 按下 F1（上页），返回到之前的堆上点示教画面。

(6) 按 F5（前进），出现如图 4-75 所示的码垛堆积经路式样示教画面。

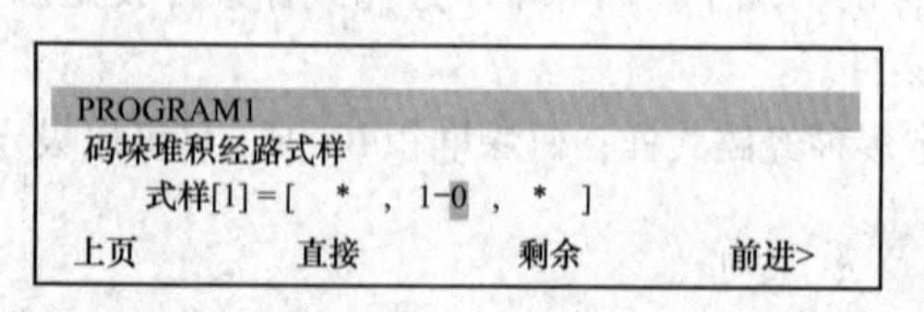

图 4-74 剩余指定

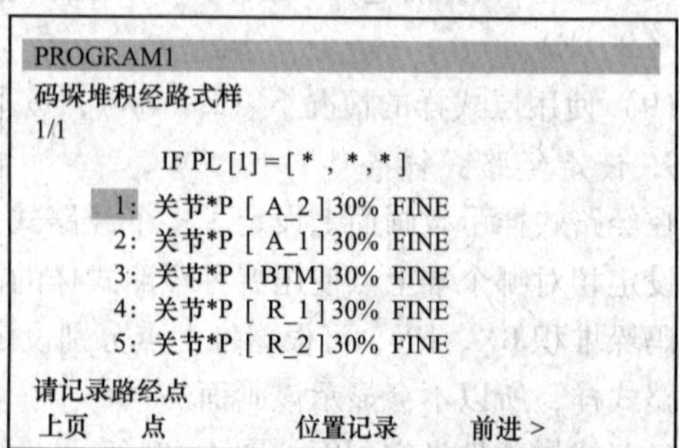

图 4-75 码垛堆积经路式样示教画面

10. 示教经路式样

码垛堆积经路式样示教画面上，设定向堆上点堆上工件或从其上堆下工件的前后通过的几个路经点。路经点也随着堆上点的位置改变。

相对［2，3，4］堆上点的路经点如图4-76所示。

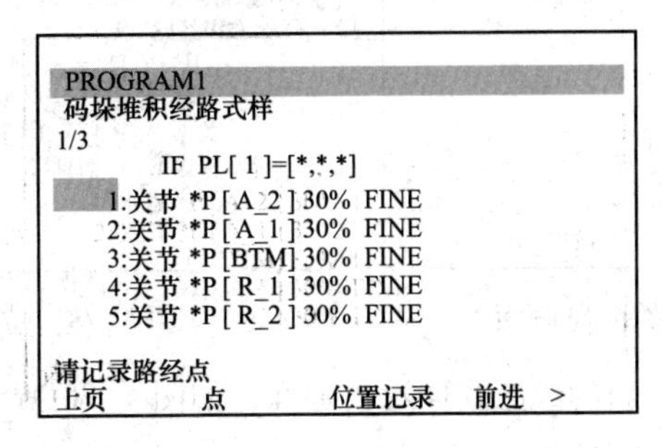

PROGRAM1
码垛堆积经路式样
1/3
IF PL[1]=[*,*,*]
1:关节 *P [A_2] 30% FINE
2:关节 *P [A_1] 30% FINE
3:关节 *P [BTM] 30% FINE
4:关节 *P [R_1] 30% FINE
5:关节 *P [R_2] 30% FINE
请记录路经点
上页 点 位置记录 前进 >

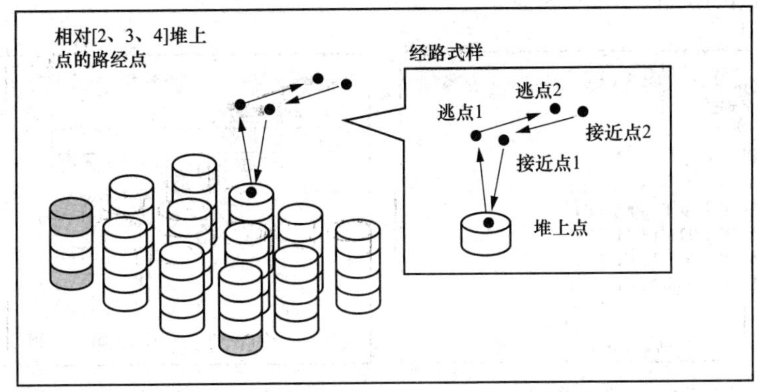

图4-76 相对［2，3，4］堆上点的路经点

要记录的路经点数，随初期资料输入画面上所设定的接近点和输入点数而定。如在图4-76中，将接近点数设定为2，逃点数设定为2。

示教码垛堆积经路式样操作步骤如下。

（1）按照初期资料的设定，显示应该示教的经路一览。示教的经路一览画面如图4-77所示，未示教位置显示“＊”。

（2）将机器人点动进给到希望示教的路经点。

（3）将光标指向设定区，通过如下任一操作进行位置示教。

1）不按下SHIFT键而只按下F2（点）时，显示标准动作菜单，即可设定动作类型/动作速度等条目（此按键只有在进行经路式样1示教时显示）。

2）在按住SHIFT键的同时按下F2（点），示教的路经点被记录。

3）在按住SHIFT键的同时按下F4（位置记录），示教的路经点被记录。

（4）要显示所示教的路经点的位置详细数据，将光标指向路经点号码，按下F5（位置），将显示出位置详细数据，如图4-78所示。

（5）直接输入位置数据的数值。返回时，按下F4（完成），将直接显示示教点数据，如图4-79所示。

（6）在按住SHIFT键的同时按下FWD（前进）键，机器人移动到光标行的路经点。可以进行示教点的确认。

（7）按F1（上页），返回到之前的堆上式样示教画面。

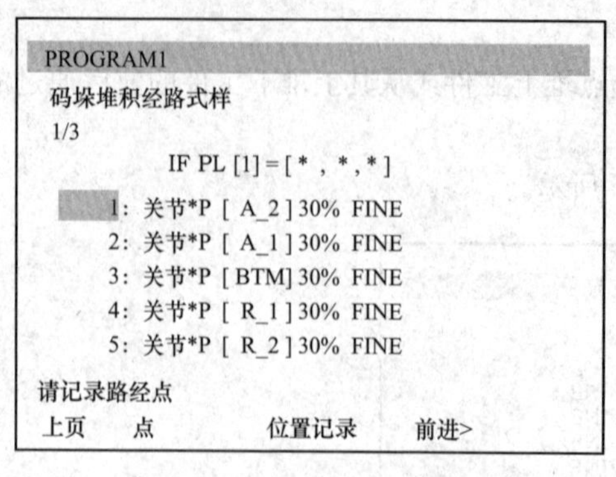

图 4-77 示教的经路一览画面

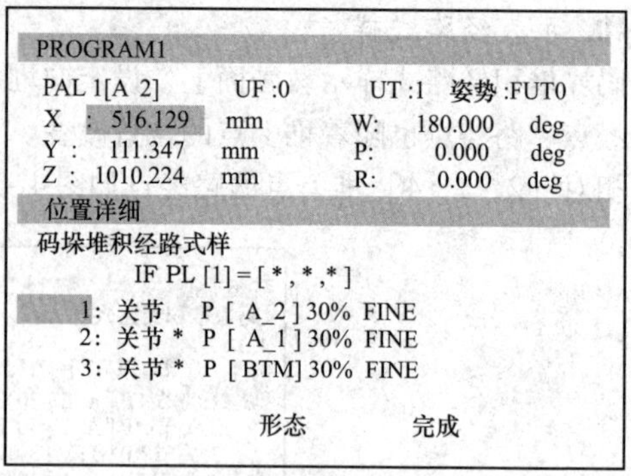

图 4-78 位置详细数据

（8）按 F5（前进），出现新的经路式样示教画面，如图 4-80 所示。在只有一个经路式样的情况下，进入第 10 步。

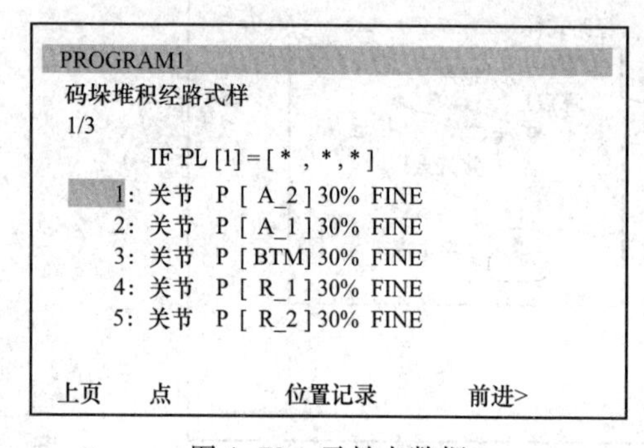

图 4-79 示教点数据

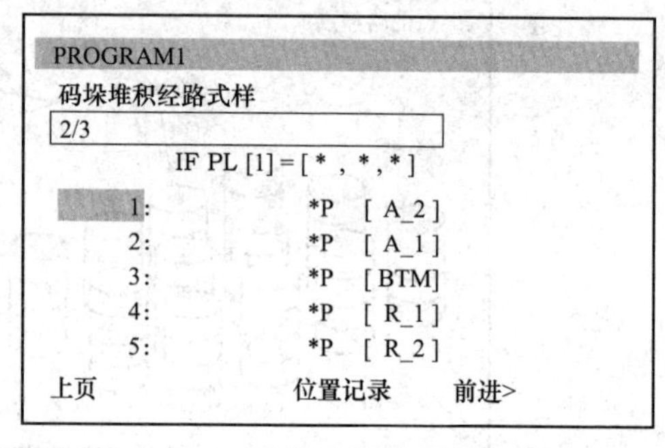

图 4-80 新的经路式样示教画面

（9）按下 F1（上页），返回到之前的经路式样；按 F5（前进），显示后续的经路式样。

（10）等所有经路式样的示教都结束后，按下 F5（前进），退出码垛堆积编辑画面，返回程序画面，如图 4-81 所示。码垛堆积指令即被自动写入程序（见图 4-80）。

（11）堆上位置的机械手指令、路经点的动作类型的更改等编辑，可以在程序画面上与通常的程序一样地进行，程序编辑修改如图 4-82 所示。

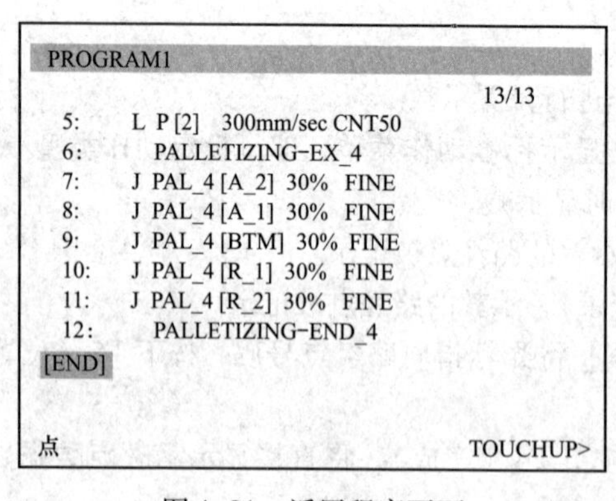

图 4-81 返回程序画面

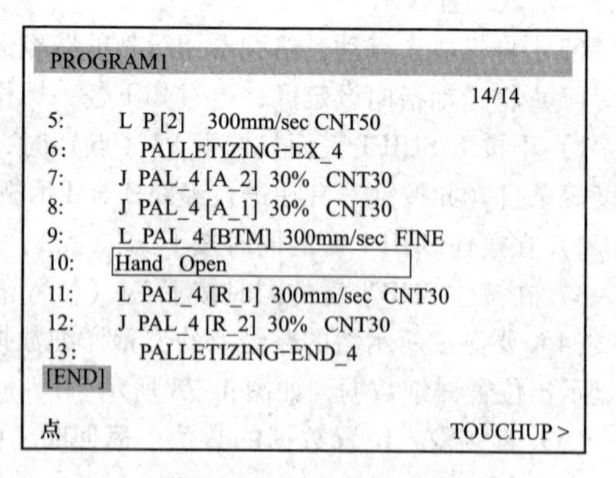

图 4-82 程序编辑修改

11. 码垛堆积程序

码垛堆积要求如图 4-83 所示。

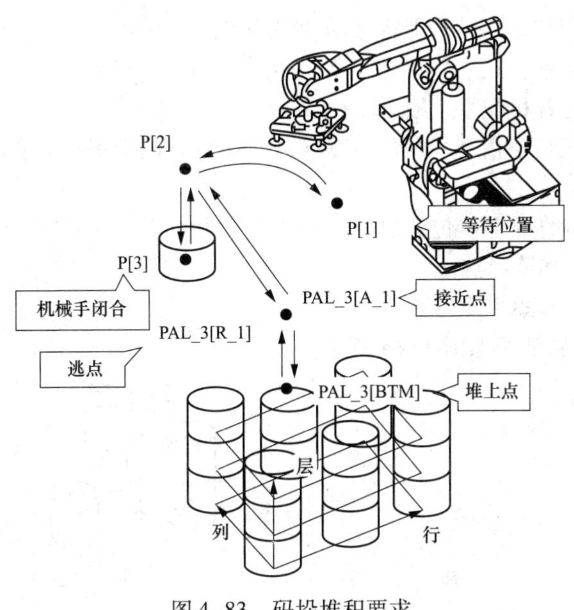

图 4-83 码垛堆积要求

码垛堆积程序清单如下：

```
5:J P[1]100% FINE
6:J P(2]60% CNT50
7:L P(3]50mm/sec FINE
8:Hand Close
9:L P(2]100mm/sec NT50
10:  PALLETIZING-B 3
11:L PAL_3[A_1]100mm/sec CNT10
12:L PAL_3[BTM]50mm/sec FINE
13:Hand Open
14:L P_3[R_1]100mm/sec CNT10
15:PALLETIZING-END 3
16:J P(2]60% CNT50
17:J P[1]100% FINE
```

12. 码垛堆积处理流程

码垛堆积处理流程如图 4-84 所示。

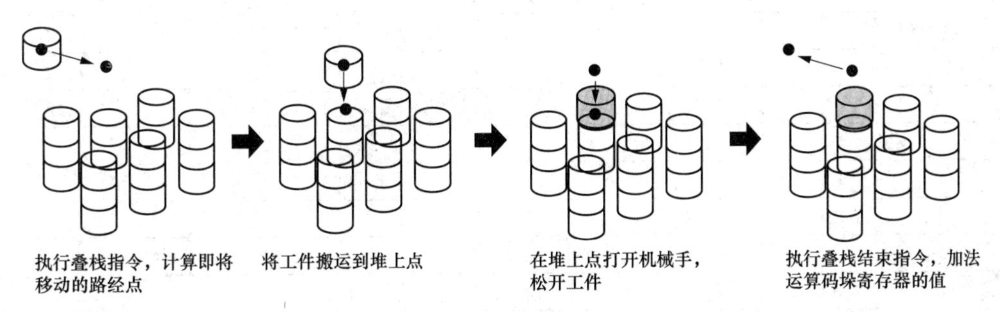

图 4-84 码垛堆积处理流程

（1）执行码垛堆积指令，计算即将移动的路经点。

（2）将工件搬运到堆上点。

（3）在堆上点，打开机械手，松开工件。

（4）执行码垛堆积结束指令，加法运算（减法运算）码垛寄存器的值。

13. 码垛寄存器

码垛寄存器对当前的堆上点位置进行管理。通过执行码垛堆积指令，参照码垛寄存器的值，计算实际的堆上点和路经点。

码垛寄存器的表示如图 4-85 所示。

2 行 2 列 2 层的码垛堆积如图 4-86 所示。

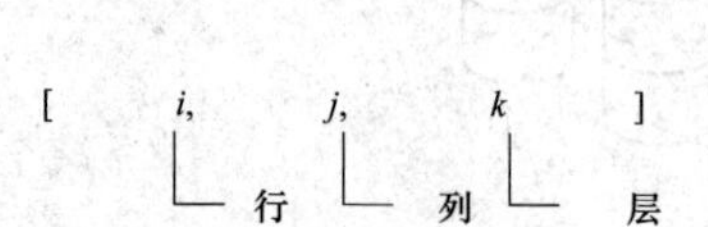

图 4-85 码垛寄存器的表示

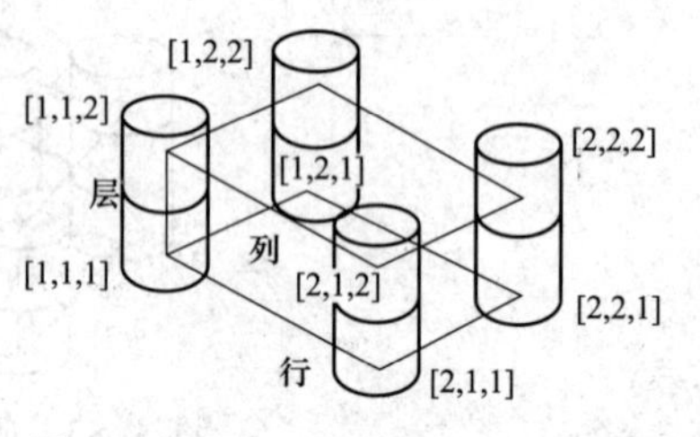

图 4-86 2 行 2 列 2 层的码垛堆积

码垛寄存器也用来表示在执行码垛堆积指令时，是否进行相对行、列、层的堆上位置计算，码垛寄存器和堆上点之间的关系如图 4-87 所示。

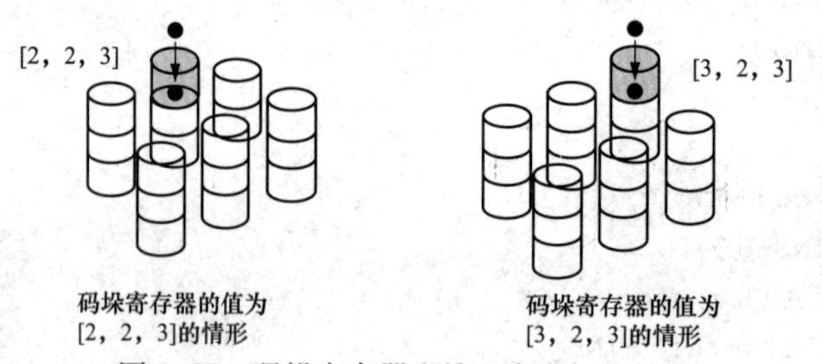

图 4-87 码垛寄存器和堆上点之间的关系

码垛寄存器的加法运算（减法运算）通过执行码垛堆积结束指令来进行。该加法运算（减法运算）的方法，随初期资料的设定而定。

码垛寄存器的加法运算（减法运算）见表 4-3。

表 4-3 码垛寄存器的加法运算（减法运算）

	堆上		堆下	
	增加［1］	增加［-1］	增加［1］	增加［-1］
初始值	[1，1，1]	[2，2，1]	[2，2，2]	[1，1，2]
↓	[2，1，1]	[1，2，1]	[1，2，2]	[2，1，2]
↓	[1，2，1]	[2，1，1]	[2，1，2]	[1，2，2]
↓	[2，2，1]	[1，1，1]	[1，1，2]	[2，2，2]
↓	[1，1，2]	[2，2，2]	[2，2，1]	[1，1，1]
↓	[2，1，2]	[1，2，2]	[1，2，1]	[2，1，1]
↓	[1，2，2]	[2，1，2]	[2，1，1]	[1，2，1]
↓	[2，2，2]	[1，1，2]	[1，1，1]	[2，2，1]
↓	[1，1，1]	[2，2，1]	[2，2，2]	[1，1，2]

2行2列2层的码垛堆积“顺序”=［行列层］的情况，执行码垛堆积结束指令时，按照行列层顺序方式更新码垛寄存器。码垛寄存器画面显示码垛寄存器的当前值。

更新码垛寄存器的操作步骤如下。

（1）按下MENU（菜单）键，显示出画面菜单。

（2）按下“0—下页—”，选择“3 数据”。上述步骤也可通过按下DATA（数据）键来进行选择。

（3）按下F1（类型）。

（4）选择“码垛寄存器”。出现码垛寄存器画面，如图4-88所示。

（5）要输入注解，按照如下步骤进行。

1）将光标指向寄存器号码位置，按下ENTER输入键。

2）选择注解的输入方法。

3）按下相应的功能键，输入注解。

4）输入注解完成后，按下ENTER键。

5）要进行码垛寄存器值的更改，将光标指向码垛寄存器值位置，输入数值。码垛寄存器值更改如图4-89所示。

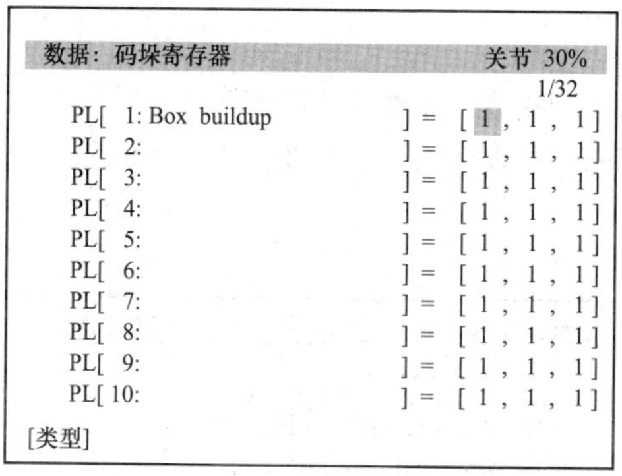

```
数据：码垛寄存器                         关节 30%
                                          1/32
PL[ 1: Box buildup          ] = [ 1 , 1 , 1]
PL[ 2:                      ] = [ 1 , 1 , 1]
PL[ 3:                      ] = [ 1 , 1 , 1]
PL[ 4:                      ] = [ 1 , 1 , 1]
PL[ 5:                      ] = [ 1 , 1 , 1]
PL[ 6:                      ] = [ 1 , 1 , 1]
PL[ 7:                      ] = [ 1 , 1 , 1]
PL[ 8:                      ] = [ 1 , 1 , 1]
PL[ 9:                      ] = [ 1 , 1 , 1]
PL[ 10:                     ] = [ 1 , 1 , 1]
[类型]
```

图4-88　码垛寄存器画面

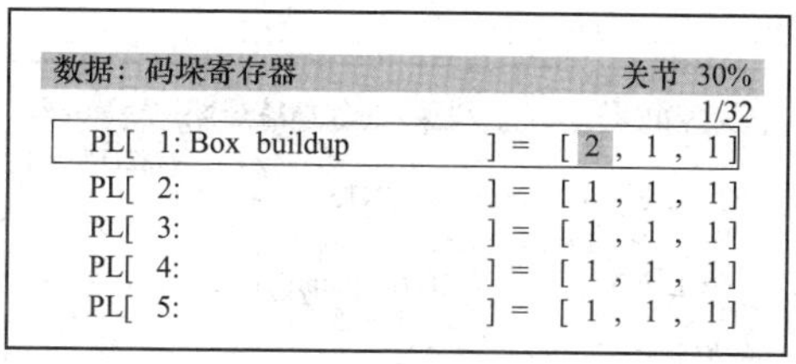

```
数据：码垛寄存器                         关节 30%
                                          1/32
PL[ 1: Box buildup          ] = [ 2 , 1 , 1]
PL[ 2:                      ] = [ 1 , 1 , 1]
PL[ 3:                      ] = [ 1 , 1 , 1]
PL[ 4:                      ] = [ 1 , 1 , 1]
PL[ 5:                      ] = [ 1 , 1 , 1]
```

图4-89　码垛寄存器值更改

14. 码垛寄存器的初始化

在进行码垛堆积初期资料的设定或更改时，按下F5（前进），成为码垛堆积堆上式样的示教时，码垛寄存器即被自动初始化。

码垛寄存器的初始值见表4-4。

表4-4　码垛寄存器的初始值

初期资料		初始值		
种类	增加	行	列	层
堆上	正值	1	1	1
堆上	负值	总行	总列	1
堆下	正值	总行	总列	总层数
堆下	负值	1	1	总层数

15. 控制基于码垛寄存器的码垛堆积

在5行1列5层的码垛堆积中，不进行偶数层第5个的堆上（奇数层进行5个堆上，偶数层进行4个堆上）。码垛程序如图4-90所示。

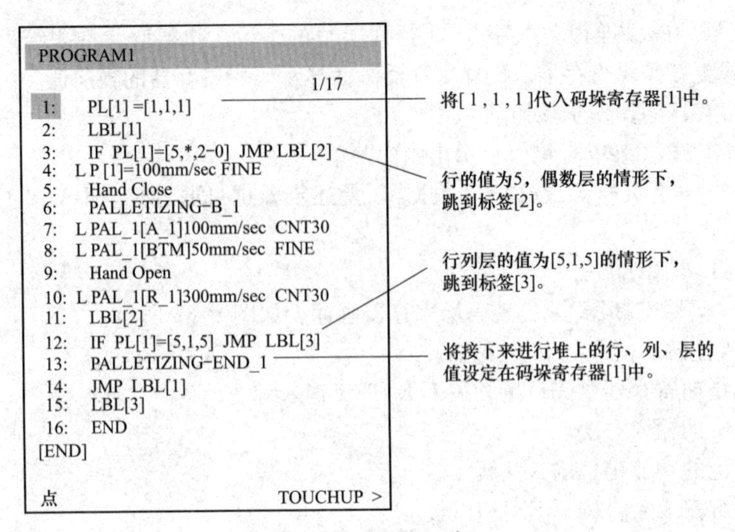

图 4-90 码垛程序

16. 显示码垛堆积状态

显示码垛堆积状态操作步骤如下。

（1）要显示码垛堆积状态，将光标指向码垛堆积指令，如图 4-91 所示。

（2）按下 F5（一览）。显示当前的堆上点和码垛寄存器的值，如图 4-92 所示。

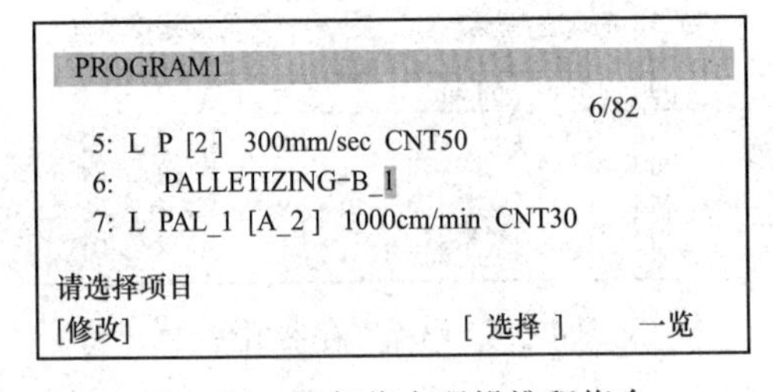

图 4-91 光标指向码垛堆积指令

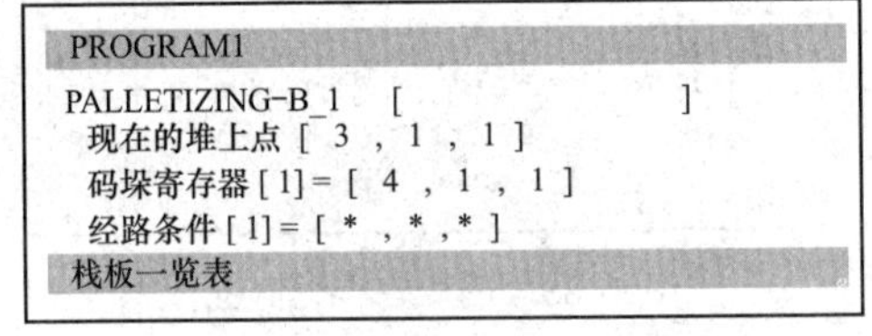

图 4-92 显示当前的堆上点和码垛寄存器的值

17. 修改码垛堆积

修改码垛堆积，即在事后对所示教的码垛堆积数据和码垛堆积指令进行修改。

（1）修改码垛堆积数据的操作如下。

1）将光标指向希望修改的码垛堆积指令，按下 F1（修改），显示修改菜单。

2）从修改菜单选择所需的码垛堆积编辑画面。

3）按下 F1（上页）时，返回码垛堆积编辑画面之前的画面。修改码垛堆积时，不管从哪个码垛堆积画面返回通常的编辑画面，所更改的数据都将有效。

4）按下 F5（前进）时，进入码垛堆积编辑画面之后的画面。

5）修改结束后，按下 NEXT（下一页）或“>”后按 F1（结束），结束修改操作。

（2）修改码垛堆积号码的操作如下。

1）将光标指向希望修改的码垛堆积指令，输入希望更改的号码，如图 4-93 所示。

2）码垛堆积动作指令、码垛堆积结束指令的码垛堆积号码，随同码垛堆积指令一起被自动更改，如图 4-94 所示。

```
PROGRAM1
                                        6/52
6:     PALLETIZING-B_1
7:  L  PAL_1[A_1]    300mm/sec FINE
8:  L  PAL_1[BTM]   50mm/sec  FINE
9:      Hand Open
10: L  PAL_1[R_1]  300mm/sec  CNT30
11:    PALLETIZING-END_1
```

图 4-93　将光标指向希望修改的码垛堆积指令

```
PROGRAM1
                                        6/52
6:     PALLETIZING-B_2
7:  L  PAL_2[A_1]    300mm/sec CNT30
8:  L  PAL_2[BTM]   50mm/sec  FINE
9:      Hand Open
10: L  PAL_2[R_1]  300mm/sec  CNT30
11:    PALLETIZING-END_2
```

图 4-94　码垛堆积和号码随同指令一起被自动更改

技能训练

一、训练目的

（1）学会创建机器人码垛堆积程序。

（2）学会应用机器人码垛堆积动作指令。

（3）学会调试运行机器人码垛堆积程序。

二、训练内容与步骤

（1）创建机器人码垛堆积程序。

1）控制任务。机器人初始位置为 P1，运行至 P2（P3 的垂直上部），垂直运行至 P3 点，抓取工件，沿直线上行到 P2 点，采用码垛堆积 B 方式进行 2 行 2 列 2 层的码垛堆积，码垛堆积完成，回到 P1 点。

2）设计码垛堆积程序。

a. 选择码垛堆积指令。

b. 输入初期资料。

c. 示教堆上式样。

d. 示教经路样式。

e. 输入码垛堆积结束指令。

（2）调试运行程序。

1）创建一个名为 PASE1 程序。

2）输入初始运行程序，定位至初始位置 P1 点，点对点运行到 P2。

3）输入直线运行程序，由 P2 直线运行至 P3，抓取工件（HAND1 CLOSE），然后 P3 直线运行至 P2。

4）选择码垛堆积指令。

5）输入初期资料。

6）示教堆上式样。

7）示教经路样式。

8）输入码垛堆积结束指令。

9）码垛结束，返回 P1。

（3）手动慢速运行、调试程序。

1）将机器人运行方式设置为 T1 手动慢速模式。

2）按下示教器的 SHIFT 键和 FWD（前进）键，观察程序的运行。

3）按下示教器的 SHIFT 键和 BWD（后退）键，观察程序的运行。

4）修改码垛堆积堆上式样、经路样式、码垛堆积寄存器等，重新运行码垛堆积程序，观察机器人的运行。

任务9 应用寄存器指令

一、寄存器指令

寄存器指令包括数值寄存器指令、位置寄存器指令、位置寄存器要素指令、码垛寄存器指令、字符串寄存器指令等。

1. 数值寄存器指令

数值寄存器指令是进行寄存器的算术运算的指令。数值寄存器用来存储某一整数值或小数值的变量。标准情况下提供有 200 个数值寄存器。

数值寄存器的显示和设定，在数值寄存器画面上进行。

数值寄存器常用于寄存器运算，可以进行带数值运算符的多项式运算。数值运算符包括加、减、乘、除等，但一行的运算符最多 5 个。

算符“+”“-”可以在相同行混合使用。此外，“ * ”“/”也可以混合使用。但是，“+”“-”和“ * ”“/”不可混合使用。

（1）R[i]=(值）指令，用于将某一值代入数值寄存器，如图 4-95 所示。

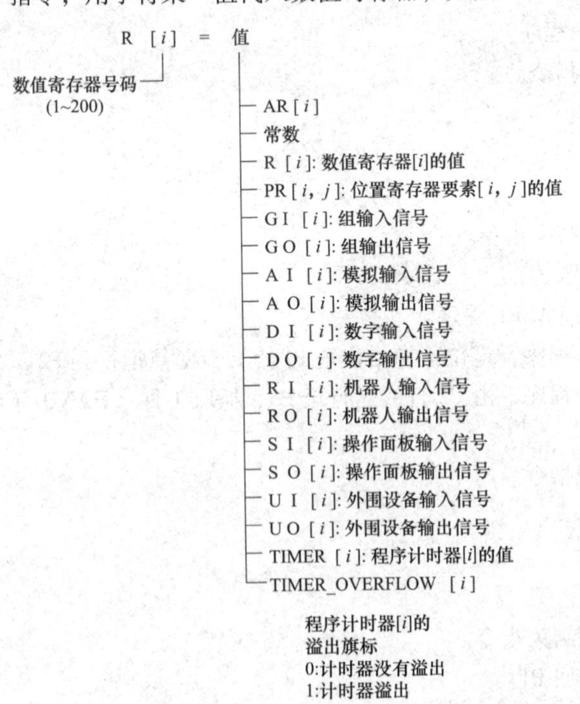

图 4-95 R[i]=(值）指令

（2）R[i]=(值)+(值) 指令，用于将2个值的和代入数值寄存器。

（3）R[i]=(值)-(值) 指令，用于将2个值的差代入数值寄存器。

（4）R[i]=(值)×(值) 指令，用于将2个值的积代入数值寄存器。

（5）R[i]=(值)/(值) 指令，用于将2个值的商代入数值寄存器。

（6）R[i]=(值)MOD(值) 指令，用于将2个值的余数代入数值寄存器。

（7）R[i]=(值)DIV(值) 指令，用于将2个值的商的整数值部分代入数值寄存器。

数值寄存器可以通过运算符进行算术运算后，再赋值给某个数值寄存器，数值寄存器运算如图4-96所示。

寄存器号码(1~200)
R [i] = (值) (算符) (值) (算符)…
+
-
×
/
MOD
DIV
AR[i]
常数
R [i]: 寄存器[i]的值
PR [i, j]: 位置寄存器要素[i, j]的值
GI [i]: 组输入信号
GO [i]: 组输出信号
AI [i]: 模拟输入信号
AO [i]: 模拟输出信号
DI [i]: 数字输入信号
DO [i]: 数字输出信号
RI [i]: 机器人输入信号
RO [i]: 机器人输出信号
SI [i]: 操作面板输入信号
SO [i]: 操作面板输出信号
UI [i]: 外围设备输入信号
UO [i]: 外围设备输出信号
TIMER [i]: 程序计时器[i]的值
TIMER_OVERFLOW [i]
: 程序计时器[i]的溢出旗标
0:计时器没有溢出
1:计时器溢出
*计时器旗标通过 TIMER [i] = 复位的指令被清除。

图4-96　数值寄存器运算

数值寄存器指令应用举例：

```
R[i]=R[i]+1
R[2]=DI[3]+PR[1,4]
```

数值寄存器常常用于循环程序中计算和控制程序的循环次数。

2. 位置寄存器指令

位置寄存器，是用来存储位置资料（x，y，z，w，p，r）的变量，标准情况下机器人提供有100个位置寄存器。

位置寄存器指令，是进行位置寄存器的算术运算指令。位置寄存器指令可进行代入、加法运算、减法运算处理。

（1）PR[i]=(值) 指令，用于将位置资料代入位置寄存器，如图4-97所示。

（2）PR[i]=(值)+(值) 指令，用于代入2个值的和。

（3）PR[i]=(值)-(值) 指令，用于代入2个值的差。

位置寄存器运算指令如图4-98所示。

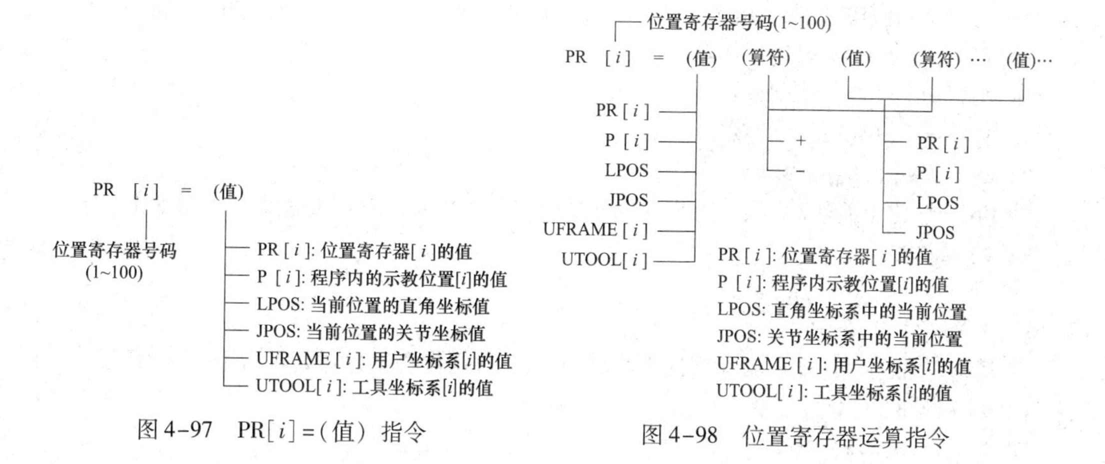

图4-97　PR[i]=(值) 指令

图4-98　位置寄存器运算指令

位置寄存器指令应用举例：

```
PR[2]=LPOS
PR[5]=PR[R[1]]
```

3. 位置寄存器要素指令

位置寄存器要素指令，是进行位里寄存器的算术运算的指令 . PR[*i*, *j*] 的 *i* 表示位里寄存器号码，*j* 表示位置寄存器的要素号码。位置寄存器要素指令可进行代入、加法、减法运算处理。

位置寄存器要素指令 PR[*i*, *j*] 的构成如图 4-99 所示。PR[*i*, *j*] 表示 PR[*i*] 的第 *j* 个要素（坐标值），对于不同坐标系，表示的值不同。

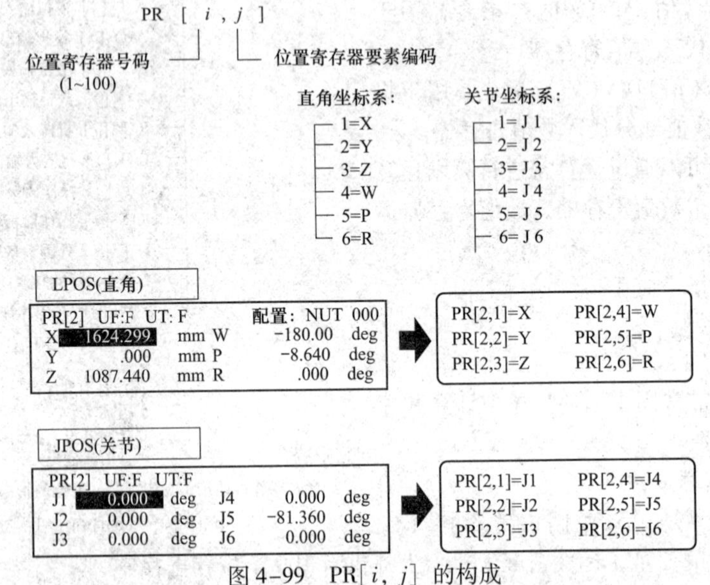

图 4-99 PR[*i*, *j*] 的构成

（1）PR[*i*, *j*]=(值) 指令，用于将位置资料的要素值代入位置寄存器要素指令。

（2）PR[*i*,*j*]=(值)+(值) 指令，用于将 2 个值的和代入位置寄存器要素。

（3）PR[*i*,*j*]=(值)-(值) 指令，用于将 2 个值的差代入位置寄存器要素。

PR[*i*,*j*]=(值)×(值) 指令，用于将 2 个值的积代入位置寄存器要素。

PR[*i*,*j*]=(值)/(值) 指令，用于将 2 个值的商代入位置寄存器要素。

PR[*i*,*j*]=(值)MOD(值) 指令，用于将 2 个值的余数代入位置寄存器要素。

PR[*i*,*j*]=(值)DIV(值) 指令，用于将 2 个值的商的整数值部分代入位置寄存器要素。

位置寄存器要素指令应用举例：

```
PR[2,3]=R[4]
PR[3,4]=R[1]+D[3]
PR[2,3]=PR[1,3]-2.328
```

当 PR[3] 位于 PR[2] 的 *X* 方向 80mm 处时，可用位置寄存器要素指令表示如下：

```
PR[2]=LPOS
PR[3]=PR[2]
PR[3,1]=PR[2,1]+80
```

当 PR[4] 位于 PR[3] 的 *Y* 方向 100mm 处时，可用位置寄存器要素指令表示如下：

```
PR[4]=PR[3]
PR[4,2]=PR[3,2]+100
```

当 PR[5] 位于 PR[4] 的 Y 方向 100mm 处时，可用位置寄存器要素指令表示如下：

```
PR[5]=PR[2]
PR[5,2]=PR[2,2]+100
```

机器人由 PR[2]→PR[3]→PR[4]→PR[5]→PR[2] 的运行程序：

```
1:PR[2]=LPOS
2:PR[3]=PR[2]
3:PR[3,1]=PR[2,1]+80
4:PR[4]=PR[3]
5:PR[4,2]=PR[3,2]+10
6:PR[5]=PR[2]
7:PR[5,2]=PR[2,2]+100
8:J PR[2]100% FINE
9:L PR[3]1000mm/sec FINE
10:L PR[4]1000mm/sec FINE
11:L PR[5]1000mm/sec FINE
12:L PR[2]1000mm/sec FINE
[END]
```

4. 码垛寄存器运算指令

码垛寄存器运算指令，是进行码垛寄存器的算术运算的指令。码垛寄存器运算指令可进行代入、加法运算、减法运算处理，与数值寄存器指令相同的方式相似。

码垛寄存器，存储有码垛寄存器要素（j，k，l）。码垛寄存器在所有全程序中可以使用 32 个。码垛寄存器要素即指定代入到码垛寄存器或进行运算的要素。该指定分为直接指定、间接指定和无指定 3 类。直接指定，直接指定数值；间接指定，通过 R[i] 的值予以指定；无指定，在没有必要变更（＊）要素的情况下予以指定。

码垛寄存器要素的格式如图 4-100 所示。

（1）PL[i]=(值) 指令，用于将码垛寄存器要素代入码垛寄存器。

（2）PL[i]=(值)+(值) 指令，用于将 2 个值的和代入码垛寄存器。

（3）PL[i]=(值)-(值) 指令，用于将 2 个值的差代入码垛寄存器。

码垛寄存器要素指令应用举例：

```
PL[3]=PL[1]
PL[2]=PL[1]+[1,2,1]
PL[1]=[1,2,1]+[1,R[1],* ]
```

5. 字符串寄存器指令

字符串寄存器，存储英文数字的字符串。各自的寄存器中，最多可以存储 254 个字符。字符串寄存器数标准为 25 个。字符串寄存器数可在控制启动时增加。

（1）SR[i]=J(值) 指令，用于将字符串寄存器要素代入字符串寄存器，如图 4-101 所示。

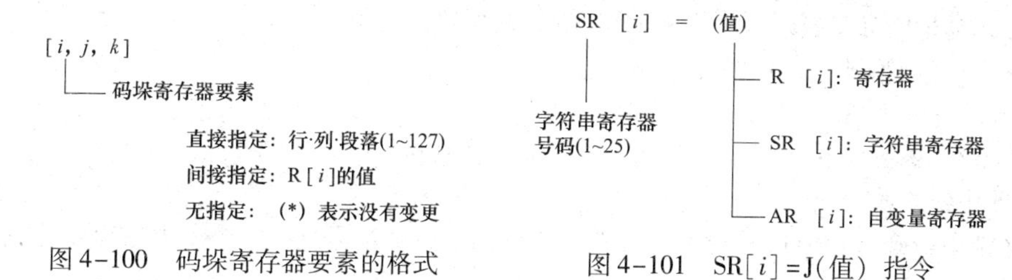

图 4-100 码垛寄存器要素的格式

图 4-101 SR[i]=J(值) 指令

可将数值数据变换为字符串数据，小数以小数点以下6位数四舍五入；可将字符串数据变换为数值数据，变换为字符串中最初出现字符前存在的数值。

（2）SR[*i*]（值）（算符）（值）指令，用于将2个值结合起来，并将该运算结果代入字符串寄存器。数据型在各运算中，依赖于（算符）左侧的（值）。

1）左侧的（值）若是字符串数据，则将字符串相互结合起来。字符列相互之间的连接结果，在超过254个字符时，输出“INTP-322 数值溢出”。

2）左侧的（值）若是数值数据，则进行算术运算。此时，右侧的（值）若是字符串，最初出现字符之前的数值用于运算。

（3）R[*i*]=STRLEN（值）指令，用于取得值的长度，将其结果代入寄存器。

（4）R[*i*]=FINDSTR（值）（值），第1个（值）表示“对象字符串”，第2个（值）表示“检索字符串”。R[*i*]=FINDSTR（值）（值）指令，用于从成为对象的字符串中检索出检索字符串。取得是否在成为对象的字符串的第几个字符中找到了检索字符串，将其结果代入寄存器。对于大写字母和小写字母不予区分。没有找到检索字符串时，代入“0”。如：

```
R[i]=FINDSTR SR[j],SR[k]
SR[j]='find this character'
```

当SR[*k*]=‘find’时，R[i]=1。

当SR[*k*]=‘this’时，R[i]=5。

当SR[*k*]=‘nothing’时，R[i]=0。

当SR[*k*]=‘’时，R[i]=0。

（5）SR[*i*]=SUBSTR（值）（值）（值），第1个（值）表示“对象字符串”，第2个（值）表示“始点位置”，第3个（值）表示“部分字符串的长度”。SR[*i*]=SUBSTR（值）（值）（值）指令，从对象字符串中取得部分字符串，将其结果代入字符串寄存器. 部分字符串，根据从对象值的第几个字符这样的始点位置、以及部分字符串的长度来决定。始点的值必须大于“0”。长度值必须在“0”以上。此外，始点值和长度值的和，必须比对象值的值小。

二、转移指令

转移指令使程序的执行从程序某一行转移到其他（程序的）行。

转移指令包括标签指令、无条件转移指令、条件转移指令和程序结束指令。

1. 标签指令

标签指令LBL[*i*]，是用来表示程序的转移目的地的指令。标签可通过标签定义指令来定义。

LBL [*i*: 注解]

标签号码 (1~32766)

注解可以使用16个字符以内的数字、字符、*、_、@ 等的记号。

图4-102 标签指令LBL[*i*]

标签指令LBL[*i*] 如图4-102所示。

为了说明标签，还可以追加注解。标签一旦被定义，就可以在条件转移和无条件转移中使用。标签指令中的标签号码，不能进行间接指定。将光标指向标签号码后按下ENTER键，即可输入注解。

标签指令应用举例：

```
LBL[10]
LBL[6:TEST1]
```

2. 程序结束指令

程序结束指令（END）是用来结束程序的执行之指令。通过该指令来中断程序的执行。在已经从其他程序呼叫了程序的情况下，执行程序结束指令时，执行将返回呼叫源的程序。

3. 无条件转移指令

无条件转移指令一旦被执行，就必定会从程序的某一行转移到其他（程序的）行。无条件转移指令分跳跃指令和程序呼叫指令两类，跳跃指令，转移到所指定的标签；程序呼叫指令，转移到其他程序。

（1）跳跃指令。JMP LBL[*i*] 指令，使程序的执行转移到相同程序内所指定的标签。标签号码 *i* 可以取值 1～32767。标签指令也可添加注释，注释直接标注在 *i* 后。应用举例：

```
LBL[10]
LBL[3:HANDOPEN]
LBL[R[2]]
```

（2）程序呼叫指令。CALL（程序名），使程序的执行转移到其他子程序的第 1 行后执行该程序。被呼叫的程序的执行结束时，返回到紧跟所呼叫程序（主程序）的程序呼叫指令后的指令。呼叫的程序名，可自动从所打开的辅助菜单选择，或者按下 F5 键（字符串）后直接输入字符。应用举例：

```
CALL SUB2
CALL PROG3
```

4. 条件转移指令

条件转移指令，根据某一条件是否已经满足而从程序的某一场所转移到其他场所时使用。条件转移指令有条件比较指令和条件选择指令两类。

条件比较指令，在主要某一条件得到满足，就转移到所指定的标签。条件比较指令包括寄存器比较指令、I/O 比较指令及码垛寄存器条件比较指令；条件选择指令，根据寄存器的值转移到所指定的跳跃指令或子程序呼叫指令。

（1）寄存器条件比较指令。IF R[*i*]（算符）（值）（处理），用于对寄存器的值和另外一方的值进行比较，若比较正确，就执行处理，如图 4-103 所示。

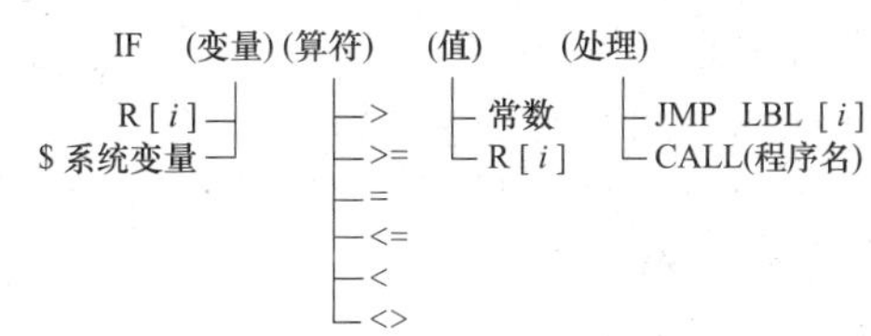

图 4-103 寄存器条件比较指令

在将寄存器与实际数值进行比较的情况下，由于会产生内部整数误差，若以“=”进行比较，有的情况下将得不到正确的值。与实际数值进行比较时，最好以某一值的差相比来进行比较。

（2）I/O 条件比较指令 IF（I/O）（算符）（值）（处理），用于对 I/O 的值和另外一方的值进行比较，若比较正确，就执行处理。应用举例：

```
IF R[1]=R[2],JMP LBL[10]
IF AO[2]>=3000,CALL SUBPRO1
IF RO[2]<>OFF,JMP LBL[3]
IF DI[3]=ON,CALL SUBPROGRAM1
```

（3）在条件转移指令中使用逻辑算符（AND、OR）。可以在条件语句中使用逻辑算符（AND、OR），在 1 行中对多个条件进行示教。由此，可以简化程序的结构，有效地进行条件判断。指令格式如下。

1）逻辑积（AND）。

IF<条件 1>AND<条件 2>AND<条件 3>，JMP LBL［3］

2）逻辑和（OR）。

IF<条件 1>OR<条件 2>，JMP LBL［3］

在逻辑算符中组合使用 AND（逻辑积）、OR（逻辑或）时，逻辑将变得复杂，从而会损坏程序的识别性、编辑的操作性。因此，本功能使得逻辑算符 AND 和 OR 不能组合使用。在 1 行的指令内可以用 AND/OR 来连缀的条件数至多为 5 个。

（4）码垛寄存器条件比较指令。IF PR[i]（算符）（值）（处理），用于对码垛寄存器的值和另外一方的码垛寄存器要素值进行比较，若比较正确，就执行处理。在各要素中输入 0 时，显示“*”。此外，将要比较的各要素只可以使用数值或余数指定。

```
[i, j, k]
 └── 码垛寄存器要素
       直接指定：行、列、段落(1~127)
       间接指定：R[i]的值
       余数指定：a、b:除以a后得到的余数为b
       (a: 1~127 ; b: 0~127)
       无指定：*为任意值
```

图 4-104　码垛寄存器要素的格式

码垛寄存器要素，指定要与码垛寄存器的值进行比较的要素，指定方法有 4 种。码垛寄存器要素的格式，如图 4-104 所示。

码垛寄存器条件比较指令应用举例：

```
IF PL[1]=R[2],JMP LBL[3]
IF PL[2]<>[1,1,2],CALL SUBPRO1
IF PL[R[3]]<>[*,*,2-0],CALL SUBPRO2
```

（5）条件选择指令。条件选择指令由多个寄存器比较指令构成。条件选择指令指令格式：

```
SELECT R[i]=(值)(处理)
          =(值)(处理)
          =(值)(处理)
          ELSE(处理)
```

条件选择指令用于将寄存器的值与一个几个值进行比较，选择比较正确的语句，执行处理。如果寄存器的值与其中一个值一致，则执行与该值相对应的跳跃指令或者子程序呼叫指令；如果寄存器的值与任何一个值都不一致，则执行与 ELSE（其他）相对应的跳跃指令或者子程序呼叫指令。

条件选择指令应用举例：

```
SELECT R[1]=1,JMP LBL[1]
  =2,JMP LBL[2]
  =3,JMP LBL[2]
  =4,JMP LBL[3]
  ELSE,CALL SUB2
```

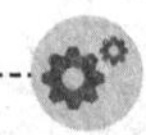

技能训练

一、训练目的

（1）学会应用机器人寄存器指令。

（2）学会应用机器人条件比较指令。

（3）学会调试运行机器人循环控制程序。

二、训练内容与步骤

（1）应用机器人寄存器指令。

1）显示数值寄存器画面。

a. 按下 MENU（菜单）键，显示出画面菜单。

b. 按下“0→下页—”，选择“3 数据”。上述步骤也可通过按下 DATA（数据）键来进行选择。

c. 按下 F1 “类型”。

d. 选择“数值寄存器”。出现数值寄存器画面，数值寄存器画面如图 4-105 所示。

e. 要输入注释，按照如下步骤执行：①将光标指向数值寄存器号码位置，按下 ENTER（输入）键；②选择注释的输入方法；③按下相应的功能键，输入注释；④输入完成后，按下 ENTER 键。

f. 要进行数值寄存器值的更改，将光标指向数值寄存器值位置，输入数值，即可更改数值寄存器的值。

数值寄存器应用程序如图 4-106 所示。

```
数据：数据寄存器                        关节 30%
                                        1/200
   R  [ 1:                    ]  =  0
   R  [ 2:                    ]  =  0
   R  [ 3:                    ]  =  0
   R  [ 4:                    ]  =  0
   R  [ 5:                    ]  =  0
   R  [ 6:                    ]  =  0
 请输入数值
[类型]
```

图 4-105　数值寄存器画面

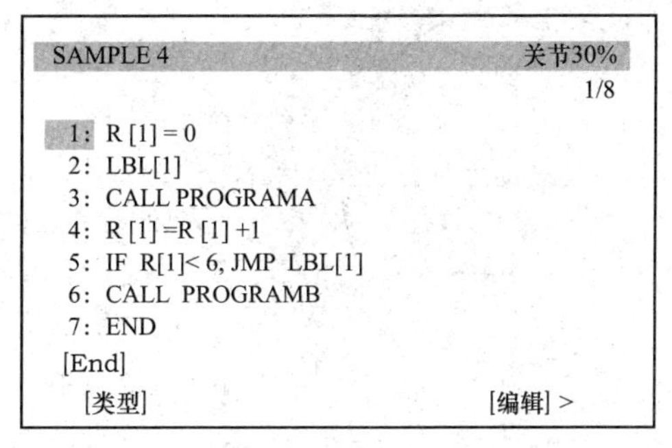

图 4-106　数值寄存器应用程序

2）显示位置寄存器画面。

a. 按下 MENU（菜单）键，显示出画面菜单。

b. 按下“0—下页—”，选择“3 数据”。上述步骤也可通过按下 DATA（数据）键来进行选择。

c. 按下 F1（类型），显示出画面切换菜单。

d. 选择“位置寄存器”。出现如图 4-107 所示的位置寄存器画面。

e. 输入注释的方法与数值寄存器相似。

f. 要更改位置寄存器值，将光标指向位置寄存器值，按住 SHIFT 键的同时按下 F3（记录），位置寄存器值记录如图 4-108 所示。

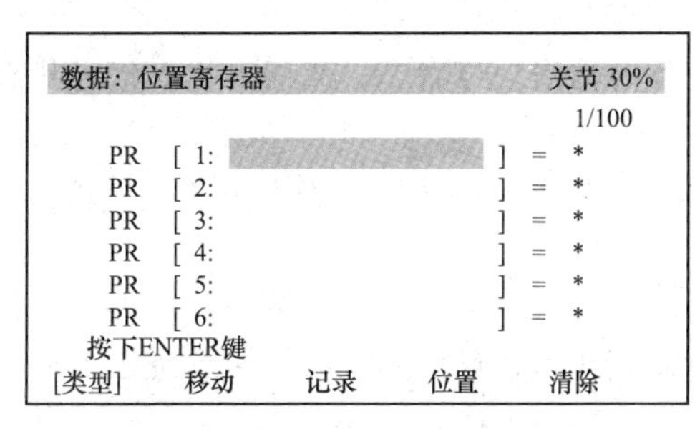

图 4-107　位置寄存器画面

```
数据：位置寄存器                          关节 30%
                                          1/100
   PR  [ 1:Datum point              ]  =  R
   PR  [ 2:                         ]  =  *
   PR  [ 3:                         ]  =  *
   PR  [ 4:                         ]  =  *
 按下ENTER键
[类型]    移动     记录     位置     清除
```

图 4-108　位置寄存器值记录

“R”表示已完成示教的位置寄存器；“ * ”表示尚未示教的位置寄存器。

g. 希望删除输入到位置寄存器中的位置资料时，按住 SHIFT 键的同时按下 F5（删除），弹出是否删除的对话框，选择“是”。位置寄存器的位置资料即被删除。

h. 要查看位置详细数据的详细时，按下 F4（位置）。出现详细位置资料画面。要更改值时，将光标指向目标条目，输入数值。

i. 要更改形态时，按下 F3（配置）。将光标指向目标条目，使用↑↓来更改形态。

j. 要更改位置资料的存储格式，按下 F5（形式），选择存储格式。

k. 结束设定后，按下 F4（完成）。

3）显示码垛寄存器画面。

a. 按下 MENU（菜单）键，显示出画面菜单。

b. 按下“0—下页—”，选择“3 数据”。上述步骤也可通过按下 DATA（数据）键来进行选择。

c. 按下 F1（类型）。

d. 选择“码垛寄存器”，出现码垛寄存器画面。

e. 输入注释的方法与数值寄存器相似。

f. 要进行码垛寄存器值的更改，将光标指向码垛寄存器值位置，输入数值。

（2）应用机器人条件比较指令。控制要求如下：

1）创建个人的工业机器人控制文件。

2）机器人运行轨迹如图 4-109 所示。

a. 示教机器人从 P1 点直线运行至 P2 点。

b. 示教机器人从 P2 点经过圆周上的 P3 点运行至 P4 点。

c. 示教机器人从 P4 点经过圆周上的 P5 点运行至 P2 点。

d. 机器人在 P2 ~ P5 的圆周运动 3 周。

e. 示教机器人从 P2 点曲线运行至 P1 点。

3）设计、运行程序，观察结果。

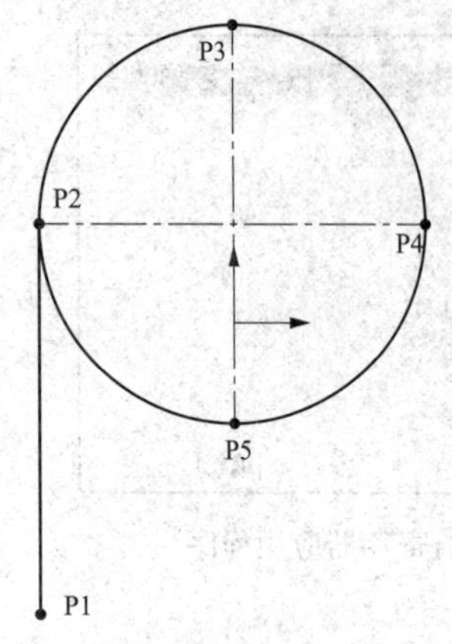

图 4-109 机器人运行轨迹

任务 10 应用机器人 I/O 指令

基础知识

一、机器人 I/O 信号指令

I/O（输入/输出）信号指令是改变向外围设备的输出信号状态，或读出物入信号状态的指令。

I/O（输入/输出）信号指令包括（系统）数字 I/O 信号指令、机器人 I/O 信号指令、模拟 I/O 信号指令和组 I/O 信号指令。

1. I/O（输入/输出）信号

I/O（输入/输出）信号是机器人与末端执行器、外部装置等系统的外用设备进行通信的电信号。I/O 分为通用 I/O 和专用 I/O。

（1）通用 I/O。通用 I/O 是可由用户自由定义而使用的 I/O，有如下 3 类。

1）数字 I/O。指令格式为：DI[*i*]/DO[*i*]。

2）组 I/O。指令格式为：GI[*i*]/GO[*i*]。

3）模拟 I/O。指令格式为：A1[*i*]/AO[*i*]。

其中，*i* 表示信号号码和组号码的逻辑号码。

（2）专用 I/O。专用 I/O 是用途已经确定的 I/O，有如下 3 类。

1）外围设备（UOP）I/O。指令格式为：UI[*i*]/UO[*i*]。

2）操作面板（SOP）I/O。指令格式为：SI[*i*]/SO[*i*]。

3）机器人 I/O。指令格式为：RI[*i*]/RO[*i*]。

这些 I/O 的 *i* 表示信号号码和组号码的逻辑号码。

（3）I/O 分配。将通用 I/O（DI/O、GI/O 等）和专用 I/O（UI/O、RI/O 等）称作逻辑信号。机器人的程序中，对逻辑信号进行信号处理。

相对于此，将实际的 I/O 信号线称作物理信号。要指定物理信号，利用机架和插槽来指定 I/O 模块，并利用该 I/O 模块内的信号编号（物理编号）来指定各信号。

1）机架。机架系指 I/O 模块的种类。

a. 0 为处理 I/O 印刷电路板、I/O 连接设备连接单元。

b. 1～16 为 I/O UNIT-MODEL A/B。

c. 32 为 I/O 连接设备从机接口。

d. 48 为 R-30IB MATE 的主板（CRMA15，CRMA16）。

2）插槽。插槽系指构成机架的 I/O 模块的编号。

a. 使用处理 I/O 印刷电路板、I/O 连接设备连接单元时，按连接的顺序为插槽 1、2…。

b. 使用 I/O UNIT-MODEL A 时，安装有 I/O 模块的基本单元的插槽编号为该模块的插槽值。

c. 使用 I/O UNIT-MODEL B 的情况下，通过基本单元的 DIP 开关设定的单元编号，即为该基本单元的插槽值。

d. I/O 连接设备从机接口、R-30IB MATE 的主板（CRMA15，CRMA16）中，该值始终为 1。

3）物理编号。物理编号系指 I/O 模块内的信号编号。按如下所示方式来表述物理编号。

a. 数字输入信号：in1、in2…

b. 数字输出信号：out1、out2…

c. 模拟输入信号：ain1、ain2…

d. 模拟输出信号：aout1、aout2…

4）I/O 分配。为了在机器人控制装置上对 I/O 信号线进行控制，必须建立物理信号和逻辑信号的关联。将建立这一关联称作 I/O 分配。通常，自动进行 I/O 分配。

2. 机器人数字 I/O 指令

数字输入（DI）和数字输出（DO），是用户可以控制的输入/输出信号。

（1）机器人数字输入指令。R[*i*] 指令，用于将数字输入的状态（ON=1、OFF=0）存储到寄存器中。应用举例：

```
R[2]=DI[2]
R[R[3]]=DI[R[4]]
```

（2）机器人数字输出指令。

1）DO[i]=ON/OFF 指令，用于接通或断开所指定的数字输出信号。应用举例：

```
DO[2]=ON
DO[R[3]]=OFF
```

2）DO[*i*]=R[*i*] 指令，根据所指定的寄存器的值，接通或断开所指定的数字输出信号。若寄存器的值为 0 就断开，若是 0 以外的值就接通。应用举例：

```
DO[2]=R[1]
DO[R[3]]=R[R[5]]
```

（3）机器人数字脉冲输出指令。DO[*i*]=PULSE，［时间］指令，仅在所指定的时间内接通而输出所指定的脉冲。在没有指定时间的情况下，脉冲输出由 $DEFPULSE（单位 0.1sec）

所指定的时间。应用举例：

```
DO[1]=PULSE
DO[2]=PULSE,0.2scc
DO[R[3]]=PULSE,1.5sec
```

（4）机器人 I/O 指令。机器人输入（RI）和机器人输出（RO）信号，是用户可以控制的 I/O 信号。

1）R[i]=RI[i] 指令，用于将机器人输入的状态（ON=1、OFF=0）存储到寄存器中。

R[i] 寄存器，i 取值 1～200。RI[i] 中的 i 指机器人输入信号号码。应用举例：

```
R[1]=RI[1]
  R[R[2]]=RI[R[3]]
```

2）RO[i]=ON/OFF 指令，用于接通或断开所指定的机器人数字输出信号。应用举例：

```
RO[1]=ON
RO[R[2]]=OFF
```

3）RO[i]=PULSE，[时间] 脉冲输出指令，仅在所指定的时间内接通输出信号。在没有指定时间的情况下，脉冲输出 $ DEFPULSE<单位 0.1sec）所指定的时间。应用举例：

```
RO[1]=PULSE
RO[2]=PULSE,0.5sec
RO[R[3]]=PULSE,1.5sec
```

4）RO[i]=R[i] 指令，根据所指定的寄存器的值，接通或断开所指定的数字输出信号。若寄存器的值为 0 就断开，若是 0 以外的值就接通。应用举例：

```
RO[1]=R[2]
RO[R[2]]=R[R[3]]
```

（5）模拟 I/O 指令。模拟输入（AI）和模拟输出（AO）信号，是连续值的输入/输出信号，表示该值的大小为温度和电压之类的数据值。

1）模拟输入（AI）指令。R[i]=AI[i] 指令，将模拟输入信号的值存储在寄存器中。R[i] 寄存器，i 取值 1～200；AI[i] 机器人模拟输入信号号码。应用举例：

```
RO[1]=AI[2]
RO[R[2]]=AI[R[3]
```

2）模拟输出（AO）指令。模拟输出 AO[i]=(值）指令，向所指定的模拟输出信号输出值。应用举例：

```
RO[1]=0
RO[R[2]]=3234.6
```

3）输出寄存器值。输出寄存器值 AO[i]=R[i] 指令，向模拟输出信号输出寄存答的值。应用举例：

```
AO[1]=R[2]
AO[R[2]]=R[R[3]
```

（6）组 I/O 指令。组输入（GI）以及组输出（GO）信号，对几个数字输入输出信号进行分组，以一个指令来控制这些信号。

1）组输入指令。R[i]=GI[i] 指令，将所指定组输入信号的二进制值转换为十进制数的值代入所指定的寄存器。应用举例：

```
R[1]=GI[2]
R[R[2]]=GI[R[3]
```

2）组输出指令。GO[i]=(值）指令，将经过二进制变换后的值输出到指定的群组输出中。应用举例：

```
GO[1]=0
GO[R[2]]=32340
```

3）输出寄存器值组。GO[*i*]=R[*i*] 指令，将所指定寄存器的值经过二进制变换后输出到指定的组输出中。应用举例：

```
GO[1]=R[2]
GO[R[2]]=R[R[3]]
```

二、机器人等待指令

等待指令，可以在所指定的时间，或条件得到满足之前使程序的执行等待。

等待指令有指定时间等待指令和条件等待指令两类。

指定时间等待指令，使程序的执行在指定时间内等待；条件等待指令，在指定的条件得到满足之前，使程序的执行等待。

1. 指定时间等待指令

指定时间等待指令 WAIT（时间），使程序的执行在指定时间内等待，时间的单位是秒（sec）。指令格式：

```
WATT(时间)
```

指定时间等待指令应用举例：

```
WAIT 0.5SEC
WAIT R[2]
```

2. 条件等待指令

条件等待指令，在指定的条件得到满足，或经过指定时间之前，使程序的执行等待。指令格式：

```
WAIT(条件)(处理)
```

超时的处理通过如下方法来指定：①没有任何指定时，在条件得到满足之前，程序等待；②TIMEOUT，LBL[*i*]，若系统设定画面上的“14 等待超时”中所指定的时间内条件没有得到满足，程序就向指定标签转移。

（1）寄存器条件等待指令。寄存器条件等待指令，对寄存器的值和另外一方的值进行比较，在条件得到满足之前等待，如图 4-110 所示。

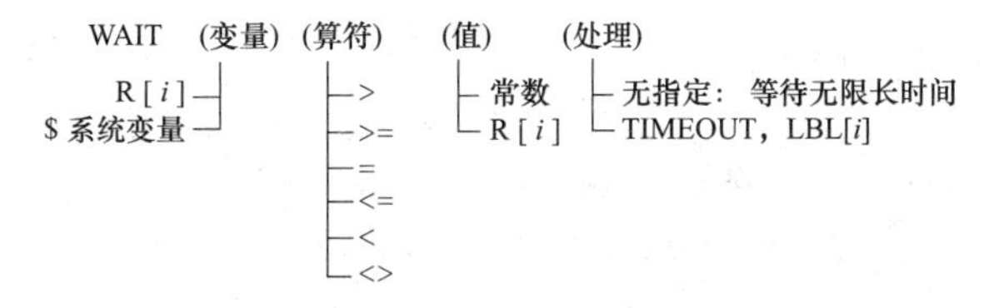

图 4-110　寄存器条件等待指令

应用举例：

```
WAIT R[2]>=100
WAIT R[1]<>1,TIMEOUT LBL[10]
```

（2）I/O 条件等待指令。I/O 条件等待指令，对 I/O 的值和另外一方的值进行比较，在条件得到满足之前等待，如图 4-111 所示。

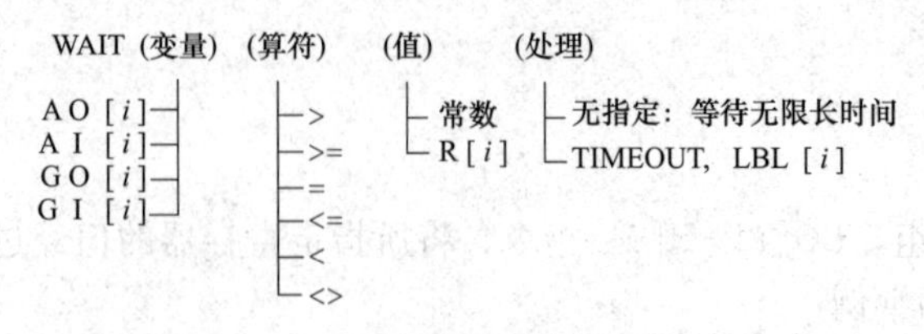

图 4-111　I/O 条件等待指令

指令格式：

```
WAIT(条件)(处理)
```

应用举例：

```
WAIT DI[3]<>OFF TIMEOUT LBL[10]
WAIT RI[R[1]]=R[2]
```

（3）错误条件等待指令。错误条件等待指令，在发生所设定的错误号码的报警之前等待，如图 4-112 所示。

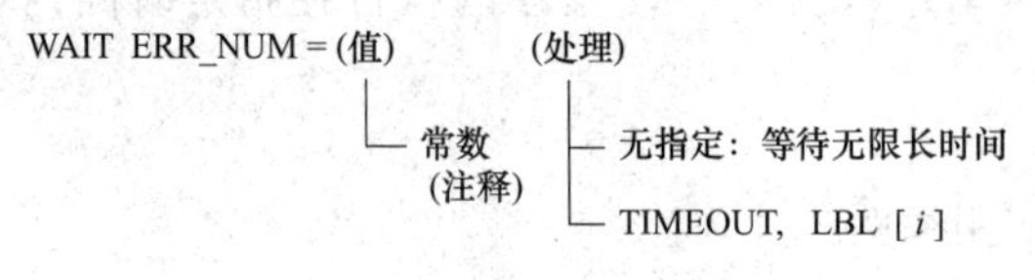

图 4-112　错误条件等待指令

指令格式：

```
WAIT(错误条件)(处理)
```

（4）在条件等待中使用逻辑算符。条件等待指令，可以在条件语句中使用逻辑算符（AND、OR），在 1 行中指定多个条件。由此，可以简化程序的结构，有效地进行条件判断。在逻辑算符中组合使用 AND（逻辑积）、OR（逻辑和）时，逻辑将变得复杂，从而会损坏程序的识别性、编辑的操作性。因此，本功能使得逻辑算符 AND 和 OR 不能组合使用。在 1 行的指令内，可以用 AND/OR 来连级的条件数至多为 5 个。

1）逻辑积（AND）。指令格式：

```
WAIT<条件 1>AND<条件 2>AND<条件 3>
```

2）逻辑和（OR）。指令格式：

```
WAIT<条件 1>OR<条件 2>OR<条件 3>
```

3）应用举例：

```
WAIT<条件 L>AND<条件 2>AND<条件 3>AND<条件 4>AND<条件 5>
WAIT<条件 L>OR<条件 2>OR<条件 3OR<条件 4>OR<条件 5>
```

3. 跳过条件指令

跳过条件指令，预先指定在跳过指令中使用的跳过条件（执行跳过指令的条件），如图 4-113 所示。在执行跳过指令前，务须执行跳过条件指令。曾被指定的跳过条件，在程序执行结束，或者执行下一个跳过条件指令之前有效。

跳过指令在跳过条件尚未满足的情况下，跳到转移目的地标签。

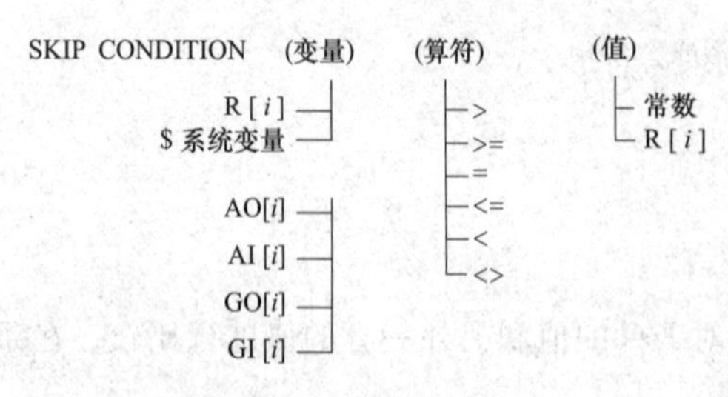

图 4-113　跳过条件指令

机器人向目标位置移动的过程中，跳过条件满足时，机器人在中途取消动作，程序执行下一行的程序语句。

跳过条件尚未满足的情况下，在结束机器人的动作后，跳到目的地标签行。

应用举例：

```
1:SKIP CONDITION DI[R[I]]<>ON
2:JP[1]100% FINE
3:LP[2]500MM/SEC FINE SKIP,LBL[2]
4:JP[3]50%  FINE
5:LBL[2]
6:JP[4]50%  FINE
```

跳过条件转移指令，可以在条件语句中使用逻辑算符（AND、OR），在1行中对多个条件进行示教。由此，可以简化程序的结构，有效地进行条件判断。

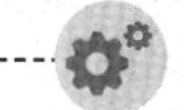

技能训练

一、训练目的

（1）学会应用机器人I/O指令。

（2）学会应用机器人等待指令。

（3）学会调试运行机器人控制程序。

二、训练内容与步骤

（1）机器人I/O分配。

1）显示数字I/O的分配换面。

a. 按下MENU（菜单）键，显示出画面菜单。

b. 选择“5I/O”。

c. 按下F1（类型），显示出画面切换菜单。

d. 选择“数字”，弹出数字I/O分配画面，见图4-114。

e. 要进行输入画面和输出画面的切换，按下F3（IN/OUT）。

f. 要进行I/O的分配，按下F2（分配）。要返回到一览画面，按下F2（一览）。

2）数字I/O分配操作。

a. 将光标指向范围，输入进行分配的信号范围。

b. 根据所输入的范围，自动分配行。

c. 在RACK（机架）、SLOT（插槽）、开始点中输入适当的值。

d. 输入正确的值时，状态中显示出PEND。设定有误的情况下，状态中显示出INVAL（无效，设定有误）。存在不需要的行的情况下，按下F4（设定清除）就删除行。“STAT”状态的含义如下：①ACTIV表示当前正使用该分配；②PEND表示已经正确分配，重新通电时成为ACTIV；③INVAL表示设定有误；④UNASG表示尚未被分配；⑤PMC表示已经通过PMC进行分配，无法在此画面上进行变更。

e. 要进行I/O属性的设定，按下NEXT（下页），再按下一页上的F4（详细）。

f. 要返回一览画面，按下PREV（返回）键。

g. 若要输入注释，步骤如下：①将光标移动到注释行，按下ENTER（输入）键；②选择使用单词、英文字母；③按下适当的功能键，输入注释；④注释输入完后，按下

ENTER 键。

h. 要设定条目，将光标指向设定栏，选择功能键菜单。

i. 要进行下一个数字 I/O 组的设定，按下 F3（下一步）。

j. 设定结束后，按下 PREV（返回）键，返回一览画面。

k. 要使设定有效，重新通电。

l. 信号的强制输出、仿真输入/输出的执行，在将光标指向 ON/OFF 后选择功能键。信号仿真画面如图 4-115 所示。

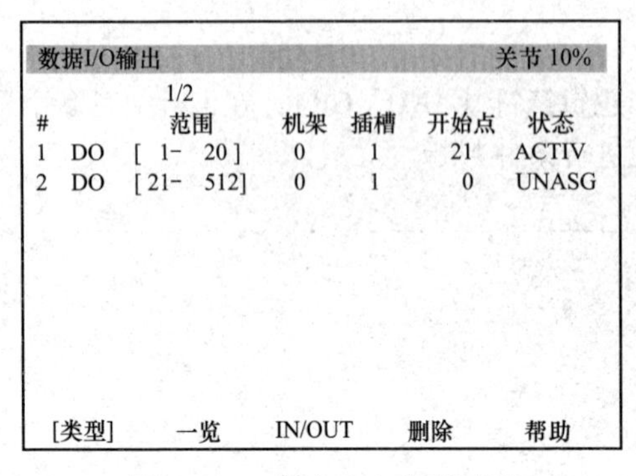

图 4-114 数字 I/O 分配画面

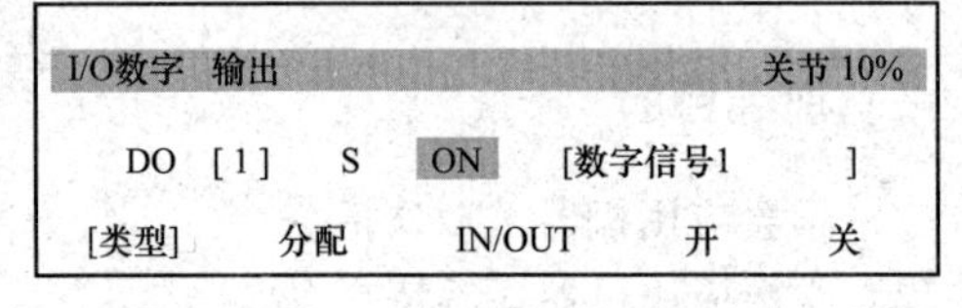

图 4-115 信号仿真画面

3）设定机器人 I/O 操作。

a. 按下 MENU（菜单）键，显示出画面菜单。

b. 选择“5I/O”。

c. 按下 F1（类型），显示出画面切换菜单。

d. 选择“机器人”，弹出机器人 I/O 分配画面。

e. 要进行输入画面和输出画面的切换，按下 F3（IN/OUT）。

f. 要进行 I/O 属性的设定，按下 NEXT（下页），再按下一页上的 F4（详细）。

g. 要返回一览画面，按下 PREV（返回）键。

h. 输入注释的方法与数字 I/O 相似。

i. 要设定条目，将光标指向设定栏，选择功能键菜单。

j. 设定结束后，按下 PREV（返回）键，返回一览画面。

k. 要使设定有效，重新通电。

4）机器人组 I/O 分配操作。

a. 按下 MENU（菜单）键，显示出画面菜单。

b. 选择“5I/O”。

c. 按下 F1（类型），显示出画面切换菜单。

d. 选择“组”。出现组 I/O 一览画面，如图 4-116 所示。

e. 要进行输入画面和输出画面的切换，按下 F3（IN/OUT）。

f. 要进行 I/O 的分配，按下 F2（分配），出现组 I/O 分配画面，如图 4-117 所示。

g. 在组 I/O 分配画面，要返回到一览画面，按下 F2（一览）。

h. 要分配信号，将光标指向各条目处，输入数值。

i. 要进行 I/O 属性的设定，在一览画面上按下 NEXT，再按下页上的 F4（详细）。

I/O组输出　　关节 30%

	#	模拟	值	
GO	[1]	*	*	[ ]
GO	[2]	*	*	[ ]
GO	[3]	*	*	[ ]
GO	[4]	*	*	[ ]
GO	[5]	*	*	[ ]
GO	[6]	*	*	[ ]
GO	[7]	*	*	[ ]
GO	[8]	*	*	[ ]
GO	[9]	*	*	[ ]

[类型]　分配　IN/OUT　模拟　解除

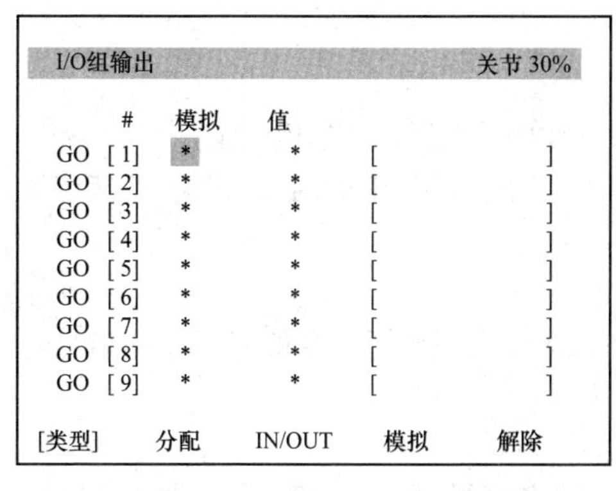

图 4-116　组 I/O 一览画面

I/O组输出　　关节 30%

GO#	机架	插槽	开始点	点数
1	0	0	0	0
2	0	0	0	0
3	0	0	0	0
4	0	0	0	0
5	0	0	0	0
6	0	0	0	0
7	0	0	0	0
8	0	0	0	0
9	0	0	0	0

[类型]　一览　IN/OUT　帮助 >

图 4-117　组 I/O 分配画面

j. 在详细画面，要返回一览画面，按下 PREV（返回）键。

k. 输入注释的方法与数字 I/O 类似。

l. 要设定条目，将光标指向设定栏，按下功能键菜单。

m. 设定结束后，按下 PREV（返回）键，返回一览画面。

n. 要使所更改的设定有效，重新通电。

（2）应用机器人等待指令。

1）控制要求。机器人初始位于 P1 点，运行至工件 A 的上方 P2，机械爪松开，垂直下降至 P3，机械爪夹紧，等待 1s，机器人上移至 P4，平移至 P5，下降至 P6，机械爪松开，延时 1s，机械人上移至 P7，然后返回 P1。

2）应用等待指令设计控制程序。

3）输入机器人控制程序。

4）手动示教机器人完成基本控制。

5）手动低速调试运行程序。

6）手动全速运行控制程序，观察机器人的动作。

7）总结等待指令、I/O 控制指令的应用经验。

任务 11　应用机器人程序控制指令

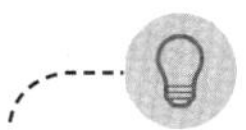

基础知识

一、机器人程序控制指令

程序控制指令，是进行程序执行控制的指令。程序控制指令包括暂停指令和强制结束指令。

1. 暂停指令

暂停指令 PAUSE 停止程序的执行。由此导致动作中的机器人减速后停止。

暂停指令前存在带有 CNT 的动作语句的情况下，执行中的动作语句，不等待动作的完成就停止。光标移动到下一行。通过再启动从下一行执行程序。动作中的本地程序计时器停止。通过程序再启动，该程序计时器被激活。全局计数器不会停止。执行中的脉冲输出指令，在执行完成指令后程序停止。执行程序调用指令外的指令时，在执行完该指令后程序停止。程序调用指令，在程序再启动时被执行。

2. 强制结束指令

强制结束指令 ABORT，结束程序执行，导致动作中的机器人减速后停止。

强制结束指令前存在带有 CNT 的动作语句的情况下，执行中的动作语句，不等待动作的完成就停止。

光标停止在当前行。

执行完强制结束指令后，不能继续执行程序。基于程序调用指令的主程序的信息等将会丢失。

3. 负载设定指令

负载设定指令，是用来切换机器人的负载信息（负载设定编号）的指令。在工件的取/放、工具的拆装等程序执行中，机器人所把持的负载发生变化时，可使用负载设定指令正确切换负载信息。

使用负载设定指令时，需要预先登录负载信息。

PAYLOAD[*i*] 将要使用的负载设定编号切换到指定值。

负载号 *i* 可以取值 1~10，也可以使用寄存器 R 指定。

切换后的负载设定编号，在执行本指令的程序结束后仍然有效。也就是说，在执行之后的程序时和点动时也将被使用。

多组系统中的 PAYLOAD[*i*] 指令，关于在该程序中有效的所有动作组，切换负载设定编号。如果希望指定对象组时，使用 PAYLOAD[GPk：*i*] 指令，GPk 指定动作组号。

应用举例：

```
PAYLOADE GP[2,3:1]
```

表示程序指定在动作组 2 和 3 中，将负载编号设定为 1。

4. 补偿条件指令

（1）位置补偿条件指令。位置补偿条件指令，预先指定在位置补偿指令所使用的位置补偿条件，需要在执行位置补偿指令前执行。曾被指定的位置补偿条件，在程序执行结束，或者执行下一个位置补偿条件指令之前有效。

位置寄存器指定偏移的方向和偏移量。偏移的条件，由位置补偿指令来指定。位置补偿指令在位置资料中所记录的目标位置，使机器人移动到仅偏移位置补偿条件中所指定的补偿量后的位置。位置资料为关节坐标值的情况下，使用关节的偏移量；位置资料为直角坐标值的情况下，指定作为基准的用户坐标系的用户坐标系号码；没有指定的情况下，使用当前所选的用户坐标系号码。

在位置补偿条件指令 OFFSET CONDITION PR[*i*]（UFRANE[*j*]）中，PR[*i*] 指示编号 *i* 位置寄存器，UFRANE[*j*] 为可选项，表示机器人使用的坐标系 *j*。应用举例：

```
1:OFFSET CONDITION PR[R[1]]
2:J P[1]100%  FINE
3:L P[2]500mm/sec FINE OFFSET
```

（2）工具补偿条件指令。

工具补偿条件指令，预先指定工具补偿指令中所使用的工具补偿条件，必须在执行工具补偿指令之前执行。曾被指定的工具补偿条件，在程序执行结束，或者执行下一个工具补偿条件指令之前有效。

位置寄存器指定偏移的方向和偏移量。偏移的条件，由工具补偿条件指令来指定。补偿时使用工具坐标系；在没有指定工具坐标系号码的情况下，使用当前所选的工具坐标系号码；位置资料为关节坐标值的情况下，发出报警，程序暂停。

在工具补偿条件指令 TOOL_OFFSET CONDITION PR[i]（UFRANE[j]）中，位置资料中记录目标位置，使机器人移动到仅偏移工具补偿条件中所指定的补偿量后的位置。应用举例：

```
1:TOOL_OFFSET CONDITION PR[R[1]]
2:J P[1]100%  FINE
3:L P[2]500mm/sec FINE TOOL_OFFSET
```

5. 坐标系指令

坐标系指令，在改变机器人进行作业的直角坐标系设定时使用。

坐标系指令有坐标系设定指令和坐标系选择指令两类。

（1）坐标系设定指令。

1）工具坐标系设定指令，UTOOL[i]=(值)，改变所指定的工具坐标系号码的工具坐标系设定。

2）用户坐标系设定指令，UFRAME[i]=(值)，改变所指定的用户坐标系号码的用户坐标系设定。

3）应用举例。

```
UTOOL[1]=PR[1]
UFRAME[GP1:3]=PR[GP1:2]
```

（2）坐标系选择指令。

1）工具坐标系选择指令，UTOOL_NUM=(值)，改变当前所选的工具坐标系号码。工具坐标系号码可以使用数值寄存器或常数指定。

2）用户坐标系选择指令，UFRAME_NUM=(值)，改变当前所选的用户坐标系号码。用户坐标系号码可以使用数值寄存器或常数指定。

3）应用举例。

```
1:UFRAME NUM=1
2:J P[1]IOO% FINE
3:L P[2]500mm/see FINE
4:UFRAME NUM=2
5:L P[3]500mm/sec FINE
6:L P[4]500mm/sec FINE
```

二、其他指令

其他指令包括 RSR 指令、用户报警指令、计时器指令、倍率指令、注解指令、消息指令、参数指令、最高速度指令等。

1. RSR 指令

RSR 指令，RSR[i]=(值)，对所指定的 RSR 号码的 RSR 功能的有效/无效进行切换。

RSR 号码取值为 1～4，ENABLE 使 RSR 功能有效，DISABLE 使 RSR 功能无效。

2. 用户报警指令

用户报警指令，UALM[i]，在报警显示行显示预先设定的用户报警号码的报警消息。用户报警指令使执行中的程序暂停。

应用举例：

```
1:UALM[1]($UALRM_MSG[1]=NO WORK ON WORK STATION)
```

3. 计时器指令

计时器指令，TIMER[*i*]=(状态)，用来起动或停止程序计时器。计时器指令如图 4-118 所示。

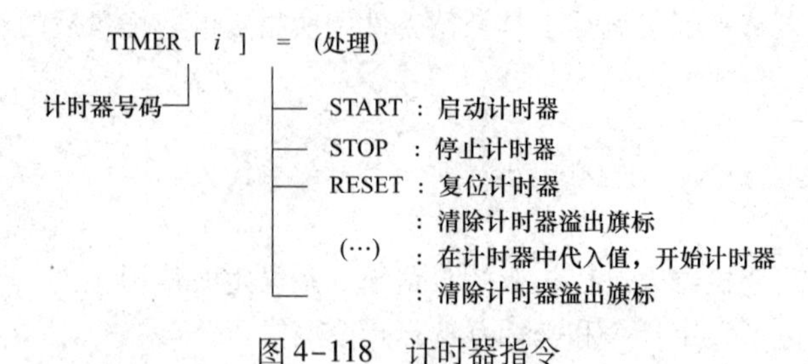

图 4-118 计时器指令

程序计时器的运行状态，可通过程序计时器画面（状态/程序计时器）进行参照。

应用举例：

```
TIMER[1]=START
TIMER[1]=STOP
TIMER[1]=RESET
TIMER[1]=(R[1]+1)
```

计时器值的代入指令中可以使用复合运算指令。

4. 倍率指令

倍率指令，OVERRIDE=(值)%，用来改变速度倍率。取值范围为 1～100。

应用举例：

```
OVERRIDE=50%
```

5. 备注指令

备注指令用来在程序中记载备注。指令格式：

!(注解)

该备注对于程序的执行没有任何影响。备注指令可以添加包含 1～32 个字符的备注。通过按下 ENTER 键，即可输入备注。

6. 注解指令

注解指令（语言切换），可填写数字、字符、*、_、@等的记号，与注解指令一样用来在程序中记载注解。指令格式：

--(注解)

该注解对于程序的执行没有任何影响。通过按下 ENTER 键，即可输入注解。

应用举例：

```
1:--处理步骤1   (使用语言:CHINESE)
↓语言切换
4:--            (使用语言:ENGLISH)
```

注解与每个使用语言独立，所以在切换语言时，用中文输入的注解不会反映到英语注解中。请按照每个语言输入注解。

7. 消息指令

消息指令，将所指定的消息显示在用户画面上。指令格式：

MESSAGE[消息语句]

消息可以包含 1～24 个字符（字符、数字、*、_、@）。通过按下 ENTER 键，即可输入消息。

执行消息指令时，自动切换到用户画面。

应用举例：

```
1:MESSAGE[STEP1 RUNNING]
```

8. 参数指令

参数指令，可以改变系统变量值，或者将系统变量值读到寄存器中。通过使用该指令，即可创建考虑到系统变量的内容（值）的程序。指令格式：

$（系统变量名）=（值）

参数名，不包含其开头的“$”，最多可输入30个字符。

系统变量中包括变量型数据和位置型数据，其中变量型的系统变量可以代入寄存器，位置型的系统变量可以代入位置寄存器。

位置资料型的系统变量作为数据类型有直角型（XYZWRP型）、关节型（J1-J6型）、行列型（AONL型）3类。在将位置资料型的系统变量代入位置寄存器的情况下，位置寄存器的数据类型便变换为要代入的系统变量的数据类型。

应用举例：

```
1:$SHELL_CONFIG.$JOB_BASE=100
```

参数读出：

```
10:R[1]=$SHELL_CONFIG.$JOB_BASE
```

9. 多轴控制指令

多轴控制指令是用来控制多任务程序的执行的指令。

（1）程序执行指令。RUN（程序名），在程序执行中开始别的程序的执行。其与程序呼叫指令不同之处在于，程序呼叫指令是在已被呼叫的程序执行结束后执行呼叫指令以后的行，而程序执行指令则同时执行用来启动别的程序的程序。为了使同时被执行的程序之间相互同步，可使用寄存器以及寄存器条件等待指令。试图执行指定了相同动作组的程序时，系统会发出报警，故应指定不同的动作组。

（2）应用程序执行指令。应用举例：

```
PROGRAM1
1:R[1]=3
2:RUN PROGRAM2
3:JP[1]100% FINE
4:WAIT R[1]=1

PROGRAM2
1:J P[3]100% FINE
2:J P[4]100% FINE
3:J P[5]100% FINE
4:J P[6]100% FINE
5:R[1]=1
```

10. 动作组指令

动作组指令，可以在具有多个动作组的程序中，使用1行的动作指令内的动作格式（圆弧、C圆弧除外）、移动速度、或定位格式。由此便可以以非同步方式操作各动作组。只有在存在多任务选项时才可以对这些指令进行示教或执行这些指令。在尚未指定这些动作组指令的通常的动作指令中，以相同的动作格式、速度、定位格式、动作附加指令同步地执行所有动作组。这种情况下，在移动时间最长的动作组的移动时间内，其他动作组的移动时间同步。动作组指令包括非同步动作组指令和同步动作组指令。

（1）非同步动作组指令。各自分别示教的动作格式、速度、定位格式非同步地使各动作组动作。

应用举例：

```
Independent GP
GPi(动作组i的动作语句)
GPj(动作组j的动作语句)
```

（2）同步动作组指令。以各自分别示教的动作格式使各动作组同步地动作。速度如同通常的动作指令一样地，同步于移动时间最长的动作组。因此，速度并非总是程序指定的值。定位类型，CNT 值最小的（接近 FINE）动作组对于其他的动作组也适用。

应用举例：

```
Simultaneous GP
GPi(动作组i的动作语句)
GPj(动作组j的动作语句)
```

11. FOR/ENDFOR 循环控制指令

FOR/ENDFOR 循环控制指令，是任意次数返回由 FOR 指令和 ENDFOR 指令包围的区间程序循环控制功能指令。

FOR/ENDFOR 指令中包括 FOR 指令和 ENDFOR 指令。FOR 指令表示 FOR/ENDFOR 区间的开始；ENDFOR 指令表示 FOR/ENDFOR 区间的结束。

通过用 FOR 指令和 ENDFOR 指令来包围希望反复执行程序的区间，就形成 FOR/ENDFOR 区间。根据由 FOR 指令指定的值，确定反复 FOR/ENDFOR 区间的次数。

（1）FOR 指令的形式。

```
FOR(计数器)=(初始值)TO(目标值)
FOR(计数器)=(初始值)DOWNTO(目标值)
```

计数器使用寄存器。初始值使用常数、寄存器、自变量，常数可以指定为-32767～32766 的整数；目标值使用常数、寄存器、自变量，常数可以指定为-32767～32766 的整数。指定 TO 时，初始值在目标值以下；指定 DOWNTO 时，初始值在目标值以上。

（2）FOR 指令和 ENDFOR 指令的组合。FOR 指令和 ENDFOR 指令的组合将被自动确定。FOR/ENDFOR 指令的组合，从就近的 FOR 指令和 ENDFOR 指令按顺序确定。通过在 FOR/ENDFOR 区间中进一步示教 FOR/ENOFOR 指令，就可以形成嵌套结构。嵌套结构，最多可以形成 10 个层级。超过 10 个层级进行示教时，执行时会发生报警。FOR 指令和 ENDFOR 指令必须在同一程序上存在相同数量。在任何一方不足的状态下，执行时会发生报警。

（3）FOR/ENDFOR 指令无法后退执行。FOR/ENDFOR 指令无法后退执行，但程序指针处在 FOR/ENDFOR 之间时，可以后退执行 FOR/ENDFOR 之间的指令。

（4）FOR/ENDFOR 指令的报警。FOR/ENDFOR 指令中，在如下状况下会发生报警。

1）在 FOR 指令相比 ENDFOR 指令较少的状态下执行。

2）在 ENDFOR 指令相比 FOR 指令较少的状态下执行。

3）在嵌套结构的层级超过 10 的状态下执行。

4）执行 FOR 指令时在初始值或者目标值中使用整数以外的数值。

5）执行 ENDFOR 指令时在计数器值或者目标值中使用整数以外的数值。

技能训练

一、训练目的

（1）学会应用机器人 FOR/ENDFOR 循环控制指令。

（2）学会应用机器人位置补偿指令。

二、训练内容与步骤

（1）机器人循环控制程序。

1）循环控制要求如图 4-119 所示。

2）循环控制参考程序。

```
1:J PR[1:HOME]
2:R[2]=0
3:LBL[10]
4:L P[1]1000MM/SEC FINE
5:L P[2]1000MM/SEC FINE
6:L P[3]1000MM/SEC FINE
7:L P[4]1000MM/SEC FINE
8:R[2]=R[2]+1
9:IF R[2]<3,JMP LBL[10]
10:J PR[1:HOME]
END
```

3）示教输入参考程序。

4）执行循环控制参考程序。

5）应用 FOR/ENDFOR 指令设计循环控制程序。

6）示教输入 FOR/ENDFOR 指令循环控制程序。

7）调试运行 FOR/ENDFOR 指令循环控制程序。

（2）应用机器人位置补偿指令。

1）位置偏移控制要求如图 4-120 所示。

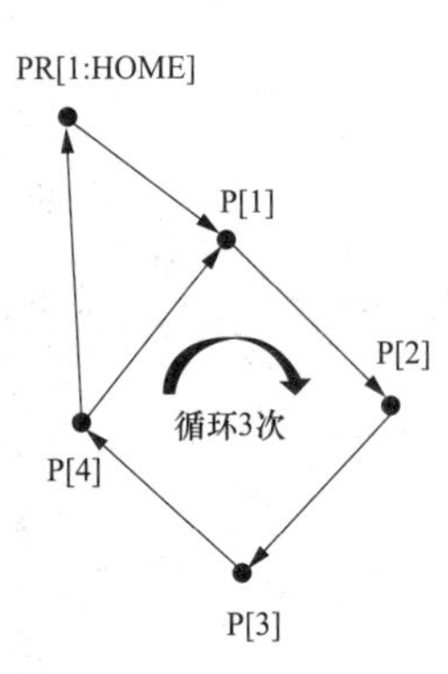

图 4-119 循环控制要求

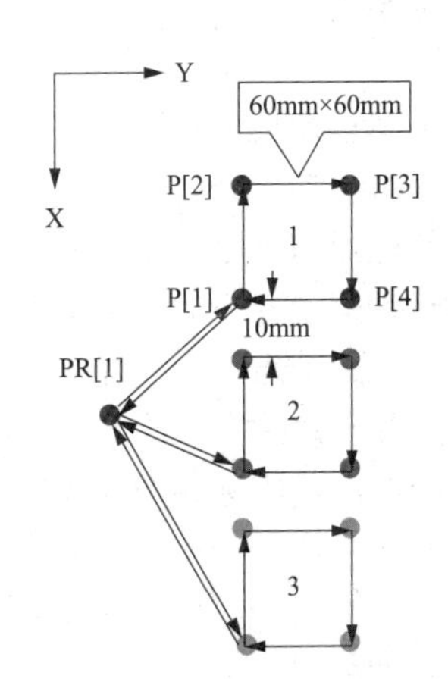

图 4-120 位置偏移控制要求

2）位置补偿指令应用参考程序。

```
1:J PR[1:HOME]
2:OFFSET CONDITION PR[10]
3:CALL PR_INI1
4:LBL[11]
5:L P[1]L000MM/SEC FINE,OFFSET
6:L P[2]L000MM/SEC FINE,OFFSET
7:L P[3]L000MM/SEC FINE,OFFSET
8:L P[4]L000MM/SEC FINE,OFFSET
9:LPR[1:HOME]
10:PR[10,1]=PR[10,1]+70
11:R[2]=PR[10,1]
12:IF R[2]<140,JMP LBL[11]
END
```

3）示教输入参考程序。

4）执行位置补偿指令参考程序。

5）调试运行机器人控制程序。

习题

1. 填空题

（1）FANUC机器程序的详细信息包括：________、________、________、________、________等。

（2）动作指令，是指以指定的________和________使机器人向作业空间内的________移动的指令。

（3）动作指令包括：________指令、________指令和________指令。

（4）程序控制指令主要包括：________指令、________指令、________指令、________指令和________指令、________指令等。

（5）动作附加指令包括：________指令、________指令、________指令、________指令和________指令、________指令等。

（6）码垛堆积的类型包括：________、________、________、________等。

2. 问答题

（1）如何示教关节运动指令？

（2）如何修改关节运动指令？

（3）如何示教线性运动指令？

（4）如何修改线性运动指令的定位类型？

（5）如何示教圆弧运动指令？

（6）如何修改圆弧运动指令？

（7）如何条件指令和使用标签指令控制机器人循环控制运行？

项目四 FANUC机器人编程基础

学习目标

(1) 学会创建机器人指令程序。
(2) 学会调试和维护机器人指令程序。
(3) 学会修改机器人指令中的位置、速度等参数。
(4) 学会机器人程序管理。
(5) 学会执行机器人程序。

任务12 机器人指令程序创建与修改

基础知识

一、机器人指令程序创建

1. 编程的技巧和要点提示

(1) 动作指令。

1) 工件抓取位置=FINE。在所有的工件抓取位置使用FINE定位形式。机器人准确停止在工件抓取位置。使用CNT定位类型的情况下，机器人不会停止在进行了示教的位置。

2) 围绕工件周围运动=CNT。围绕工件周围的动作，应使用CNT定位类型。机器人不在示教点停止，而朝着下一个目标准点连续运动。机器人在工件附近运动的情况下，应调整CNT，定位的路径。

3) 不改变工具的姿势。大幅度改变工具姿势的动作，将会导致循环时间加长。平顺地稍许改变工具的姿势，机器人将会进行更加快速地移动。要缩短循环时间，应以尽量不改变工具姿势的方式进行示教。在需要大幅度改变工具姿势的情况下，若将其分割为几个动作进行示教，将会缩短循环时间。不应在每次的动作中大幅度改变工具姿势。

(2) 预定位置。预定位置，是指在程序中经常使用的位置。预定位置是已设定位置，可以在程序中使用。频繁使用的预定位置是原点位置和参考位置。为有效创建程序，缩短循环时间，应定义这些预定位置。预定位置可以使用位置寄存器记录。

1) 原点位置（作业原点），是在所有作业中成为基准的位置。

2) 参考位置，是离开机床和工件搬运的路径区域的安全位置。机器人处在该位置时，外围设备I/O的参考位置输出信号（ATPERCH输出、ATPERCH）接通。

3) 其他预定位置可相对任何位置进行定义，而与原点位置和参考位置无关。程序中频繁使用的位置，应作为预定位置予以设定。

2. 接通电源和点动进给

(1) 通过接通电源来启动机器人系统。接通电源时，通常执行被称作冷启动或热启动的内部处理，系统由此启动。

（2）机器人系统的启动，可以指定停电处理的有效/无效。停电处理功能可以存储控制装置电源切断开时的系统状态，在下次通电时，恢复先前的状态。停电处理（热开机）完成时，可输出数字输出信号（DO）。此功能通过“6 系统配置”进行设定。

1）停电处理功能被设定为“无效”时（系统设定菜单的停电处理/热开机=无效），通过冷启动方式来启动系统。冷启动在对控制装置的系统软件进行初始化后启动系统。

2）停电处理功能“有效”时（系统设定菜单的停电处理/热开机=有效），通过热启动方式来启动系统。

（3）自动启动程序，不能使机器人动作。自动启动程序用于系统设置和 I/O 状态的初始化。自动启动程序内，无法使用脉冲指令。

（4）通电后的程序选择。停电处理无效的情况下，根据系统设定菜单“选择程序的呼叫（PNS）”的设定而不同。

1）有效的情形：原样选择电源断开时的选择程序。

2）无效的情形：成为尚未选择任何程序的状态。

停电处理有效的情况下，成为原样选择电源断开时的选择程序的状态。

（5）3 方式开关。3 方式开关是安装在操作面板或操作箱上的钥匙操作开关，用于根据机器人的动作条件和使用情况选择最合适的机器人操作方式。操作方式有 AUTO、T1 和 T2。使用 3 方式开关切换操作方式时，在示教器的画面显示消息，机器人暂停。将钥匙从开关上拔出，即可将开关固定在该位置。

1）T1（<250mm/s）测试方式 1。T1 是在对机器人进行动作位置的示教时所使用的方式。此外，T1 方式还用于在低速下对机器人路径的确认，对程序顺序的确认。开关处在 T1 方式的位置时，通过拔下钥匙即可将操作方式固定在 T1 方式。在 T1 方式，将示教器有效开关置于 OFF 时，机器人停止，显示错误消息。要解除错误，将示教器有效开关置于 ON，按下 RESET（报警解除）键。

2）T2（100%）测试方式 2。T2 方式是对所创建的程序进行确认的一种方式。在 T1 方式下，由于速度受到限制，不能对原有的机器人轨迹、正确的循环时间进行确认。T2 方式下速度基本上不受限制，所以可通过在生产时的速度下操作机器人来对轨迹和循环时间进行确认。开关处在 T2 方式的位置时，通过拔下钥匙即可将操作方式固定在 T2 方式。在 T2 方式，将示教器有效开关置于 OFF 时，机器人停止，显示错误消息。要解除错误，将示教器有效开关置于 ON，按下 RESET（报警解除）键。

3）AUTO 自动方式。AUTO 自动方式是在生产时所使用的一种方式。机器人的速度可以在最高速度下使机器人动作。在 AUTO 自动方式下，可以从外部装置、操作面板执行程序。开关处在 AUTO 方式的位置时，不能通过示教器来执行程序。开关处在 AUTO 自动方式的位置时，通过拔下钥匙即可将操作方式固定在 AUTO 自动方式。在 AUTO 自动方式，将示教器有效开关置于 ON 时，机器人停止，显示错误消息。要解除错误，将示教器有效开关置于 OFF，按下 RESET（报警解除）键。

3. 机器人的点动进给

点动，是通过按下示教器上的按键来操作机器人的一种进给方式。在程序中对动作语句进行示教时，需要将机器人移动到目标位置。

（1）确定点动进给的要素有速度倍率和手动进给坐标系两种。

1）速度倍率，机器人运动的速度（JOG 的速度）。

2）手动进给坐标系，机器人运动的坐标系（JOG 的种类）。

（2）速度倍率。速度倍率是确定点动速度的要素。以相对点动进给机器人时的最大速度的百分比（%）来表示。当前的速度倍率，显示在示教器的画面右上角。通过按下倍率键，就可变更倍率值。

（3）点动速度。点动速度，表示点动进给时的机器人运动的速度。点动速度可以通过变量求出，点动速度计算如图 5-1 所示。计算的值超出 T1 方式、T2 方式下的速度限制 250mm/sec 时，速度被钳制在计算值上。

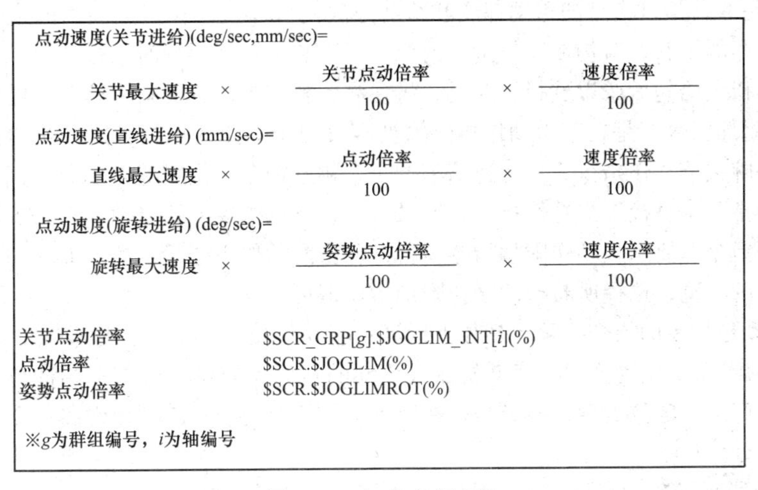

图 5-1　点动速度计算

（4）手动进给坐标系（点动的类型）。手动进给坐标系，确定在进行点动进给时机器人如何运动。

1）关节点动（JOINT 手动关节）。关节点动使各自的轴沿着关节坐标系独立运动。

2）直角点动（*XYZ* 手动直角）。直角点动，使机器人的工具中心点沿着用户坐标系或者点动坐标系的 *X*、*Y*、*Z* 轴运动。此外，使机器人的工具绕着世界坐标系旋转，或者绕着用户坐标系、或点动坐标系的 *X*、*Y*、*Z* 轴旋转。

3）工具点动（TOOL 手动工具）。工具点动，使工具中心点沿着机器人的手腕部分中所定义的工具坐标系的 *X*、*Y*、*Z* 轴运动。此外，工具点动还使工具围绕工具坐标系的 *X*、*Y*、*Z* 轴回转。

（5）切换手动进给坐标系。当前所选的手动进给坐标系（点动的种类），显示在示教器的状态窗口。按下 COORD（手动进给坐标系）键，在画面右上方显示反相显示的弹出菜单，以便引起用户注意。按下示教器上的 COORD 键，即可循环切换手动进给坐标系。循环切换手动进给坐标系的循环顺序是关节→手动→世界→工具→用户→关节。在按住 SHIFT 键的同时按下 COORD 键时，画面下部显示用来切换手动进给坐标系的图标菜单。也可通过选择所显示的图标来切换手动进给坐标系。

4. 创建和修改程序

创建和修改程序的流程如图 5-2 所示。

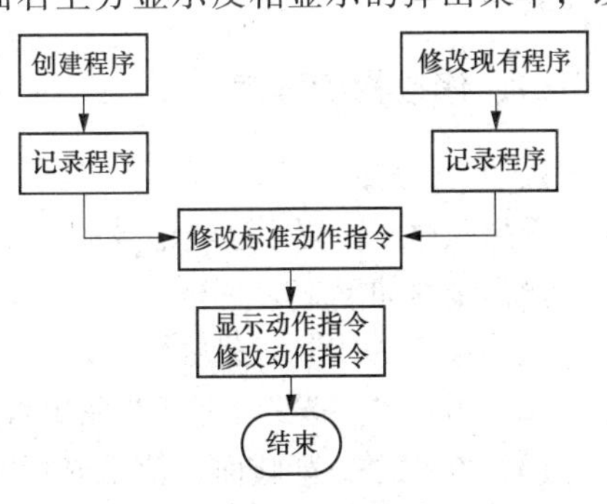

图 5-2　创建和修改程序的流程

（1）创建新程序。

（2）记录程序。输入程序名称和详细信息，记录程序，程序名由36个字符以下的英文数字、记号等构成，必须与其他程序区分开来。

（3）修改标准指令语句。修改标准指令语句时，重新设定动作指令的示教时要使用的标准指令，便于后续程序创建语句的输入。动作指令语句，需要设定动作类型、移动速度、定位类型等许多条目，而若将经常使用的动作指令作为标准动作指令预先登录起来则会带来方便。

（4）示教动作指令。示教动作指令时，对动作指令和动作附加指令进行示教。

1）动作指令，是以指定的移动速度和移动方法使机器人向作业空间内的指定位置移动的指令。动作指令的示教，对构成动作指令的指令要素和位置资料同时进行示教。要示教动作指令，创建标准指令语句后予以选择。此时，将现在位置作为位置资料存储在位置变量中。

2）动作附加指令，是在基于动作指令的机器人动作中使其执行特定作业的指令。动作附加指令包括手腕关节动作指令、加减速倍率指令、跳过指令、位置补偿指令、直接位置补偿指令、工具补偿指令、直接工具补偿指令、增量指令、路径指令、软浮动、非同步附加速度和同步附加速度等指令。要示教动作附加指令，将光标指向动作指令后，按下F4（选择），显示出动作附加指令的一览，选择所希望的动作附加指令即可。

3）构成动作指令的指令要素包括如下内容：①动作类型，朝向目标准点的移动轨迹（关节、直线、圆弧）；②位置变量，存储机器人移动的目标点的位置资料；③移动速度，指定机器人移动的速度；④定位类型，指定是否在所指定的位置定位；⑤动作附加指令，指定与动作一起执行的指令。

（5）示教控制指令。控制指令，是除了动作指令外对在机器人上所使用的程序指令的总称。控制指令包括码垛指令、寄存器指令、位置寄存器指令、I/O（输入/输出）指令、转移指令、等待指令、跳过条指令、负载设定指令、位置补偿条件指令、工具补偿条件指令、坐标系指令、程序控制指令、其他指令、多轴控制指令、动作群组指令、FORJENDFOR指令、诊断指令、宏程序指令等。示教控制指令时，对码垛堆积指令等的控制指令进行示教。

5. TP示教器启动禁止

机器人控制装置，虽然具有可在编辑程序的同时马上执行的优点，但是可通过“TP启动禁止”功能来禁止程序编辑中启动程序。

选择辅助菜单“禁止前进后退”时，就不能通过示教器（TP）来启动程序。此时，画面的最右上部，反相显示表示禁止状态的“禁”。

要解除禁止状态时，再次选择辅助菜单“禁止前进后退”。此时画面最右上方的“禁”显示消失，在倍率高于系统变量SCLFWDENBLOVRD的设定值时，降到该设定值（标准值的10%）。

二、修改指令程序

1. 选择程序

选择程序时，调用已经记录的程序，指定进行编辑、修改、执行的对象的程序。

操作步骤如下。

（1）按下MENU（菜单）键。

（2）选择“一览”。上述步骤也可通过按下SELECT键来进行选择。出现程序一览画面。

（3）在程序一览画面，使用光标移动↓、↑键，将光标指向希望修改的程序名称，按下ENTER键。出现所选的程序编辑画面。

2. 修改动作指令

修改动作指令时，改变动作指令的指令要素。或者修改所示教的位置资料。

（1）修改位置资料。修改位置资料时，在按住 SHIFT 键的同时按下 F5（TOUCHUP），将现在位置作为新的位置资料记录在位置变量中。操作步骤如下。

1）将光标指向希望修改的动作指令所显示行的行号码。

2）将机器人 JOG 进给到新的位置，按住 SHIFT 键的同时按下 F5（TOUCHUP）。记录新的位置。

3）对附加有增量指令的动作指令，比如“LP［3］100% FINE INC”，在对位置资料重新进行示教的情况下，删除增量指令。

4）在已通过位置寄存器对置变量进行了示教的情况下，通过修改位置来修改位置寄存器的位置资料。

（2）位置详细数据。可以在位置详细数据画面上直接改变位置资料的坐标值和形态。操作步骤如下。

1）显示位置详细数据时，将光标指向位置变量，按下 F5（位置）。出现位置详细数据画面。

2）更改位置时，将光标指向各坐标值，输入新的数值。

3）更改形态时，按下 F3（形态），将光标指向形态，使用光标移动↓、↑键，输入新的形态值。

4）更改坐标系时，按下 F5（形式），选择要更改的坐标系。

5）完成位置详细数据的更改后，按下 F4（完成）。

（3）修改动作指令。操作步骤如下。

1）将光标指向希望修改的动作指令的指令要素。

2）按下 F4（选择），将指令要素的选择项一览显示于辅助菜单，选择希望更改的条目。

3）将动作类型从直线动作更改为关节动作，修改指令动作类型如图 5-3 所示。将光标指向指令的类型“直线 L”，按下 F4（选择），指令要素的选择项显示辅助菜单，在菜单选项中选择“1 关节”，指令类型变更为“J 关节运动”。

4）更改位置变量如图 5-4 所示。将光标指向指令的位置处，按下 F4（选择），指令要素的选择项显示辅助菜单，根据需要可以选择“位置变量 P”或“位置寄存器变量 PR”，选择位置寄存器后，可以进一步输入位置寄存器的编号。

动作文 修正　　关节 30%
1　关节　　5
2　直线　　6
3　圆弧　　7
4　　　　　8
Sample1
5/6
5:　L　P[5]　500cm/min　CNT30
[End]
请选择项目
[选择]

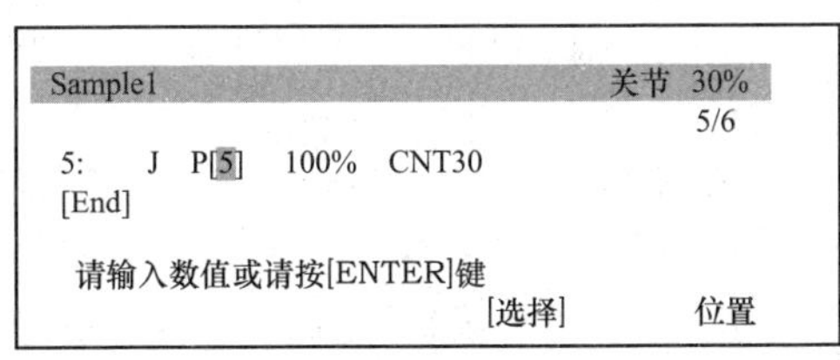

图 5-3　修改指令动作类型

动作文 修正　　关节 30%
1　P[ ]　　5
2　PR[ ]　　6
3　　　　　7
4　　　　　8
Sample1
5/6
5:　J　P[5]　100%　CNT30
[End]
请选择项目
[选择]

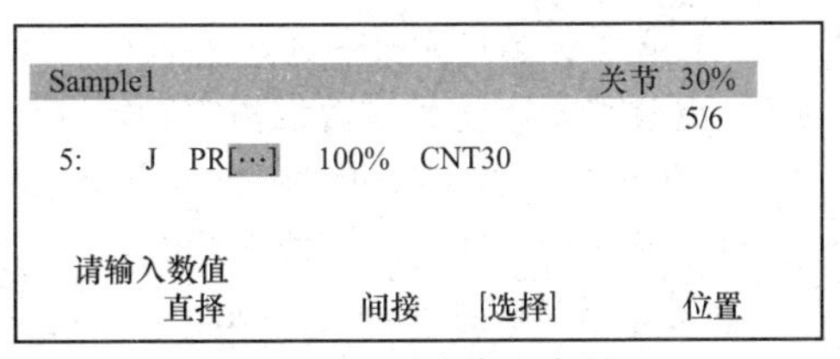

图 5-4　更改位置变量

5）更改速度值如图5-5所示。将光标指向指令速度值，直接输入新的速度值即可。

6）更改速度单位如图5-6所示。将光标指向指令的速度单位的位置处，按下F4（选择），指令要素的速度单位选择项显示辅助菜单，根据需要可以选择各种速度单位。

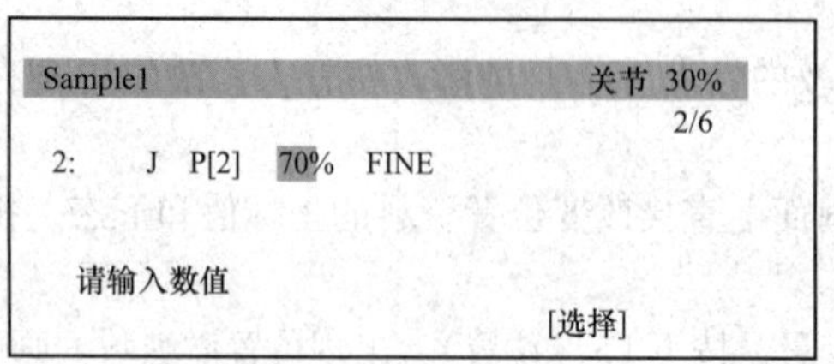

图5-5 更改速度值

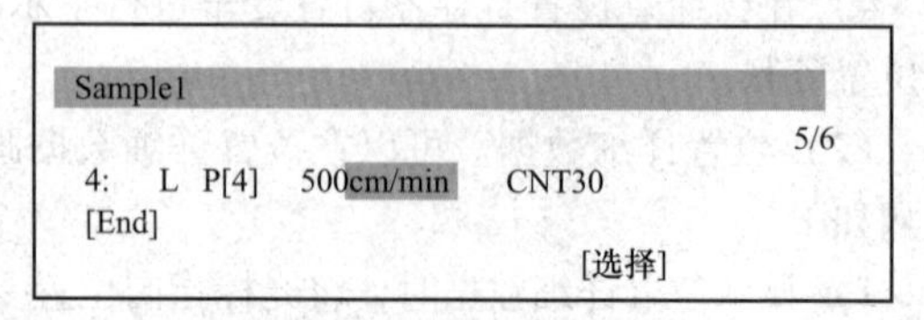

图5-6 更改速度单位

7）更改定位类型如图5-7所示。将光标指向指令的定位类型的位置处，按下F4（选择），指令要素的定位类型选择项显示辅助菜单，根据需要可以选择各种FINE或CNT。

（4）追加或删除动作附加指令。操作步骤如下。

1）将光标指向动作附加指令。按下F4（选择），在子菜单中显示指令要素的选项一览。

2）追加位置补偿指令（Offset）如图5-8所示。

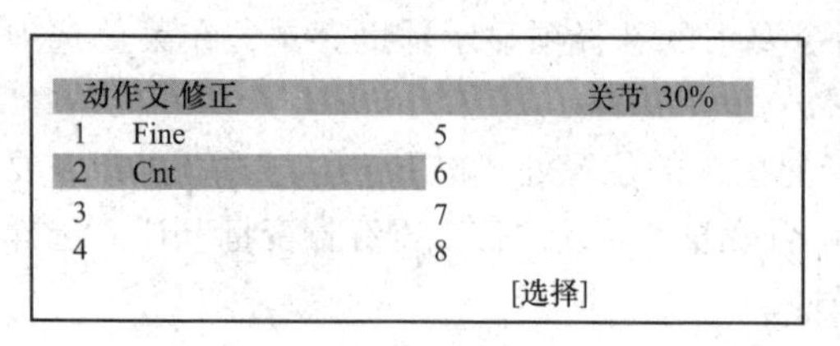

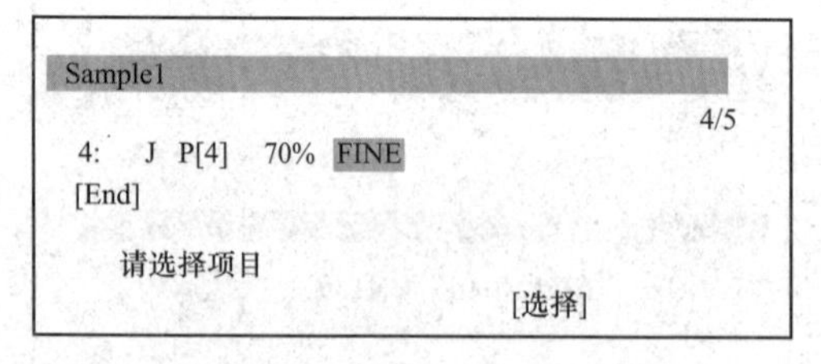

图5-7 更改定位类型

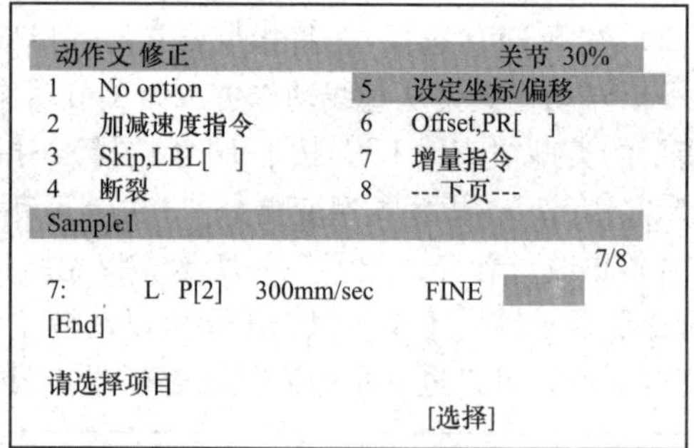

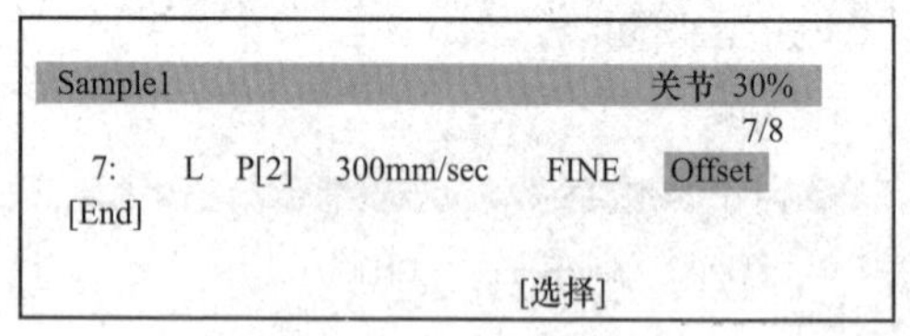

图5-8 追加位置补偿指令

3）删除Offset（偏移）指令如图5-9所示。将光标指向“Offset”，按下F4（选择），在子菜单中显示指令要素的选项一览。选择No option（无选项）时，Offset指令即被删除。

（5）更改移动速度（在数值指定和寄存器指定之间）。

1）将动作指令的移动速度从数值指定更改为寄存器指定如图5-10所示。操作步骤如下：

a. 将光标移动到速度值。按下功能键F1（寄存器）。

b. 输入寄存器号码（如2）。间接指定的情况下按下F3（间接）；返回的情况下按下F2（直接）。

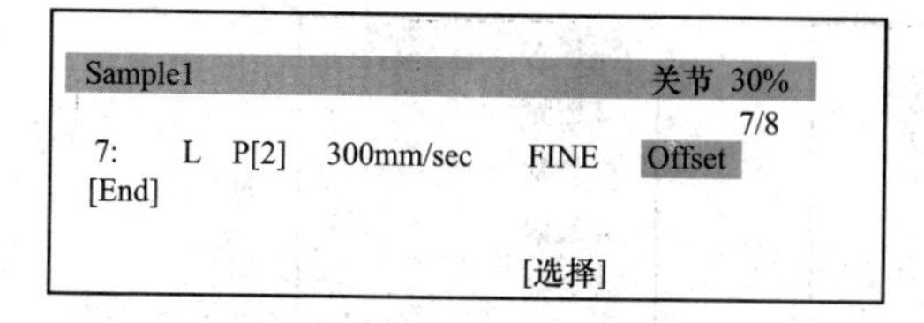

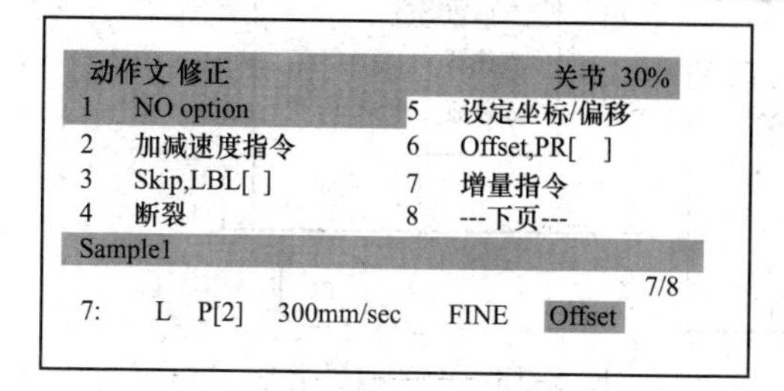

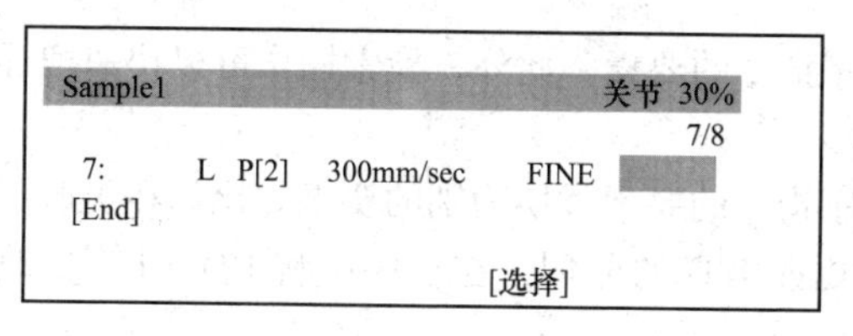

图 5-9 删除 Offset（偏移）指令

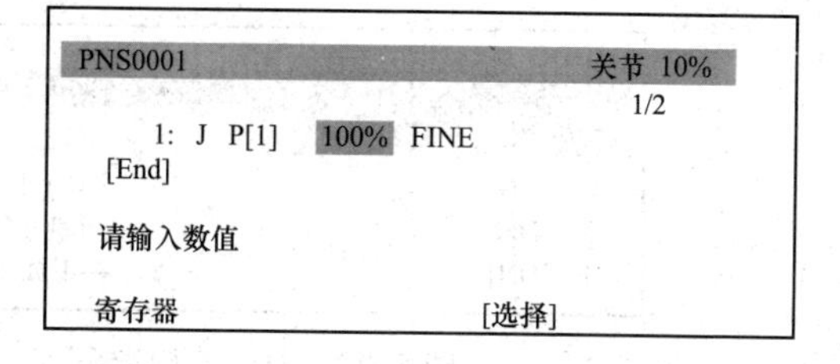

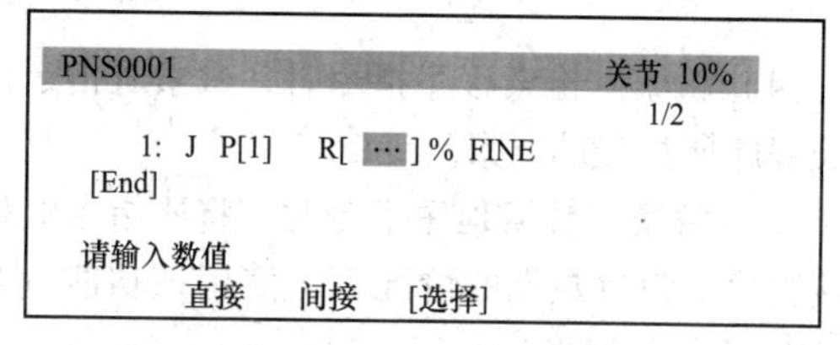

图 5-10 将移动速度从数值指定更改为寄存器指定

2）将动作指令的移动速度从寄存器指定更改为数值指定如图 5-11 所示。操作步骤如下：

a. 将光标移动到速度值。按下功能键 F1（速度）。

b. 输入速度值（如 20）。

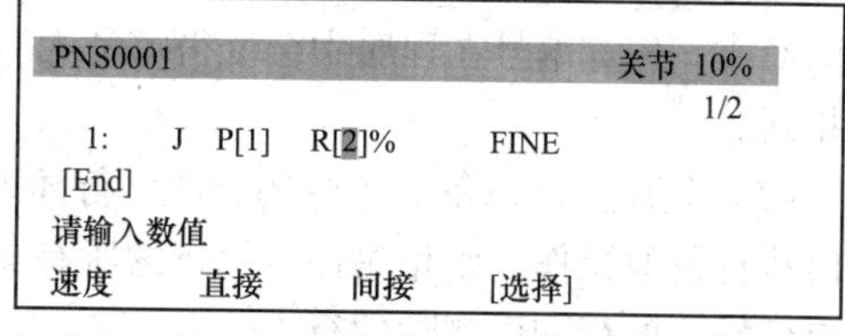

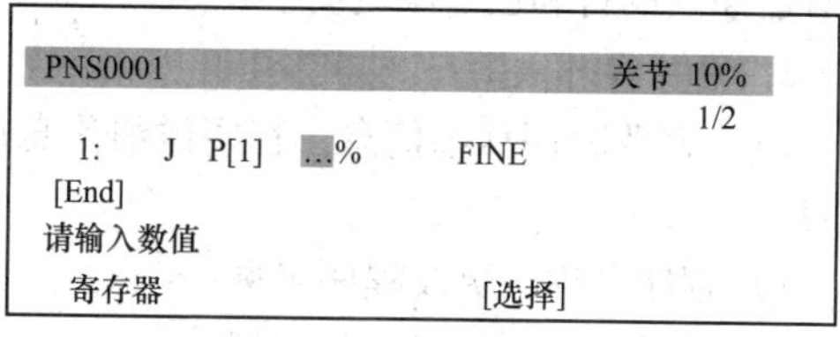

图 5-11 将移动速度从寄存器指定更改为数值指定

3. 修改控制指令

修改控制指令时，就控制指令的句法、要素、变量分别进行更改。

如修改等待指令如图 5-12 所示。

将光标指向指令要素。

按下 F4（选择），显示选择的指令一览，选择希望更改的条目。

4. 程序编辑指令

程序编辑指令，有插入、删除、复制、检索、替换等。

程序编辑指令如图 5-13 所示。通过按下 F5（编辑），显示编辑指令的一览后予以选择。

（1）插入。空白行的插入，将所指定数的空白行插入到现有的程序语句之间。插入空白行后，重新赋予行号码。

（2）删除。删除程序语句时，将所指定范围的程序语句从程序中删除。剔除程序语句后，重新赋予行号码。

（3）复制。程序语句的复制，先复制一连串的程序语句集，然后插入到程序中别的位置。复制程序语句时，选择复制来源的程序语句范围，将其记录到存储器中。被读出的程序语句可以多次插入到别的位置。

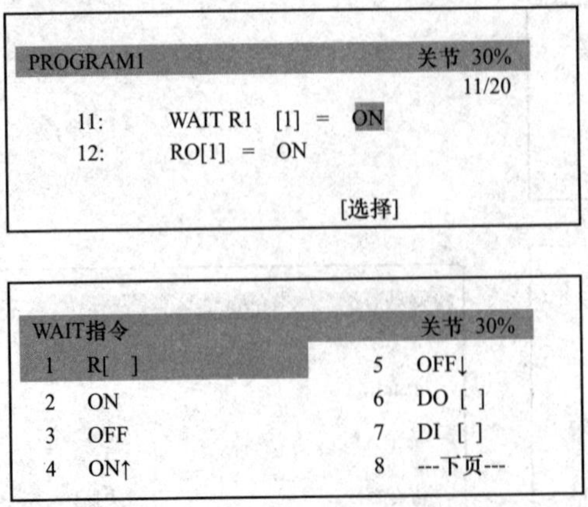

PROGRAM1
关节 30%
11/20
11: WAIT R1 [1] = ON
12: RO[1] = ON
[选择]
WAIT指令
关节 30%
1 R[ ]
2 ON
3 OFF
4 ON↑
5 OFF↓
6 DO [ ]
7 DI [ ]
8 ---下页---

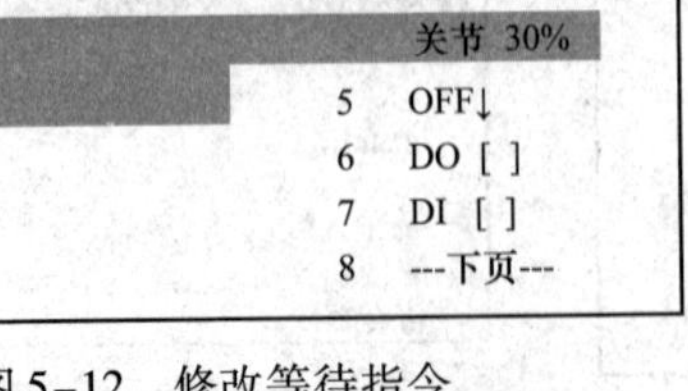

图 5-12 修改等待指令

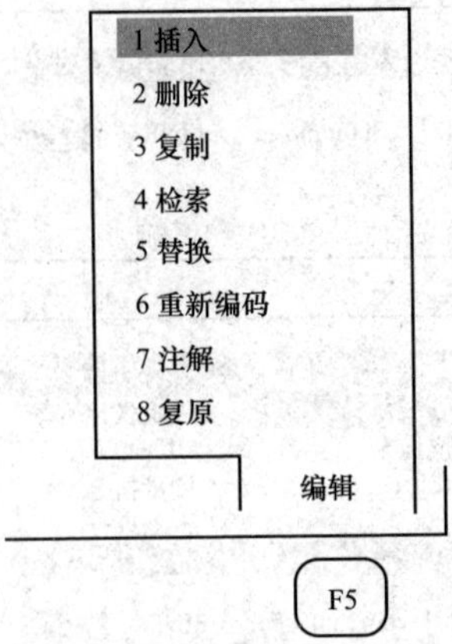

1 插入
2 删除
3 复制
4 检索
5 替换
6 重新编码
7 注解
8 复原
编辑
F5

图 5-13 程序编辑指令

（4）检索。检索程序指令时，检索所指定程序指令的要素。此外，检索操作可以快速搜寻较长程序所指定的要素。

（5）替换。替换程序指令时，将所指定的程序指令的要素替换为别的要素。比如在更改了影响程序的设置数据的情况下，使用该功能（如更改 I/O 的分配，在程序中将 DO［1］更改为 DO［2］的情形）。

（6）变更编号。重新赋予位置编号时，自上而下以升序重新赋予程序中的位置编号。位置编号在每次对动作指令进行示教时，都与程序的位置无关地被累加上去。通过反复执行插入和删除操作，位置编号在程序中会变得零乱无序。通过重新赋予编号，即可使位置编号在程序依序排列。

（7）复原。可以复原指令的更改、行插入、行删除等程序编辑操作。若在编辑程序的某一行时执行复原操作，则相对该行执行的所有操作全都复原。此外，在行插入和行删除中，复原所有已插入的行和已删除的行。

5. 程序操作

（1）修改程序详细信息。程序详细信息的修改，在程序详细画面上进行。可以设定如下条目。

1）程序名称，更改程序名称。

2）子类型，更改程序子类型。

3）注解，更改程序的注解。

4）组掩码，指定在程序中进行控制的组掩码，也可进行没有组掩码的设定。

5）写保护，禁止对程序进行修改。

6）暂停忽略，相对没有动作群组的程序，设定为不会因报警重要程度为 SERVO 以下的报警、急停、HOLD（保持）而中断程序的执行。

7）堆栈大小，对调用程序时所使用的存储器容量进行指定。

8）在程序详细画面上显示如下条目：①创建日期；②修改日期；③复制来源的文件名；④位置变量的有效/无效；⑤程序的存储器容量。

（2）删除程序。可以删除不需要的程序。操作步骤如下。

1）按下 MENU（菜单）键，显示出画面菜单。

2）选择“一览”，出现程序一览画面。上述步骤也可通过按下 SELECT 键来进行选择。

3）将光标指向希望删除的程序，按下 F3（删除）。

4）选择 F4（是）。所指定的程序即被删除。

（3）复制程序。可以以相同内容复制具有不同名称的程序。操作步骤如下。

1）按下 MENU（菜单）键，显示出画面菜单。

2）选择“一览”。出现程序一览画面。上述步骤也可通过按下 SELECT 键来进行选择。

3）按下一页上的 F1（复制），出现程序复制画面。

4）输入复制目的地的程序名称，并按下 ENTER 键。

5）选择 F4（是）。

6）复制程序，并创建 PROGRAM1（程序 1）。

（4）显示程序属性。可以在一览画面上显示如下程序详细消息。

1）注释，像是详细信息的注解。

2）保护，显示详细信息内的写保护。

3）改修日期，显示详细信息内已修改的日期。

4）容量，显示程序的行数和存储器容量。

5）复制来源，显示详细信息内的复制来源的文件名。

6）程序名称，只显示程序名。

6. 特异点检查功能

机器人的位置位于特异点附近的情况下，若以直角坐标类型的位置资料进行动作语句的示教或者位置修改，在执行该动作指令时，机器人会以与所示教时的姿势不同的姿势动作。

特异点检查功能，在进行位置示教的阶段检查示教位置是否为特异点，通过用户的选择，以关节类型来对该位置进行示教。

要启用本功能，将系统变量 $ MNSING_CHK 设定为 TRUE（有效）。

机器人处在特异点时，在通过 SHIFT 键+“点”键来对动作语句进行示教和通过 SHIFT 键+TOUCHUP 键进行位置修改的情况下，对示教位置是否为特异点进行检查。该检查在下列条件都具备的情况下进行。

（1）记录的位置类型为直角类型。

（2）附加指令中没有附加增量指令、位置补偿指令、工具补偿指令。

（3）位置资料的 UF（用户坐标系号码）为“0”。

7. 自动位置号码变更功能

自动位置号码变更功能，在程序编辑中进行如下操作时，进行位置号码的自动变更。

（1）利用 SHIFT 键+“点”键重新示教动作语句的情况。

（2）利用 SHIFT 键+TOUCHIJP 键进行位置修正的情形删除包含有位置号码的行时。

（3）复制/粘贴了包含有位置号码的行时。

注意：标准设定下本功能无效。要使得其有效，需将系统变量 $ POS_EDIT. $ AUTO_RENUM2 设定为 TRUE。

8. 程序名称固定功能

程序名称固定功能，对可创建的程序名称进行限制的一种功能，使得只能创建以事先登录的单词开始的程序。

程序名称的登录单词，以在系统设定画面上登录。要创建除此以外名称的程序时，会发生“TPIF-038 程序名称含不正确的文字”的错误。

标准设定下本功能无效。

要使得其有效，将系统变量 $ PGINP_PGCHK 设定为 1（标准值：0）。

9. 程序过滤器一览显示

程序一览画面上显示的程序进行过滤的一种功能。使得只能显示以事先登录的单词开始的程序。

标准设定下本功能无效。要使得其有效，将系统变量 $ PGINP_FLTR 设定为 1 或者 2（标准值：0）。

三、程序管理

1. 程序的停止和恢复

程序的停止，即时停止执行中的程序。

程序停止的原因，有程序执行中因发生报警而偶然停止和人为停止（包括报警的发生）之分。

（1）动作中的机器人停止时的减速方法有如下两种。

1）瞬时停止：机器人迅速减速后停止。

2）减速后停止：机器人慢慢减速后停止。

（2）程序的停止状态有如下两种。

1）强制结束（结束）：显示程序的执行已经结束的状态。示教器画面上显示“结束”。

在子程序执行过程中强制结束主程序时，返回主程序的信息丢失。

2）暂停（中断）：表示程序的执行被暂时中断的状态。示教器画面上显示“暂停”。

（3）再启动。通过再启动操作，可继续执行被中断的程序。在通过程序调用指令被调用的子程序中暂停而再启动时，也可以返回到主程序。

（4）人为停止程序。希望在程序的其他行启动或者启动其他程序时，强制结束程序，解除暂停状态。人为停止程序的方法有如下几种，其中 1）~3）可中断程序的执行，4）可强制结束程序的执行。

1）按下示教器、操作面板的急停按钮、安全开关。

2）外围设备 I/O 的 * IMSTP 输入。

3）示教器的 HOLD 按钮。外围设备 I/O 的 * HOLD 输入。

4）示教器的辅助菜单“1 程序结束”。外围设备 I/O 的 * CSTOPI 输入。

2. 通过急停操作来停止和恢复程序

通过按下操作面板或示教器的急停按钮，机器人都会急停。此时，发生急停报警。

（1）急停的方法。按下示教器或操作面板上的急停按钮。执行中的程序即被中断，示教器上显示“暂停”。急停按钮被锁定，成为被按住的状态。示教器的画面上出现急停报警的显示。FAULT（报警）指示灯点亮。

（2）恢复方法。

1）排除导致急停按钮的原因（包含程序的修改）。

2）向右边旋转急停按钮，解除按钮的锁定。

3）按下示教器（或操作面板）的 RESET（报警解除）键（按钮）。示教器画面上的报警显示消失。FAULT 指示灯熄灭。

3. 通过 HOLD 键来停止和恢复程序的方法

按下示教器上的 HOLD（保持）键，机器人减速后停止。按下 HOLD 时系统执行如下处理：①减速后停止机器人的动作，中断程序的执行；②可以设定为在发出报警后断开伺服电源；③可通过一般事项设定画面的“6 设置．常规”进行该设定。

（1）保持的方法。按下示教器的 HOLD（保持）键。执行中的程序即被中断，示教器上显示“暂停”消息。暂停报警有效的情况下，进行报警显示。

（2）恢复方法。再次启动程序，暂停即被解除。

（3）强制结束程序。希望解除暂停状态后进入强制结束状态时，按下 FCTN（辅助）键，显示辅助功能菜单。选择“程序结束”。强制结束程序，解除暂停状态。

4. 通过报警来停止程序

报警在程序的示教或再生中检测某种异常，或从外围设备输入急停信号和其他报警信号时发生。

发生报警时，示教器上显示报警内容，为了确保安全，停止机器人的动作程序的执行等处理。

（1）报警的显示。报警的显示，可通过示教器和操作面板的报警 LED 的点亮、画面第 1 行和第 2 行上的显示予以确认。

（2）报警的种类。报警的种类，通过报警代码来识别。可通过报警代码来确认报警的发生原因和对应办法。

（3）解除报警。针对某一报警，在排除报警发生的原因，按下 RESET 键，解除报警。示教器显示屏上的第 1 行和第 2 行上所显示的报警消失，伺服电源被断开时，将由此而接通。通过解除报警，通常情况下可进入动作允许状态。

（4）暂停报警。暂停报警功能，是因 HOLD（保持）按钮操作引起的暂停而发出报警并切断伺服电源的一种功能。可在一般事项设定画面“6 设置．常规”进行该设定。

（5）报警重要程度。报警重要程度表示报警的程度。根据报警重要程度，是否执行程序执行，是否停止机器人的动作，以及是否断开伺服电源的处理有所不同。报警重要程度见表 5-1。

表 5-1　　**报警重要程度**

表示	程序	机器人动作	伺服电源	范围
NONE	不停止	不停止	不断开	无
WARN	不停止	不停止	不断开	无
PAUSE. L	暂停	减速后停止	不断开	局部
PAUSE. G	暂停	减速后停止	不断开	整体
STOP. L	暂停	减速后停止	不断开	局部
STOP. G	暂停	减速后停止	不断开	整体
SERVO	暂停	瞬时停止	断开	整体
ABORT. L	强制结束	减速后停止	不断开	局部
ABORT. G	强制结束	减速后停止	不断开	整体
SERVO2	强制结束	瞬时停止	断开	整体
SYSTEM	强制结束	瞬时停止	断开	整体

其中，局部指只适用于发生报警的程序；整体指适用于全部程序。报警重要程度说明见表 5-2。

表 5-2　　**报警重要程度说明**

报警重要程度	说明
WARN	WARN 报警，警告操作者比较轻微的或非紧要的问题。 WARN 报警对机器人的操作，没有直接影响。示教器和操作面板的 LED 不会点亮
PAUSE	PAUSE 报警，中断程序的执行，在完成动作后使机器人的动作停止。再启动程序之前。需要采用针对报警相应对策

续表

报警重要程度	说明
STOP	STOP 报警，中断程序的执行，使机器人的动作在减速后停止。再启动程序之前，需要采取针对报警相应对策
SERVO	SERVO 报警，中断或者强制结束程序的执行，在断开伺服电源后，使机器人的动作瞬时停止。SERVO 报警，通常大多是由于硬件异常而引起的
ABORT	ABORT 报警，强制结束程序的执行，使机器人的动作在减速后停止
SYSTEM	SYSTEM 报警，通常是发生在与系统相关的重大问题时引起的。 SYSTEM 报警使机器人的所有操作都停止。在解决所发生的问题后，重新通电

四、测试运行程序

选择程序，执行程序指令，再现所示教的程序。

1. 启动程序

为了确保安全，启动程序时，只能从具有程序启动权限的装置进行。

启动权限切换如图 5-14 所示。

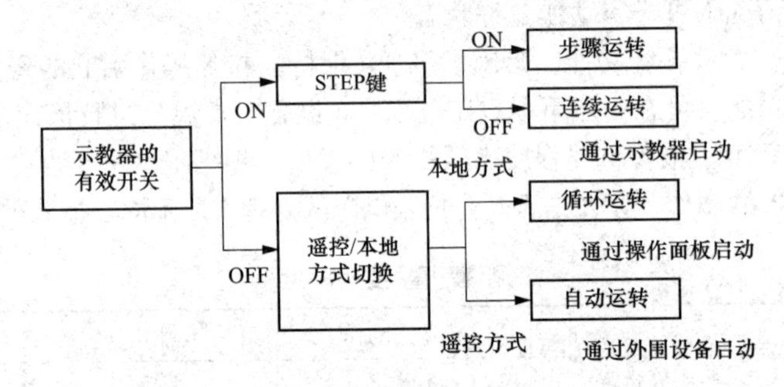

图 5-14　启动权限切换

启动程序有如下 3 种方法。

（1）通过示教器，SHIFT 键+FWD（前进）或 BWD（后退）键。

（2）按下操作面板的启动按钮。

（3）外围设备（RSR1～8 输入、PROD_START 输入、START 输入）。

2. 机器人的动作

机器人按照程序中所指定的动作指令如实地动作。

确定机器人动作的要素有速度倍率和坐标系两个。速度倍率，机器人运动的速度（执行速度）；坐标系，机器人运动的作业空间。

（1）速度倍率。速度倍率确定执行速度。速度倍率以相对程序中所指定的机器人移动速度（程序速度）的比率来表示。当前的速度倍率，显示在示教器的画面右上角。通过按下速度倍率键，就可变更倍率值；也可通过指令设置。

速度倍率，在程序执行中只能上升到 $SCR. $RUNOVLIM 中指定的上限值。此外，以超过上限值的速度倍率执行程序时，速度倍率下降到上限值。

速度倍率为 100%，表示机器人以在该设定下可运动的最大速度动作。可根据加工单元的状态、机器人动作种类，或者用户的熟练程度确定速度倍率。在习惯机器人操作之前，应在较低的速度倍率进行操作。

执行速度表示再现时的机器人的运动速度。执行速度可通过变量求出，执行速度计算如图 5-15 所示。

执行速度(关节动作)　(deg/sec,mm/sec)=

$$\text{关节最大速度}\times\frac{\text{编程速度}}{100}\times\frac{\text{速度倍率}}{100}$$

执行速度(直线动作)　(mm/sec)=

$$\text{编程速度}\times\frac{\text{速度倍率}}{100}$$

执行速度(旋转动作)　(deg/sec)=

$$\text{编程速度}\times\frac{\text{速度倍率}}{100}$$

图 5-15　执行速度计算

（2）坐标系。通常选用直角坐标系，观察机器人的运动，比较直观。直角坐标系的核实，对再现基于直角坐标值的位置资料时使用哪个坐标系号码的直角坐标系进行检测。指定的坐标系编号与现在所选的坐标系编号不同时，操作无法执行。坐标系号码在位置示教时被写入位置资料。要更改已被写入的坐标系号码，可使用工具更换功能/坐标系更换功能。

1）工具坐标系号码（UT）。工具坐标系号码，由机械接口坐标系或工具坐标系的坐标系号码来指定。工具侧的坐标系由此而确定。0 表示使用机械接口坐标系；1 ~ 9 表示使用所指定的工具坐标系号码的工具坐标系；F 表示使用当前所选的工具坐标系号码的坐标系。

2）用户坐标系号码（UF）。用户坐标系号码，由世界坐标系或用户坐标系的坐标系号码来指定。作业空间上的坐标系由此而确定。0 表示使用世界坐标系。1 ~ 9 表示使用所指定的用户坐标系号码的用户坐标系。F 表示使用当前所洗的用户坐标系号码的坐标系。

3. 从暂停状态启动程序

从暂停状态再启动程序时，可以继续执行当前中断中的程序。暂停状态下，由于存储有中断前的状态，可以执行以下操作：① 返回到由程序调用指令调用的主程序；②再现圆弧动作的轨迹；③再现 C 圆弧动作的轨迹。

（1）解除暂停状态。发生以下情况时，解除暂停状态：①选择辅助菜单“1 程序结束”；②启动权限的切换；③示教器有效时创建别的程序；④示教器有效时选择别的程序。

（2）暂停状态下的光标移动。

1）将光标移动到希望再启动程序的行。

2）启动程序。系统将提问操作者“确定要从这个位置开始执行吗?”。

3）从移动后的光标行启动程序时，选择“是”。移动后的光标行即成为当前行。

4）从移动前的光标行启动程序时，选择“不是”光标返回原来的光标行。

4. 测试运转

测试运转，就是在将机器人设置到现场生产线执行自动运转之前，单体确认其动作。程序的测试，对于确保作业人员和外围设备的安全十分重要。

测试运转有逐步测试运转和连续测试运转两种方法。逐步测试运转通过示教器，逐行执行程序；连续测试运转，通过示教器或操作面板，从当前行执行程序直到结束（程序末尾记号或程序结束指令）。

要通过示教器来执行测试运转，示教器必须处在有效状态。要设定为该状态，示教器的有效开关必须接通。

要通过操作面板/操作箱来执行侧试运转，操作面板必须处在有效状态。要设定为该状态，示教器的有效开关必须断开，且系统必须处于本地方式。

典型的测试步骤如下。

（1）将机床锁住置于 ON，通过示教器来执行步骤运转，确认程序指令和 I/O。

（2）通过示教器来执行步骤运转，确认机器人的动作、程序指令和 I/O。

（3）通过示教器低速执行连续运转。

（4）通过操作面板高速执行连续运转，确认机器人的位置和动作时机。

5. 逐步测试运转

逐步测试运转（步骤运转），逐行执行当前行的程序语句。结束 1 行的执行后，程序暂停。执行逻辑指令后，当前行与光标一起移动到下一行，执行动作指令后，光标停止在执行完成后的行。

（1）设定步骤运转方式（单步）。要设定步骤运转方式，通过示教器的 STEP（步骤）键进行切换。处在步骤运转方式时，示教器的 STEP LED 点亮。连续运转时，STEP LED 熄灭。

（2）前进执行。前进执行，顺向执行程序。基于前进执行的启动，通过按住示教器上的 SHIFT 键的同时按下 FWD 键后松开来执行。

（3）后退执行。后退执行，逆向执行程序。基于后退执行的启动，通过按住示教器上的 SHIFT 键的同时按下 BWD 键后松开来执行。

6. 连续测试运转

连续测试运转，从程序的当前行到程序的末尾（程序末尾记号或程序结束指令），顺向执行程序。不能通过后退执行来进行连续测试运转。连续测试运转，可通过示教器或操作面板启动。

利用示教器执行连续测试运转时，按住示教器上的 SHIFT 键的同时按下 FWD 键后松开。程序从当前行开始执行。

利用操作面板/操作箱执行连续测试运转（循环运转）时，按下操作面板/操作箱的启动按钮后松开，程序从当前行开始执行。

连续测试运转（从示教器启动）的操作步骤如下。

（1）按下 SELECT 键。出现程序一览画面。

（2）选择希望测试的程序，按下 ENTER（输入）键。出现程序编辑画面。选定连续运转方式。

（3）确认 STEP 指示灯尚未点亮（STEP 指示灯已经点亮时，按下 STEP 键，使 STEP 指示灯熄灭）。

（4）将光标移动到希望开始的行。

（5）按下安全开关，将示教器的有效开关置于 ON。

（6）在按住 SHIFT 键的状态下，按下 FWD（前进）键后松开。在程序的执行结束之前，持续按住 SHIFT 键。松开 SHIFT 键时，程序在执行的中途暂停。

（7）程序执行到程序的末尾后强制结束。光标返回到程序的第 1 行。

7. 程序确认/监控

执行程序时，示教器的画面成为显示程序执行状态的监控画面。监控画面上，光标随动于程序执行而移动，成为不能编辑的状态。

程序监控画面如图 5-16 所示。

按下 F2（确认）键，切换到程序确认画面，停止正在执行中的程序的光标移动（程序执行照样进行），按下光标的上下移动键，即可确认执行以外的部分。

程序确认画面如图 5-17 所示。

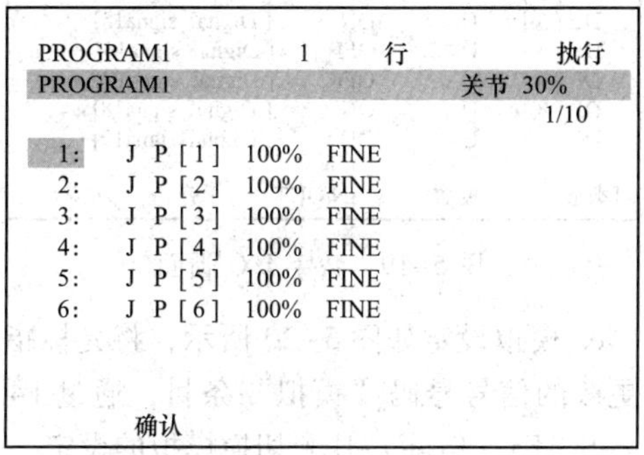

```
PROGRAM1        1     行           执行
PROGRAM1                   关节 30%
                                1/10
 1:    J P[1]  100%  FINE
 2:    J P[2]  100%  FINE
 3:    J P[3]  100%  FINE
 4:    J P[4]  100%  FINE
 5:    J P[5]  100%  FINE
 6:    J P[6]  100%  FINE

     确认
```

图 5-16　程序监控画面

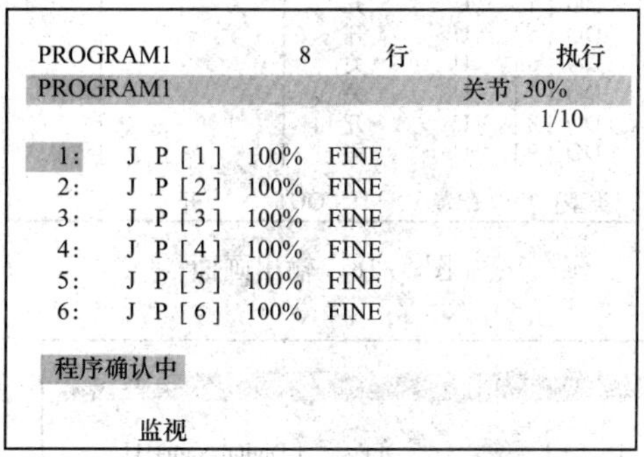

```
PROGRAM1        8     行           执行
PROGRAM1                   关节 30%
                                1/10
 1:    J P[1]  100%  FINE
 2:    J P[2]  100%  FINE
 3:    J P[3]  100%  FINE
 4:    J P[4]  100%  FINE
 5:    J P[5]  100%  FINE
 6:    J P[6]  100%  FINE

程序确认中

     监视
```

图 5-17　程序确认画面

程序确认中，在提示行反相显示表示正在确认程序的消息“程序确认中”。要返回监控器画面，按下 F2（监视）。返回监控画面时，光标显示该时刻正在执行的部分。

确认中程序执行暂停或已结束时，退出确认画面，返回程序编辑画面。

8. I/O 的手动控制

I/O 的手动控制是指强制输出、模拟输出和模拟输入、等待解除等。

（1）强制输出。强制输出，将数字输出信号手动切换到 ON/OFF。组输出、模拟输出的情况下，指定值。强制输出操作如下。

1）按下 MENU（菜单）键，显示出画面菜单。

2）选择“5 I/O”。出现 I/O 画面。

3）按下 F1（类型），显示出画面切换菜单。

4）选择“数字”。出现数字输出画面。出现输入画面时，可按下 F3（IN/OUT），切换到输出画面，输出画面如图 5-18 所示。

5）将光标指向希望更改的信号号码的“状态”栏。通过 F4（开）、F5（关）切换输出。

（2）模拟输入/输出。模拟输入/输出，是不通过数字、模拟、群组 I/O 与外围设备进行通信，而在内部更改信号状态的一种功能。模拟输入/输出功能，用于在尚未完成与外围设备之间的 I/O 连接时执行程序，或进行 I/O 指令的测试。可以使用模拟输入/输出的，为数字、模拟、组、机器人 I/O 等，模拟输入/输出的设定，通过设置模拟旗标“S”而进行。

1）模拟输出。模拟输出，通过程序的 I/O 指令、手动输出而只更改内部状态，对通向外围设备的输出状态不予更改。通向外围设备的输出状态，保持设置模拟旗标时的状态。解除模拟旗标时，成为原先的输出状态。

2）模拟输入。模拟输入，通过程序的 I/O 指令、手动输入来更改内部状态。来自外围设备的输入状态被忽略，内部状态不予更改。解除模拟旗标时，反映当前的输入状态。

3）模拟输入/输出操作。

a. 按下 MENU（菜单）键，显示出画面菜单。

b. 选择“5 I/O”。出现 I/O 画面。

c. 按下 F1（类型），显示出画面切换菜单。

d. 选择“数字”。出现数字 I/O 画面，数字 I/O 画面如图 5-19 所示。

数字I/O输出 关节 30%

1/256

#	模拟	状态	
DO [1]	U	关	[ ]
DO [2]	U	关	[ ]
DO [3]	U	关	[ ]
DO [4]	U	开	[ ]
DO [5]	U	开	[ ]
DO [6]	U	关	[ ]
DO [7]	U	关	[ ]
DO [8]	U	开	[ ]
DO [9]	U	关	[ ]

[类型] 配置 IN/OUT 开 关

图 5-18 输出画面

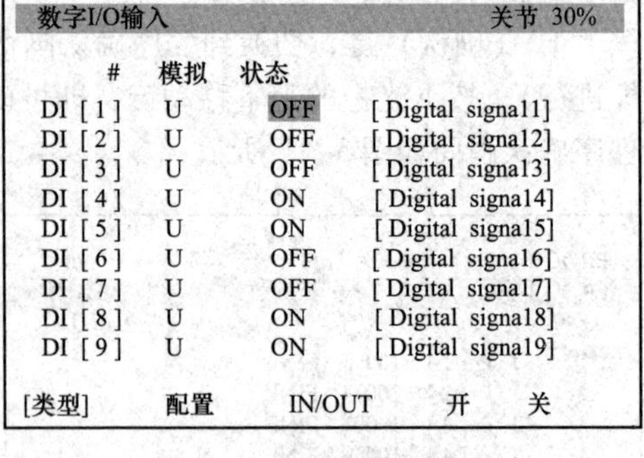

图 5-19 数字 I/O 画面

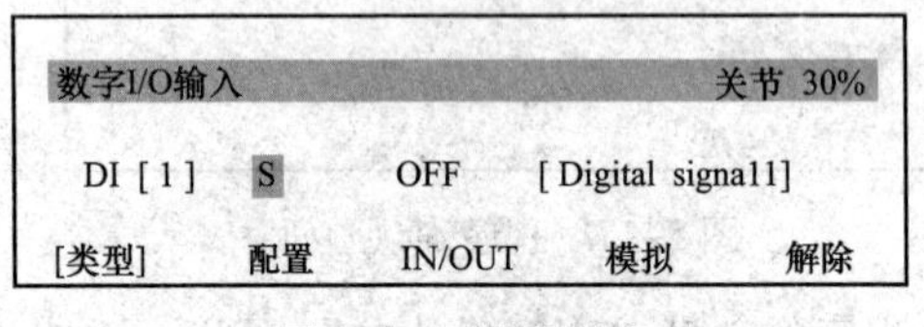

图 5-20 模拟设定

e. 模拟设定如图 5-20 所示，将光标指向希望更改的信号号码“模拟”条目，通过 F4（模拟）-S、F5（解除）-U 来切换模拟的设定。

f. 将光标指向希望输入/输出的信号号码“状态”条目，通过 F4（开）、F5（关）来切换模拟输入/输出。

（3）等待解除。等待解除，在程序中的等待指令执行过程中，在等待 I/O 的条件得到满足时，跳过此指令而在下一行使程序暂停。等待解除只在程序执行中时起作用。可从辅助功能菜单选择后执行等待解除如下。等待解除操作如下。

1）按下 FCTN（辅助）键，显示出辅助菜单。

2）选择“7 解除等待”。光标跳过 I/O 等待而移动到下一行。程序暂停。

3）程序再次启动时，执行下一个指令。

五、自动运转

通过程序的自动运转，由外围设备 I/O 输入自动启动程序，由此来使生产线运行。

1. 基于机器人启动请求（RSR）的自动运转

机器人启动请求（RSR），是从遥控装置通过外围设备 I/O 来选择并启动程序的一种功能。该功能使用 8 个机器人启动请求信号（RSR1 ~ 8）输入信号。操作步骤如下。

（1）将示教器的有效开关置于 OFF。

（2）将系统切换到遥控方式。

（3）将目标 RSR 号码的机器人启动信号（RSR1 ~ 8 输入）发送给控制装置。将 RSR 程序记录在工作等待行列。

（4）要停止执行中的程序，使用急停按钮或 HOLD 按钮、瞬时停止（ * IMSTP 输入）、暂停（ * HOLD 输入）、循环停止（CSTOPI 输入）信号。

（5）要解除等待行列中的工作，使用循环停止信号（CSTOPI 输入）。

（6）要再启动暂停中的程序，使用外部启动信号（START 输入）。

2. 基于程序号码选择（PNS）的自动运转

程序号码选择（PNS），是从遥控装置通过外围设备 I/O 选择或核实程序的一种功能。PNS 程序号码通过 8 个 PNS1 ~ 8 输入信号中指定。操作步骤如下。

（1）将示教器的有效开关置于 OFF。

（2）将系统切换到遥控方式。

（3）将目标 PNS 号码的程序号码选择信号（PNS1 ~ 8 输入）和 PNS 选通信号（PNSTROBE 输入）发送给控制装置。选定 PNS 程序。控制装置，输出用于确认的选择程序号码信号（SNO1 ~ 8 输入）和 PNS 确认信号（SNACK 输出）。

（4）送出外部启动信号（PROD_START 输入）。启动所选的程序。

（5）要停止执行中的程序，使用急停按钮或 HOLD 按钮、瞬时停止（＊IMSTP 输入）、暂停（＊HOLD 输入）、循环停止（CSTOPI 输入）信号。

（6）要再启动暂停中的程序，使用外部启动信号（START 输入）。

3. 外部倍率选择功能

外部倍率选择功能，是通过 DI（数字输入）信号的 ON/OFF 操作来切换速度倍率的一种功能。

通过定义两个 DI 信号，将其 4 类信号 ON/OFF 组合起来，即可切换 4 类速度倍率。

外部倍率选择画面如图 5-21 所示。

外部倍率选择功能在外部倍率选择功能的设定有效且处在遥控状态时实际动作。在外部倍率选择设定画面“6 设定．选择速度功能”上可进行本功能的设定。

OVERRIDE 选择：选择指定速度功能

1/7

1	选择DI速度功能：有效		
2	信号1:		DI [1] [ON]
3	信号2:		DI [32] [OFF]
	信号1	信号2	Override
4	OFF	OFF	15%
5	OFF	ON	30%
6	ON	OFF	65%
7	ON	ON	100%

[类型]　　有效　　无效

图 5-21　外部倍率选择画面

技能训练

一、训练目的

（1）学会编辑、修改机器人程序。

（2）学会测试运行机器人程序。

二、训练内容与步骤

（1）编辑、修改机器人程序。

1）创建机器人程序 PROGRAM1。

2）输入机器人应用程序。

```
1:UFRAME_NUM=0
2:UTOOL_NUM=1
3:J PR[1:HOME]
4:L P[1]500mm/sec FINE
5:WAIT 1.0(sec)
6:L P[2]1000mm/sec FINE
7:C P[3]
    P[4]1200mm/sec FINE
8:R[2]=0
9:LBL[10]
10:L P[5]1000mm/sec FINE
11:L P[6]1000mm/sec FINE
12:L P[7]1000mm/sec FINE
```

```
13:L P[8]1000mm/sec FINE
14:R[2]=R[2]+1
15:IF R[2]<3,JMP LBL[10]
16:J PR[1:HOME]
END
```

3）修改程序。

a. 创建新的用户坐标系，修改用户坐标使用语句，使用新的用户坐标系。

b. 将第4行程序的运行速度修改为800mm/sec。

c. 修改第5行程序的等待时间为0.8sec。

d. 在第6行程序下面插入一句圆弧运动指令语句。

e. 复制第6行程序，粘贴在“J PR［1：HOME］”程序语句前。

f. 修改寄存器编号为6。

g. 修改标签编号为11。

（2）测试运行机器人程序。

1）设置程序为单步运行模式。

2）逐步测试观察程序的运行，观察机器人的运行。

3）查看寄存器的数值。

4）查看PR[1]位置寄存器的详细资料。

5）设置程序为连续运行模式。

6）按住示教器上的SHIFT键，同时按下FWD键后松开来执行程序，观察机器人的运行。

7）在程序运行中，暂停程序的运行。

8）从暂停状态启动程序。

9）手动强制输出为ON。

10）手动强制输出为OFF。

习题

1. 填空题

（1）预定位置，是指在程序中__________。

（2）FANUC机器人3方式开关用于根据机器人的动作条件和使用情况选择最合适的机器人操作方式。机器人3方式操作方式指：__________、__________、__________。

（3）点动速度，表示____。

（4）构成动作指令的指令要素包括：________、________、________、________________等。

2. 问答题

（1）如何设定关节动作指令的位置？

（2）如何设定线性动作指令的运行速度？

（3）如何设定线性动作指令的定位形式？

（4）如何修改线性动作指令的运行速度？

（5）如何修改线性动作指令的定位形式？

（6）如何修改圆弧动作指令的运行速度？

项目六 机器人运行管理与特殊功能应用

学习目标

（1）学会机器人文件管理。
（2）学会文件的备份与加载。
（3）学会应用宏指令等特殊功能。
（4）学会编辑 KAREL 程序。
（5）学会机器人零点标定。

任务 13 机器人文件管理与特殊功能应用

基础知识

一、文件输入输出

1. 文件输入/输出装置

机器人控制装置，可以使用不同类型的文件输入/输出装置，可以使用存储卡或 USB 存储器等。

标准情况下，R-30iB 上设定为使用存储卡，R-30iB Mate 上设定为使用 USB 存储器。使用其他文件输入/输出装置时，应进行适当的操作，并进行文件输入/输出装置的切换。

可以使用的输入输出装置如下。

（1）存储卡（MC）。可以在 Flash ATA 存储卡或者小型闪存卡上附加 PCMCIA 适配器后使用。存储卡插插在主板上。存储卡插插在 R-30iB 主板上。无法在 R-30iB Mate 上使用存储卡。

（2）备份（FRA）。这是通过自动备份来保存文件的区域。可以在没有后备电池的状态下，在电源断开时保持信息。

（3）FROM 盘（FR）。在没有后备电池的状态下，可在电源断开时保存信息的存储区域。根目录中保存有对系统来说极为重要的数据。虽然可以在本存储装置中保存程序等的备份和任意的文件，但是请勿进行向根目录的保存或删除等操作。要进行保存时，务必创建子目录，将其保存在子目录中。

（4）RAM 盘（RD）。为特殊功能而提供的存储装置。通常情况下请勿使用本存储装置。

（5）MF 盘（MF）。为特殊功能而提供的存储装置。通常情况下请勿使用本存储装置。

（6）FTP（C1 ~ C8）。针对通过以太网连接起来的 PC 等 FTP 服务器，进行文件的读写。只有在主计算机通信画面上进行了 FTP 客户机设定的情况下才予以显示。

（7）存储器设备（MD）。存储器设备，是可以将机器人程序和 KAREL 程序等控制装置的存储器上的数据作为文件进行处理的设备。

（8）控制台（CONS）。这是维修专用的设备。可以参照内部信息的日志文件。

（9）USB 存储器（USB）。这是安装在操作面板上的 USB 端口上的 USB 存储器。

（10）USB 存储器（UT1）这是安装在新型 iPendant 示教器上的 USB 端口上的 USB 存储器。要使用 UT1，需要对应软件选项 AO5B-2500-J957，iPendant 内置 USB 端口。

2. 通信端口

（1）R-30iB 的通信端口。

1）端口 1：RS-232-C 操作面板。

2）端口 2：RS-232-C（主 CPU 印刷电路板的 JDI7 连接器）。

（2）R-30iB Mate 的通信端口。端口 1：RS-232-C 主 CPU 印刷电路板的 JR27 连接器。经由控制装置的通信端口，通过基于 RS-232-C 接口的与外部装置之间的串行通信，进行数据传输。

（3）设定通信端口的操作。

1）按下 MENU（菜单）键，显示出画面菜单。

2）选择“6 设置”

3）按下 F1（类型），显示出画面切换菜单。

4）选择“端口设定”。出现端口一览画面（R-30iB Mate 上只显示端口 1）。

5）将光标指向希望设定的端口号码的位置，按下 F3（详细），出现端口设定画面。

6）设定通信机器时，将光标指向“通信设备”条目，按下 F4（选择）。从条目中选择适当的通信机器。

7）选择将要更改的通信设备。输入通信设备，在其他设定栏中输入标准值。可以单独设置通信速率、奇偶位、停止位、限制时间等。

3. 格式化

部分文件输入输出装置可以进行格式化。格式化操作步骤如下。

（1）切换到所希望的文件输入输出装置。

（2）按下 F5（工具）选择“格式化”或者“格式化 FAT32”。选择了“格式化”时，以 FAT16 格式进行格式化；选择了“格式化 FAT32”时，以 FAT32 格式进行格式化。

（3）显示格式化确认画面。如果要进行格式化的文件输入输出没错，就按下 F4（是）显示格式化卷标输入的画面。

（4）使用示教器上的功能键和箭头键，输入卷标。输入结束时，开始格式化。

二、文件备份与加载

文件，是数据在机器人控制柜存储器内的存储单位。

文件主要有：①程序文件（＊.TP）；②标准指令文件（＊.DF）；③系统文件（＊.SV），存储系统的设定；④I/O 分配数据文件（＊.IO），存储 I/O 分配的设定；⑤数据文件（＊.VR），存储寄存器数据等。

1. 程序文件

程序文件，是记述机器人程序指令的一连串向机器人发出的指令的文件。

程序指令，进行机器人的动作和外围设备控制、各应用程序控制的语句。

程序文件被自动存储在控制装置的存储器中。程序文件一览，在程序一览画面“一览”中显示。

可以在程序一览画面上进行复制、删除、重命名和更改程序详细信息等操作。

程序文件中还包含有如下信息。可以在程序一览画面上进行确认。按下 F5（属性）可显示相关信息，如下。

（1）注解：简单显示程序内容。

（2）写保护：禁止修改或删除程序。

（3）修改日期：表示修改程序的最新日期和时间。

（4）程序容量：以位为单位表示程序的容量。

（5）复制来源：表示程序复制来源的程序名称。程序为原创时，复制来源显示空白。

（6）程序名中只显示程序名。

2. 标准指令文件

标准指令令文件（*.DF），存储程序编辑画面上的分配给各功能键（F1~F4 键）的标准指令语句的设定。

（1）DF_MOTNO.DF 文件，存储标准动作指令语句的设定（F1 键）。

（2）DF_LOGI1.DF、DF_LOGI2.DF、DF_LOGI3.DF 文件，存储各功能键（第 2 页）的标准指令语句的设定（F2 键）。

3. 系统文件/应用程序文件

系统文件/应用程序文件（*.SV），是将为运行应用工具软件的系统的控制程序或在系统中使用的数据存储起来的文件。系统文件有如下几类。

（1）SYSVARS.SV 文件，存储参考位置、关节可动范围、制动器控制等系统变量的设定。

（2）SYSFRAME.SV 文件，存储坐标系的设定。

（3）SYSSERVO.SV 文件，存储伺服参数的设定。

（4）SYSMAST.SV 文件，存储零点标定数据。

（5）SYSMACRO.SV 文件，存储宏指令的设定。

（6）FRAMEVAR.VR 文件，存储为进行坐标系设定而使用的参照点、注解等数据。

4. 数据文件

数据文件（*.VR、*.IO、*.DT）是用来存储系统中所使用的数据的文件。数据文件有如下几类。

（1）数据文件（*.VR）。NUMREG.VR 存储数值寄存器的数据；POSREG.VR 存储位置寄存器的数据；STRREG.VR 存储字符串寄存器的数据；PALREG.VR 存码垛寄存器的数据（仅限使用码垛寄存器选项时）。

（2）I/O 分配数据文件（*.IO）。DIOCFGSV.IO 存储 I/O 分配的设定。

（3）机器人设定数据文件（*.DT）。存储机器人设定画面上的设定内容，文件名因不同机型而有所差异。

5. ASCII 文件

ASCII 文件（*.LS）是采用 ASCII 格式的文件。

要载入 ASCII 文件，需要有 ASCII 程序载入功能选项。

可通过电脑等设备进行 ASCII 文件的内容显示和打印。

6. 保存文件

保存文件时，将控制装置内存储器中的数据保存到外部存储装置中。

文件的保存，可通过示教器画面进行。文件的保存，相对切换文件输入/输出出装置中所设定的装置进行。

在程序一览画面，可将所指定的程序作为程序文件保存到外部存储装置中。

在文件画面，可将所指定的程序文件和系统文件等保存在外部存储装置中。

可保存程序文件、系统文件、应用程序文件和文件标准指令文件。

通过辅助菜单“2 备份（FRA:）”，可将画面上所显示的程序和数据等作为程序文件和系统文件等保存在外部存储装置中。可保存包括程序文件、系统文件、数据文件、应用程序文件、标准指令文件、应用TP程序文件、错误日志文件、诊断文件、视觉数据文件、ASCII程序文件等文件。

7. 文件操作

文件操作可以在文件画面进行文件输入、输出装置中所保存文件的一览显示、文件的复制、删除等操作。

8. 载入文件

载入文件时，将文件输入/输出装置中所事先保存好的文件载入到控制装置中。文件的载入，可通过示教器画面进行。

在程序一览画面，将所指定的程序文件作为程序载入。

在文件画面，载入所指定的程序文件（*.TP或*.MN）、标准指令文件（*.DF）、数据文件（*.VR、*.IO）、应用程序文件（SYSSPOT.SV）以及系统文件（*.SV）等。

9. 自动备份

自动备份相当于文件画面上的“全部保存”，即F4（备份）→“所有的”。

自动备份特征如下

（1）自动备份在如下时机自动执行：①在所指定的时刻（1日5次）；②所指定的DI启动时；③接通电源时。

（2）可以在备份目的地的装置中，指定存储卡（MC:）以及控制装置内F-ROM的自动备份用区域（FRA:）。标准情况下设定为FRA。

（3）一个存储装盒（1张存储卡）中可以保持多个备份。错误地备份了错误的设定和程序时，由于之前的备份仍然保持在存储卡中，只要载入该设定或程序，即可恢复为过去的状态。要保持的备份数，可以在1~99之间设定（标准设定为2）。

（4）自动备份中要使用的存储装置中，应事先初始化为自动备份用。尚未被初始化为自动备份用的外部存储装置，不会进行自动备份。因此，在插入其他存储卡时，不必担心因系统进行自动备份而导致存储卡的数据丢失。由于FRA已事先被初始化，所以不需要再执行初始化操作。

（5）自动备份中，因控制装置掉电，或备份中断的情况下，系统将自动恢复最后保存的备份。

10. 载入备份

自动备份的文件，如同以往一样，可以在文件画面上载入。此外，在控制启动菜单的文件画面上，通过按下F4（全部恢复），即可同时载入所有文件。

通常情况下，可以在文件画面上载入最后保存的备份。

要载入最后保存的备份以外的备份时，执行操作如下。

（1）在自动备份设定画面上，将光标指向“可载入的版本”，按下F4（选择），显示当前保存在存储装置中的所有备份的日期和时刻。

（2）选择希望载入的备份时，在“可载入的版本”处，显示该日期和时刻。此时，所选择的备份文件被复制在根目录中。

（3）可以在文件画面上载入所选择的备份文件。此外，执行控制启动操作，在控制启动菜单的文件画面上，通过按下 F4（全部恢复），即可同时载入所有备份文件。

三、机器人控制装置的特殊功能

1. 宏指令

宏指令将通过几个程序指令记录的程序作为 1 个指令来记述而调用并执行该指令的功能，如图 6-1 所示。宏指令总共可以记录 150 个。

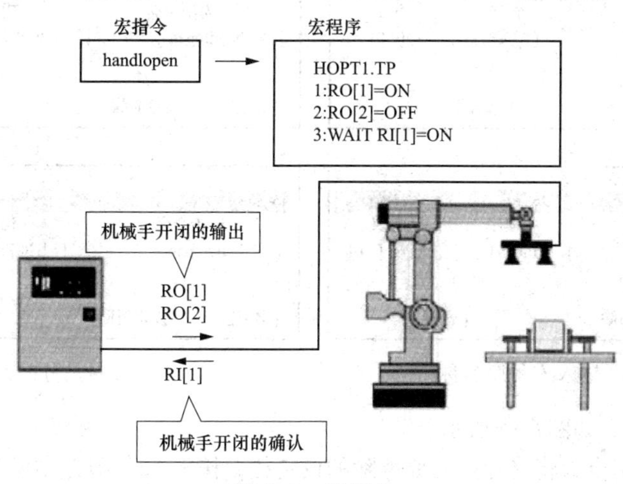

图 6-1　宏指令

（1）宏指令功能。

1）可在程序中对宏指令进行示教而作为程序指令启动。

2）可从示教器的手动操作画面启动宏指令。

3）可通过示教器的用户键来启动宏指令。

4）可通过 DI、RI、UI、F、M 来启动宏指令。

5）可将现有的程序作为宏指令予以记录。

（2）使用宏指令。

1）通过宏指令来创建一个要执行的程序。

2）将所创建的宏程序作为宏指令予以记录。此外，分配用来调用宏指令的方法。

3）执行宏指令。

（3）设定宏指令

1）选择 MENU（菜单）键，显示出画面菜单。

2）按下“6 设置”。

3）按下 F1（类型），显示出画面切换菜单。

4）选择“宏”。出现宏设定画面，如图 6-2 所示。

5）要输入宏指令，按下 ENTER（输入）键，显示字符串输入画面。使用 F 键输入字符。

6）输入结束，按下 ENTER（输入）键确认。

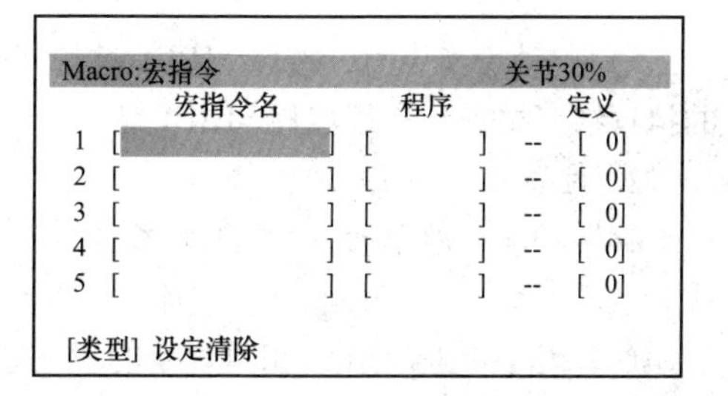

图 6-2　宏设定画面

7）要输入宏程序，按下 F4（选择），显示程序的一览后予以选择。在宏名称处于空白的状态下输入宏程序时，程序名将原样作为宏名称使用。输入宏程序名称如图 6-3 所示。

8）要分配设备，按下 F4（选择），显示设备的一览后予以选择。分配设备如图 6-4 所示。

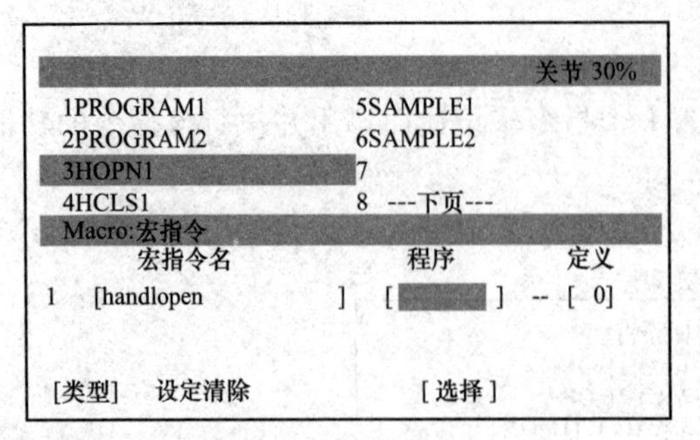

图 6-3 输入宏程序名称

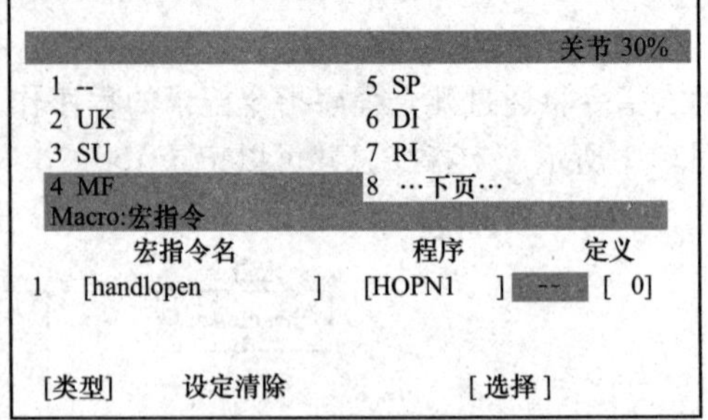

图 6-4 分配设备

9）输入设备号，如图 6-5 所示。

10）要擦除宏指令，将光标指向要擦除的设定栏，按下 F2（设定清除）。

11）显示“消除 OK 吗？”消息。原样删除宏指令的情况下，按下 F4（是）；不希望擦除宏指令的情况下，按下 F5（不是）。

（4）执行宏指令。

1）按下 MENU（菜单）键，显示出画面菜单。

2）选择“3 手动操作”。

3）按下 F1（类型），显示出画面切换菜单。

4）选择“宏”。出现手动操作画面，手动操作画面如图 6-6 所示。

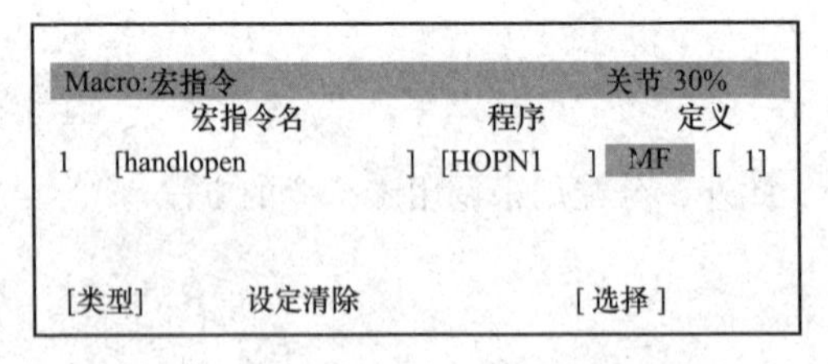

图 6-5 输入设备号

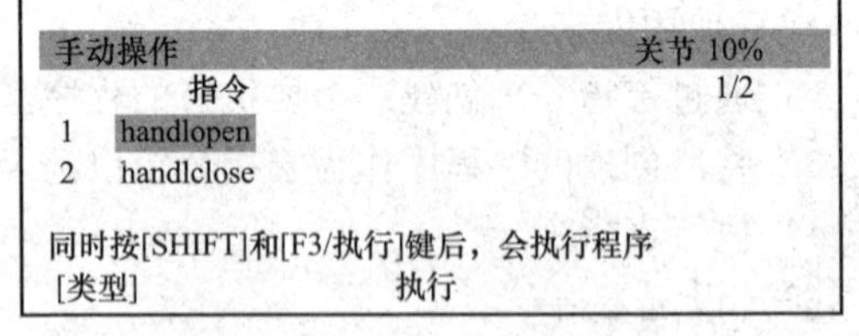

图 6-6 手动操作画面

5）启动宏指令时，按住 SHIFT 键的同时，按下 F3（执行）。宏程序即被启动。在宏程序的执行结束之前，持续按住 SHIFT 键。

2. 位置移转功能

移转功能，就已经示教的程序的某一范围的动作语句，使示教位置移转并变换到别的位置。

（1）移转功能操作。相对现有的程序总体或者某个范围，使动作语句中的位置数据移转并变换。将执行了移转变换后的结果，输入新的程序或现有的程序。相对别的程序，反复执行相同的移转变换。平行移转如图 6-7 所示。

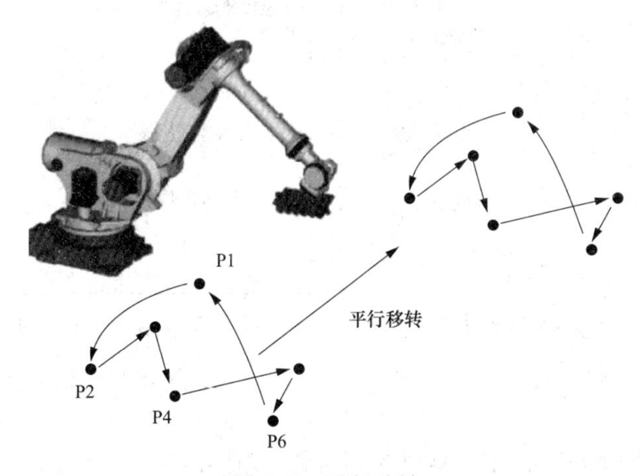

图 6-7 平行移转

（2）位置数据变换规则。

1）位置数据。基于直角坐标值的位置数据被变换为直角坐标值，基于关节坐标值的位置数据被变换为关节坐标值。关节坐标位置数据在变换后成为轴可动范围外的值时，作为未示教值而被存储起来。直角坐标位置数据，原样存储变换值。位置寄存器的位置数据不予变换。伴随增量指令的动作语句的、基于关节坐标值的位置数据作为未示教值而被存储起来。

2）基于直角坐标值的位置数据的直角坐标系号码（UT、UF）。在变换前和变换后使用相同的直角坐标系号码。但是，变换中（移转信息输入画面上）的用户坐标系号码，使用 UF=0。位置数据，被变换为 UF=0 的直角坐标系（世界坐标系）后予以显示。

3）基于直角坐标值的位置数据的形态（轴配置、回转数）。在变换前和变换后使用相同的形态。但是，有关回转数，变换前和变换后手腕轴在 180°以上大幅回转的情况下，优化该轴的回转数，并向用户显示是否采用该结果的选择消息。

（3）移转功能分类。

1）程序移转。进行三维平行移转或平行回转移转。

2）对称移转。相对所指定的对称面进行三维而对称移转。

3）角度输入移转。进行围绕所指定的回转轴的回转移转。

（4）程序移转操作。

1）按下 MENU（菜单）键，显示出画面菜单。

2）选择“1 实用工具”。

3）按下 F1（类型），显示出画面切换菜单。

4）选择“程序移转（SHIFT）”。出现程序名输入画面，如图 6-8 所示。

5）设定条目。

6）完成设定后，按下 SHIFT 键+↓键移动到下一个画面。出现代表点示教画面。按下 SHIFT 键+↑键返回上一画面。

7）若是执行回转操作的移转的情形，将“回转”设定为“ON”，回转设为 ON 如图 6-9 所示。

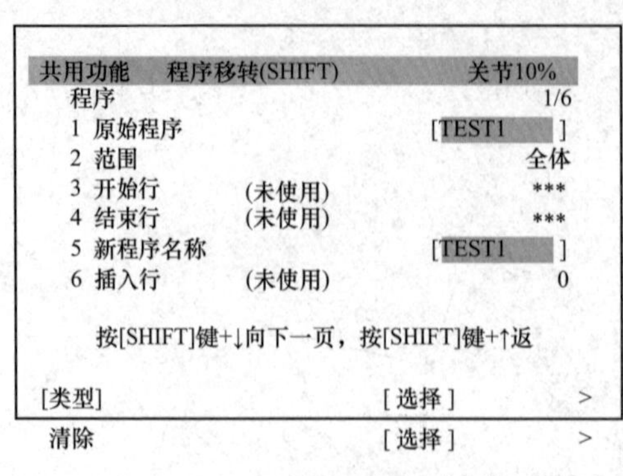

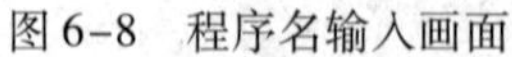
图6-8 程序名输入画面

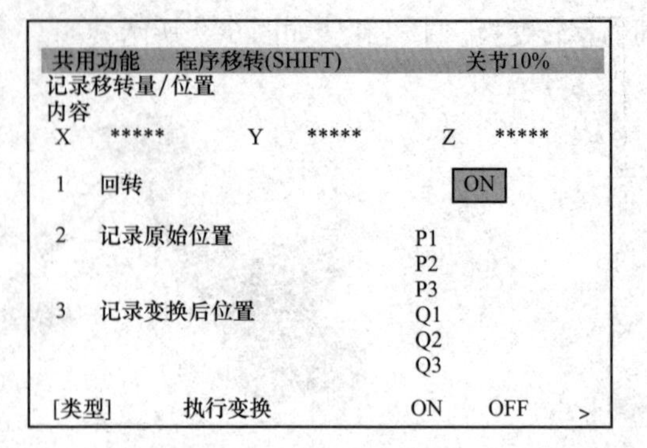

图6-9 回转设为ON

8）对变换源和变换目的地的代表点进行示教，变换源和变换目的地的代表点示教如图6-10所示。

9）参照点输入的情形下，按下F4（参考资料）。选择F4（P［］）或F5（PR［］），输入自变量。

10）完成移转信息的设定后，按下F2（执行变换），并按下F4（是）。变换后的位置内写入所指定的程序中。

11）通过下一页上的F2“直接输入”，来显示直接输入画面。对移转量进行直接示教，如图6-11所示。

共用功能 程序移转(SHIFT) 关节10%
记录移转量/位置
内容 Q1
X 123.4 Y 100.0 Z 120.0
1 回转 ON
2 记录原始位置 P1 记录完成 P2 记录完成 P3 记录完成
3 记录变换后位置 Q1 记录完成 Q2 Q3
[类型] 执行变换 参考资料 记录 >

图6-10 变换源和变换目的地的代表点示教

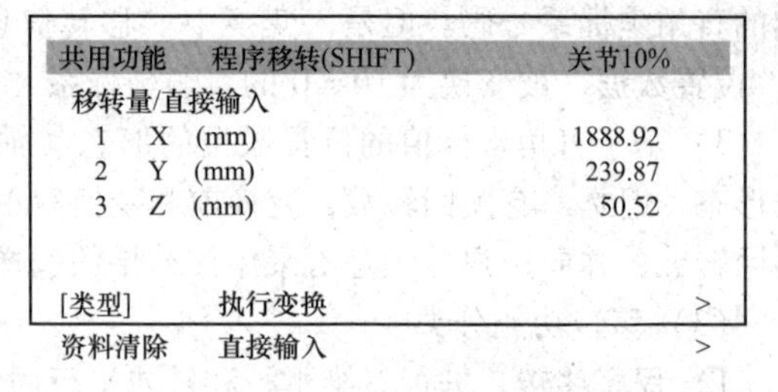

图6-11 直接输入画面

12）设定完移转量后，按下F2（执行变换），执行移转变换。回转数在变换前后不同时，系统将会告知用户，并提问用户选择哪个。

13）F1表示已经更改的回转数的轴角度，F2表示变换前的回转数的轴角度，F3（未示教）将数据作为未示教数据写出。F5（中断）中断变换处理。

14）要擦除移转信息的全部设定时，按下下一页上的F1（资料清除）。擦除后，在变换源程序中指定该时刻所选择的程序。

3. 坐标系更换移转功能

坐标系更换移转，就已经示教的程序的某一范围的动作语句，更改工具坐标系（TOOL）和用户坐标系，考虑到变换前的坐标系和变换后的坐标系的移转量，变换位置数据，以使TCP成为相同位置。

（1）执行坐标系更换移转。针对现有的程序总体或某一范围，更改动作语句中的位，根据（直角坐标值）中的工具坐标系号码或用户坐标系。位置数据为关节坐标值时，考虑到工具更换或用户坐标系更换引起的移转量而变换值。将执行了移转变换后的结果，输入新的程序或现有的程序。相对别的程序，反复执行相同的移转变换。

（2）变换位置数据。变换后的位置数据的规则。

1）位置和姿势。基于直角坐标值的位置数据被变换为直角坐标值。基于关节坐标值的位置数据被变换为关节坐标值。关节坐标位置数据在变换后成为轴可动范围外的值时，作为未示教值而被存储起来。直角坐标位置数据，原样存储变换值。位置寄存器的位置数据不予变换。伴随增量指令的动作语句的、基于关节坐标值的位置数据作为未示教值而被存储起来。

2）基于直角坐标值的位且数据的形态（轴配置、回转数）。在变换前和变换后使用相同的形态。有关回转数，变换前和变换后手腕轴在180°以上大幅回转的情况下，优化该轴的回转数，并向用户显示是否采用该结果的选择消息。

3）工具更换移转中，选择位置数据的变换方法。

a. TCP 固定。在变换前和变换后，保持工具中心点的位置。TCP 固定可以在诸如以前所使用的机械手损坏而换上新的机械手的情况下使用。将以前所使用的机械手的工具坐标系号码设定为“变换之前的工具坐标号码”，将新的机械手中所设定的工具坐标系号码设定为“变换之后的工具坐标号码”，在“TCP 固定”下使用工具更换移转，新的工具的 TCP 就会正确移动到原先的示教点。

b. ROBOT 固定。在变换前和变换后，保持机器人的姿势（关节位置）。ROBOT 固定可在与实际安装的机械手不同的工具坐标系中对程序进行示教，然后再重新设定正确的工具坐标时使用。通过将进行程序示教时的工具号码设定为“变换之前的工具坐标号码”，将已被正确设定的工具坐标系号码设定在“变换之后的工具坐标号码”的条目中，在“ROBOT 固定”下使用工具更换移转，即可在正确的工具坐标系上，创建一个向原先的位置移动的程序。

4）坐标变换移转中，可以选择是否变换位置数据。

a. 变换。变换位置数据，使 TCP 处在相同位置。

b. 不变换。即使坐标系号码改变，也不变换位置数据。

（3）坐标系更换移转的种类。

1）工具更换移转功能。更改位置数据中的工具坐标系号码。

2）坐标更换移转功能。更改位置数据中的用户坐标系号码。

（4）执行工具更换移转。

1）按下 MENU（菜单）键，显示出画面菜单。

2）选择“1 实用工具”。

3）按下 F1（类型），显示出画面切换菜单。

4）选择“工具偏移”。出现程序名输入画面，工具偏移程序名输入画面如图 6-12 所示。

5）设定条目。

6）完成设定后，按下 SHIFT 键+↓键移动到下一个画面。出现代表点示教画面。按下 SHIFT 键+↑键返回上一画面。

7）输入更换前的工具坐标系号码和更换后的工具坐标系号码，输入工具坐标系号码如图 6-13 所示。作为更换后的工具坐标系号码，指定 F 时输入 15。

8）按下 F2（执行变换）执行移转变换。回转数（形态）在变换前后不同时，系统将会告知用户，并提问用户选择哪个。

9）Fl 表示已经更改的回转数的轴角度，F2 表示变换前的回转数的轴角度，F3（未示教）将数据作为未示教数据写出。F5（中断）中断变换处理。

共用功能：工具坐标偏移(offset)　关节10%
设定：程序名称及变换范围　1/6
1 原始程序　[TEST1]
2 范围　全体
3 开始行　(未使用)　***
4 结束行　(未使用)　***
5 变换后的程序　[TEST2]
6 插入行　0
按[SHIFT]键+↓向下一页，按[SHIFT]键+↑返
[类型]　>
设定清除　>

图 6-12　工具偏移程序名输入画面

共用功能：工具坐标偏移(offset)　关节10%
工具坐标号码　1/3
1　变换之前的工具坐标号码　1
2　变换之后的工具坐标号码　2
3　变换形式　TCP固定
[类型]　执行变换　>
清除　>

图 6-13　输入工具坐标系号码

10）要擦除移转信息的全部设定时，按下 NEXT 键或“>”后，在下一页上按下 F1（清除）。

4. 位置寄存器先执行功能

在机器人执行程序时，机器人在内部一边“预读”较当前执行的行稍许前面的行一边执行（先执行）。

对于具有通常位置数据（不使用位置里寄存器）的动作语句，在进行通常的程序执行时虽然被先执行，但作为位置数据而具有位置寄存器的动作语句的先执行，在通常的程序执行下不予执行。

使用位置寄存器的动作语句有动作的目标位置由位置寄存器给定的动作语句和补偿量由位置寄存器给定的带有位置补偿指令的动作语句两类。

位置寄存器先执行功能，对于由用户根据用来锁定位置寄存器的指令和用来解除锁定的指令明确指定的部分，即使是具有位置寄存器的动作语句，也会进行先执行。

LOCK PREG（锁定位置寄存器）用来锁定位置寄存器。通过该指令来禁止对所有位置寄存器的更改。

UNLOCK PREG（解除位置寄存器）解除位置寄存器的锁定。

5. 先执行指令功能

本功能在机器人的动作结束的指定时间之前或之后，调用子程序或者进行信号输出。通过此功能，可以在机器人动作中输出信号。此外，可以设法缩短循环时间。如可以消除与外围设备进行信号交换的等待时间等。

通过程序上的指令，以时间（单位 sec）来指定子程序调用或者执行信号输出的执行指令的时机。（将该指定时间叫作执行开始时间。）动作结束时设定为 0sec，但动作的结束随定位类型（FINE、CNT）而不同。

先执行指令、后执行指令，属于动作附加指令。作为动作附加指令，对执行指令和执行开始时间两者都进行示教。

在动作语句之后对执行开始时间和执行指令进行示教，先执行指令（动作附加指令）如图 6-14 所示。

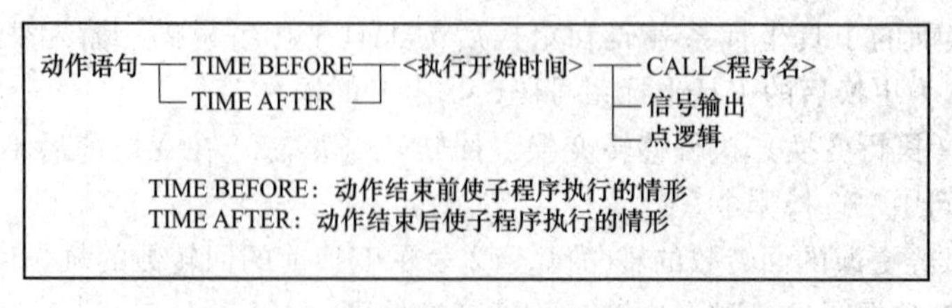

图 6-14　先执行指令（动作附加指令）

可在执行指令中示教子程序调用指令、信号输出、点逻辑指令。应用举例：

```
1:J P[1]100% FINE
:TB 1.0sec CALL OPENHAND
1::J P[1]100% FINE
:TA 1.0sec,DO[1]=ON
1:J P[1]100% FINE
:TA 1.0sec POINT_LOGIC
```

由 TIMEBEFORE（先执行）指令来指定执行开始时间“*n*” sec 的情况下，在动作结束的“*n*” sec 之前执行执行指令，TIME BEFORE（先执行）时机如图 6-15 所示。

由 TIME BEFORE 指令所指定的执行开始时间超过动作时间的情况下，在动作开始的同时执行执行指令。

由 TIMEAFTER（后执行）指令来指定执行开始时间 *n*sec 的情况下，在动作结束的 *n*sec 之后执行执行指令，TIME AFTER（后执行）时机如图 6-16 所示。

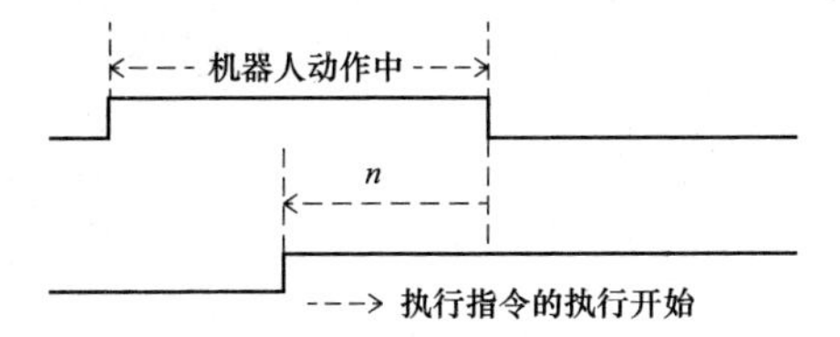

图 6-15　TIME BEFORE（先执行）时机

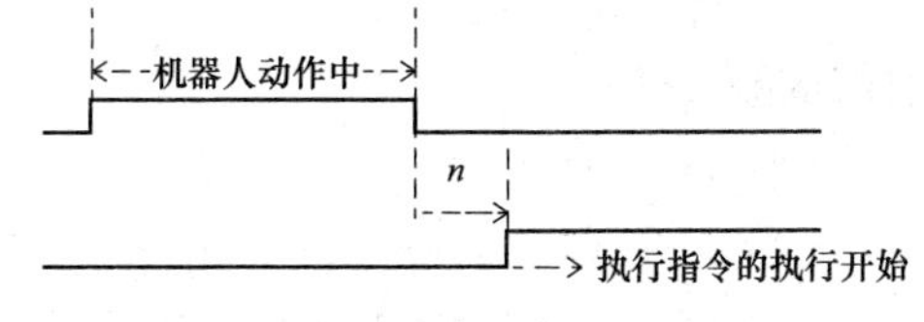

图 6-16　TIME AFTER（后执行）时机

可以在程序中指定的执行开始时间的范围如下。

（1）TIME BEFORE 指令的情形为 0 ~ 30sec。

（2）TIME AFTER 指令的情形为 0 ~ 0.5sec。

6. 先执行距离指令

先执行距离指令，在机器人的 TCP 相对动作指令的目标位置到达所指定的距离以内时，与机器人的动作并行地调用程序，或者进行信号输出。

指令格式：

动作指令+DB 距离指定值,执行指令

本指令可作为动作指令的附加指令来使用，不能作为单独指令进行示教。应用举例：

```
1:JP[1]100% FINE
2:L P[2]1000mm/sec FINE DB 100mm,CALL A
```

先执行距离指令执行时机如图 6-17 所示。

根据动作速度，有的情况下指定距离与实际距离之间会有所偏差。

先执行距离指令，在 TCP 进入以目标点为中心的球形区域内时，执行执行指令。指定该球体范围的大小，就是距离指定值（单位 mm）。距离指定值在 0 ~ 999.9mm 范围内，指定以后，我们将该球体范用叫作触发区域。触发条件为 TCP 从动作目标点进入上述指定距离以内的区域的情形。

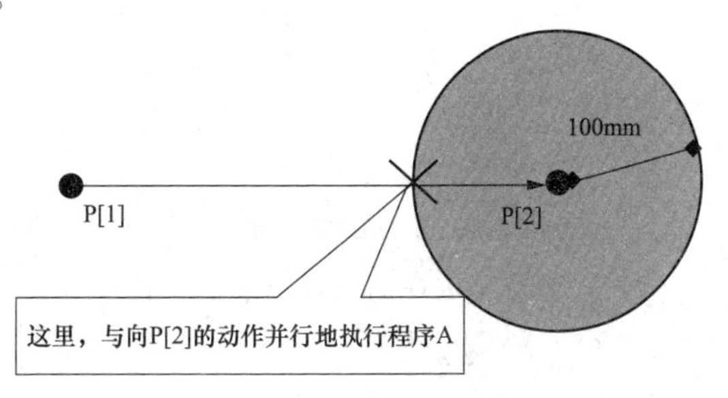

图 6-17　先执行距离指令执行时机

根据动作速度，有的情况下指定距离与实际距离之间会有所偏差。

条件成立时可以执行的指令如下。

（1）信号输出（如 DO[1]=ON。

（2）CALL program（调用程序）。

（3）POINT LOGIC（点逻辑）。

7. 点逻辑指令

点逻辑指令，是对多个通过先执行指令和先执行距离指令执行的指令进行示教的一种功能。

通过点逻辑指令功能，无须创建子程序就可以利用先执行指令来执行多个指令。

通过在点逻辑指令内对指令进行示教，即可在执行先执行指令或者先执行距离指令的时机执行多个指令。

各行的点逻辑指令相互独立，因此可以针对各行示教不同的多个指令。

可通过先执行指令或者先执行距离指令，在示教位置正确地执行逻辑指令。

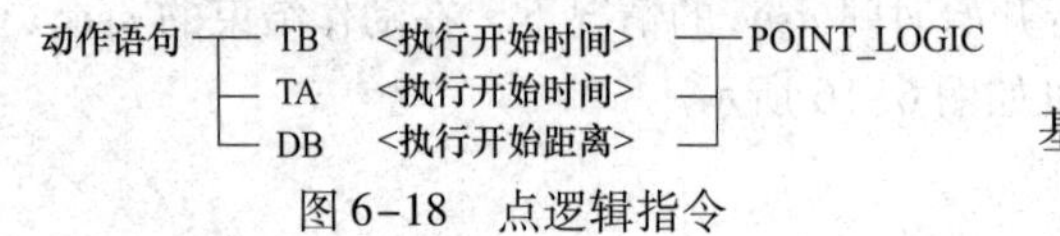

图 6-18　点逻辑指令

通过变更时间和距离，就可以按示教位置基准调整点逻辑指令的执行时机。

点逻辑指令格式如图 6-18 所示。

应用举例：

```
1:L P[1]100%  FINE TB 1.0sec POINT_LOGIC
2:L P[2]100%  FINE TA 1.0sec POINT_LOGIC
3:L P[3]100%  FINE DB 100.0mm POINT_LOGIC
```

点逻辑指令及其执行如图 6-19 所示。

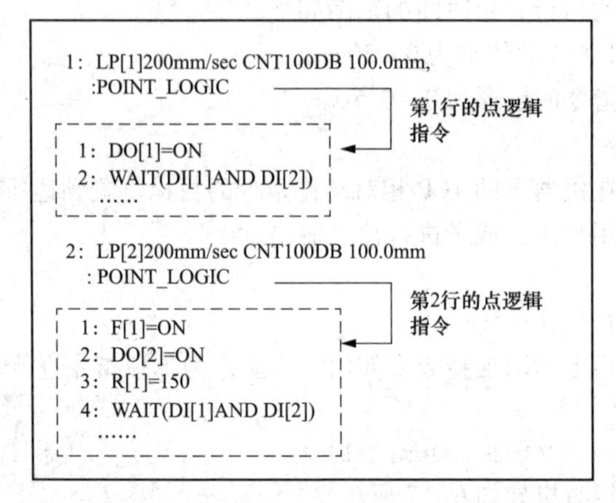

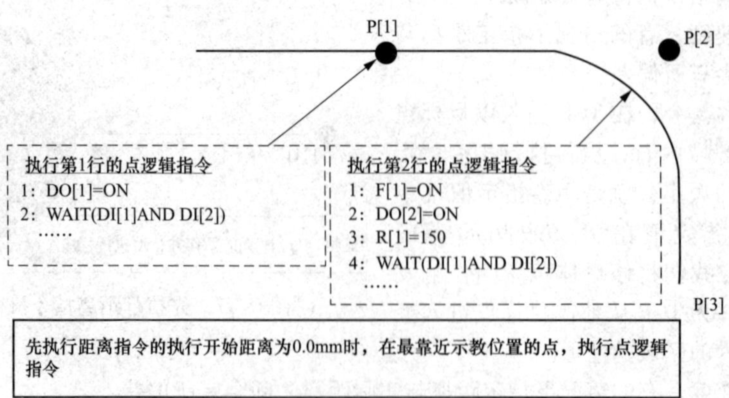

图 6-19　点逻辑指令及其执行

8. 状态监视功能

状态监视功能将机器人控制装置的输入/输出信号、报警、寄存器等的值作为条件，由控制装置本身来对这些条件进行监视，在条件成立时，执行所指定的程序。

状态监视功能由以下指令和程序构成。

（1）MONITOR（监控开始）指令。指定要监视的条件程序和监视的开始。应用举例：

```
1:MONITOR WRK FALL
```

条件程序名

（2）MONITOR END（监控结束）指令。指定要结束的条件程序。应用举例：

```
7:MONITOR END WRK FALL
```

条件程序名

（3）条件程序。记述要监视的条件。指定条件成立时的处理程序。应用举例：

```
1:WHEN RI[2]=Off,CALL STP RBT
```

即在 RI[2] 关闭后，调用机器人停止程序 STP RBT。

9. 多任务功能

多任务功能是指同时执行多个程序的功能。

“任务”是指执行中的程序。比如，若使用多任务功能，可同时执行控制机器人的程序以及控制外围设备和附加轴（多组）的程序进行作业。并行执行各程序，可缩短循环时间，机器人动作时对（输入信号等）的状态进行监视。

（1）创建多任务程序的方法与通常相同，注意事项如下。

1）信号控制程序和读取数据专用的程序不使用动作组，所以务必设定为不使用动作组。

2）程序详细画面的动作组 MASK 设定为〔*，*，*，*，*，*，*〕。

3）使用相同动作组的程序不能同时并行执行。

4）可同时执行不同动作组的程序。

（2）多任务的启动方法。可从某一程序使用“RUN（执行）指令”，作为多任务启动其他程序。此时，启动程序的程序称作“母程序”，被启动的程序称作“子程序”。多任务的启动方法如图 6-20 所示。

图 6-20 中，从程序 A 通过 RUN 指令启动程序 B，同时执行。此时，程序 A 为程序 B 的“母程序”，程序 B 为程序 A 的“子程序”。

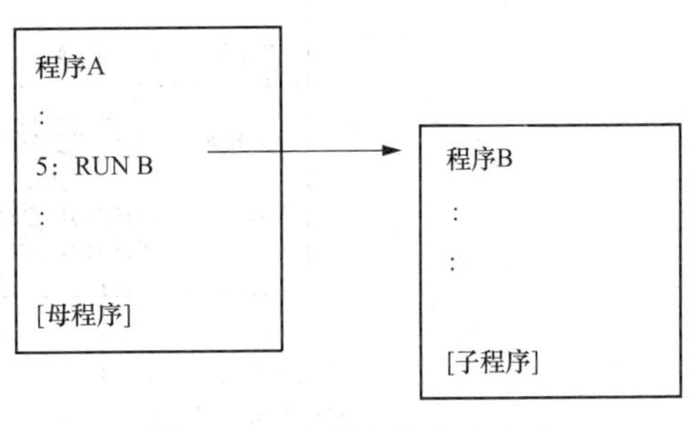

图 6-20　多任务的启动方法

（3）母程序与子程序相关的动作。

1）母程序与子程序暂停时。

a. 若选择母程序再执行，也将再执行子程序。

b. 若选择子程序再执行，只有子程序再执行。

c. 若选择母程序后执行后退，则子程序也执行后退。

d. 若选择子程序后执行后退，则仅子程序执行后退。

2）母程序正在执行而子程序暂停时。

a. 不能选择母程序（前进、后退），再执行（因为已在执行中）。

b. 若选择子程序再执行，只再执行子程序。对于母程序的执行没有影响。

c. 若选择子程序后执行后退，则仅子程序执行后退。

3）母程序暂停而子程序正在执行时。

a. 若选择母程序再执行，将再执行母程序。子程序也将继续当前的执行。

b. 若选择子程序再执行，子程序将继续当前的执行。不能再执行母程序。

c. 若选择母程序后执行后退，则母程序执行后退，子程序继续当前的执行。

d. 即使选择了子程序执行后退，子程序也不执行后退。继续当前的执行。母程序也不执行后退。

4）执行单段动作时。

a. 若通过单段动作执行母程序，子程序也通过单段动作执行。

b. 若选择子程序，通过单段动作再执行，则通过单段动作只执行子程序。

5）程序执行中断厂强制结束时。

a. 关于程序执行中断、强制结束，在母程序和子程序之间不联动。

b. 即使中断、强制结束母程序，也不影响子程序的执行。

6）母程序的后退执行。

a. 使母程序后退并执行，若出现 RUN 指令，母程序不再执行更多的后退。

b. 母程序需通过 RUN 指令来执行后退时，使光标移动至 RUN 指令的前一行。

（4）监视。在监视画面上，可同时查看执行中的多个程序的状态。监视画面上显示执行中的程序及暂停中的程序。监视画面上显示执行中或暂停中的程序名、子程序名及其执行状态信息。在程序一览画面中按下 F4（监视）键后，进入监视画面，程序监视操作如图 6-21 所示。

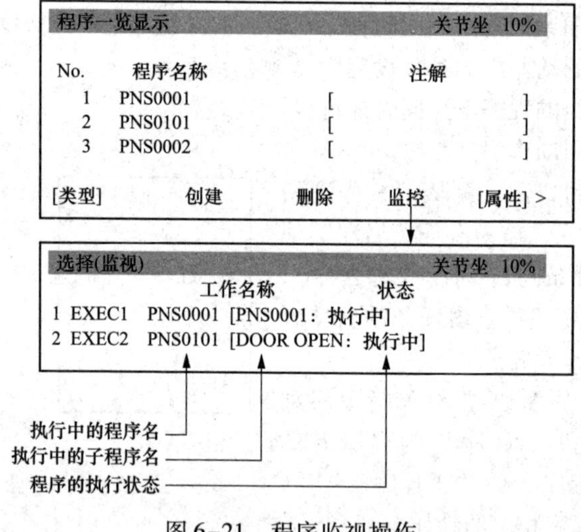

图 6-21 程序监视操作

使光标指向需监视的程序，按下 ENTER（输入）键，则进入该程序的编辑画面，显示执行的情形。执行多个程序时，如需交替查看各程序的编辑画面，使用上述的监视画面，可较为容易地切换画面。

（5）暂停、强制结束。若在执行多个程序的状态下进行以下的操作，执行中的程序以外的程序全部暂停。若选择辅助菜单中的“程序结束”，则强制结束执行或暂停中的所有程序。执行的多个程序中，只需暂停或强制结束指定程序时，从监视画面进行。

1）按下示教器或操作面板的暂停按钮。

2）按下示教器或操作面板的紧急停止按钮。

3）从示教器以外启动运行程序时，将示教器设为有效。

4）从示教器启动运行程序时，将示教器设为无效，手松开 SHIFT 键，松开安全开关。

5）将瞬停信号（＊IMSTP）、暂停信号（＊HOLD）、安全速度信号（＊SFSPD）、动作许可信号（ENBL）置于 OFF。

10. C 圆弧动作指令

圆弧动作指令中，用户需要在 1 行中对经由点和终点的 2 个位置进行示教。

C 圆弧动作指令中，在 1 行中只示教 1 个位置，在连接从连续的 3 个 C 圆弧动作指令中生成的圆弧的同时执行圆弧动作。

C 圆弧动作指令与圆弧动作指令相比具有如下特征：①可方便进行圆弧上的示教点的追加和删除；②可以在圆弧动作的经由点和终点个别指定速度和 CNT；③可以在经由点和终点之间示教逻辑指令（但是，可进行示教的逻辑指令受到限制）。

可连续追加示教点，如图 6-22 所示。

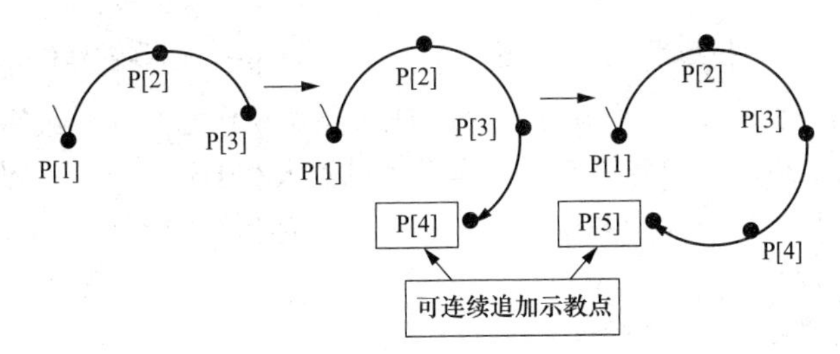

图 6-22 可连续追加示教点

可以在圆弧的中途插入示教点，如图 6-23 所示。

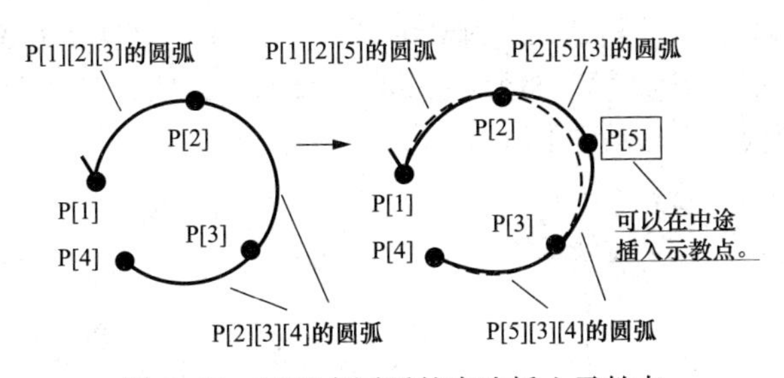

图 6-23 可以在圆弧的中途插入示教点

（1）示教方法。可以采用与直线动作指令相同的方法进行示教。动作形式选择了 C 圆弧（A）以外时，全都与直线动作指令相同。C 圆弧（A）指令应用程序如下：

```
1:J P[1]100% FINE
  2:A P[2]200mm/sec FINE
  3:A P[3]200mm/sec CNT100
  4:A P[4]200mm/sec CNT100
  5:A P[3]200mm/sec FINE
  6:L P[6]200mm/sec FINE
[End]
```

C 圆弧（A）指令程序运行轨迹，如图 6-24 所示。

1）最初的C圆弧动作指令成为直线动作。不同于回弧动作指令，向圆弧始点（P[2]）的动作，请示教C圆弧动作指令。最初的C圆弧动作指令成为直线动作。

2）中途的C圆弧动作。在执行第2个以后的C圆弧动作指令中，机器人在通过现在位置、该指令的目标位置、下一个C圆弧动作指令的目标位置的3点的圆周上动作。

中途的C圆弧动作如图6-25所示。

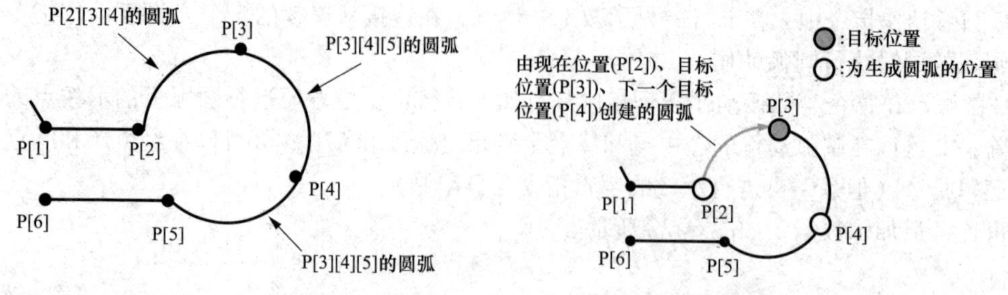

图6-24　C圆弧（A）指令程序运行轨迹　　　图6-25　中途的C圆弧动作

3）最后的C圆弧动作。下一个动作指令不是C圆弧动作指令时，最后的C圆弧动作指令的目标点被定为圆弧的终点。向着终点的动作中，机器人在通过之前一个动作指令（从目标位置看为之前两个）的目标位置、现在位置、该指令的目标位置的3点的圆周上动作。最后的C圆弧动作如图6-26所示。

（2）圆弧朝向的判断。CX程序如下：

```
1:J P[1]100% FINE
  2:A P[2]200mm/sec FINE
  3:A P[3]200mm/sec CNT100
  4:A P[4]200mm/sec CNT100
```

执行CX程序的第3行时，机器人通过经由P[2]，P[3]、P[4]的3点的圆周，并向着P[3]移动。通过此圆周而到达P[3]的路径，圆弧P23CX如图6-27所示，机器人沿着P[2]-P[3]-P[4]朝向的圆周一直移动到P[3]。

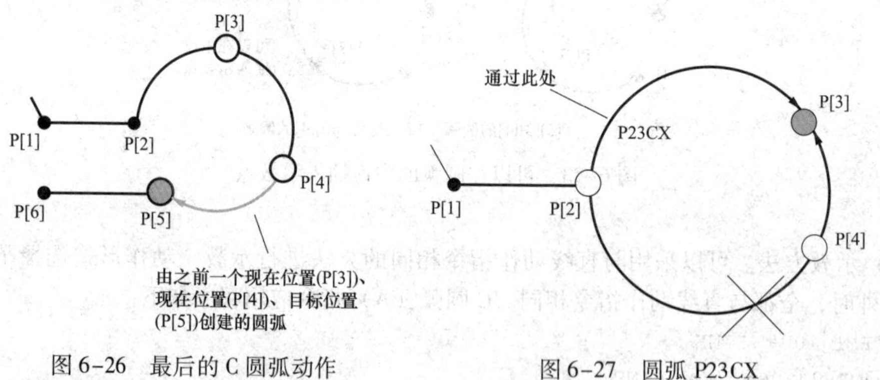

图6-26　最后的C圆弧动作　　　图6-27　圆弧P23CX

（3）无法创建圆弧的情形。

1）C圆弧数不足的情形。C圆弧的动作语句，需要连续示教3个以上。除此以外的情况下，会发生“INTP-609 ARC：A需要3个点”的圆弧孤立显示。应用举例：

```
1:J P[1]100% FINE
2:A P[2]200mm/sec FINE
3:L P[6]200mm/sec CNT100
  END
```

此时 C 圆弧孤立。显示“INTP-609 ARC：A 需要 3 个点（1）”

2）示教了相同点的情形。无法通过 3 点来创建圆弧时，机器人沿着直线移动。相同点连续时，机器人沿着直线移动。应用举例（ZL 程序）：

```
1:J P[1]100%  FINE
2:A P[2]200mm/sec FINE
3:A P[2]200mm/sec CNT100
4:A P[3]200mm/sec CNT100
5:A P[3]200mm/sec FINE
6:L P[4]200mm/sec FINE
```

ZL 程序执行结果如图 6-28 所示。

第 3 行的动作，现在位置和目标点一致，机器人不移动。

第 4 行的动作，目标点和下一个目标点一致，机器人沿着直线移动。

第 5 行的动作，现在位置和目标点一致，机器人不移动。

第 6 行的动作，目标点和下一个目标点一致，机器人沿着直线移动。

3）运行的 3 点在直线上并排的情形。应用举例（ZL1 程序）：

```
1:J P[1]100%  FINE
2:A P[2]200mm/sec FINE
3:A P[3]200mm/sec CNT100
4:A P[4]200mm/sec FINE
```

C 圆弧（A）指令 3 点在一条直线上，运行轨迹为直线。机器人沿直线运动如图 6-29 所示。

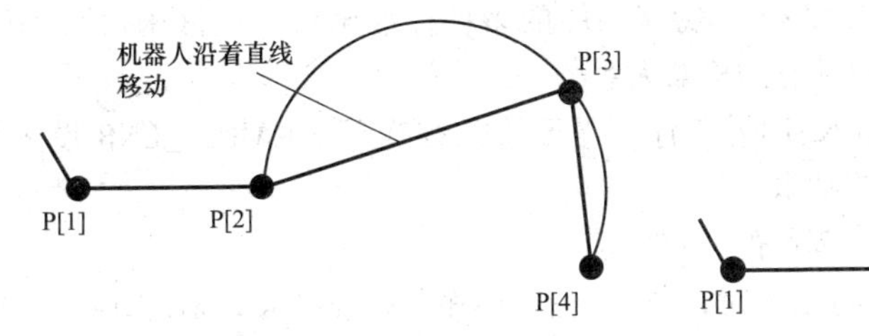

图 6-28　ZL 程序执行结果　　图 6-29　机器人沿直线运动

4）C 圆弧大于 180°的情形。C 圆弧动作指令下，机器人无法一下子沿着中心角大于 180°以上的圆弧动作。C 圆弧大于 180°的情形如图 6-30 所示。

（4）单步执行。与其他的动作指令一样，C 圆弧（A）指令程序，编程为在各示教点暂停。

（5）后退执行。C 圆弧（A）指令应用程序，从程序的最后按顺序进行后退执行时，编程为机器人在各示教点暂停，并在与前进执行相同的路径上沿着相反的方向移动。C 圆弧程序后退执行如图 6-31 所示。

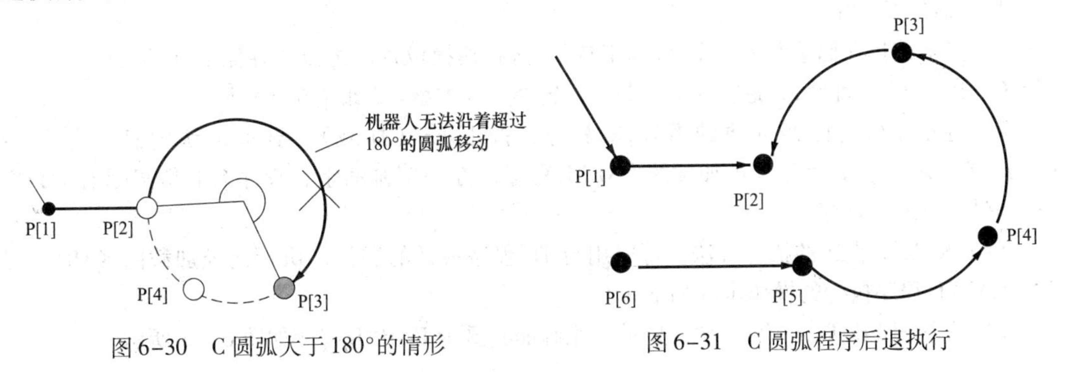

图 6-30　C 圆弧大于 180°的情形　　图 6-31　C 圆弧程序后退执行

11. KAREL 程序

KAREL 是一种与 Pascal 非常相似的低级语言。它具有强制类型变量、常量、自定义类型、过程、函数，并且可以访问用户可能无法使用 TP 的各种有用的内置函数。KAREL 是一种编译语言，必须从 KAREL 文件（.KL）转换为 p-code（.PC），然后才能在主控制器上加载和执行。一旦用户的 KAREL 程序加载到控制器上，它就像一个黑匣子，用户不能像 TP 程序一样看到源代码或步骤。

KAREL 是为构筑机器人系统的机器人语言。通过将在电脑上使用 KAREL 创建的程序读入控制装置里予以运行，就可以创建用户独有的功能。

利用 KAREL 创建的程序，为可在控制装置上执行的程序，与示教器上创建的通常的程序没有什么不同。但是，TP 程序用来执行机器人的动作和应用处理，KAREL 程序用来构筑机器人系统。TP 程序和 KAREL 程序的使用目的不同。因为使用目的不同，所以 TP 程序已被设计为能在示教器上创建、编辑并直接执行，KAREL 程序则无法在控制装置上自行创建和编辑。在电脑上创建 KAREL 程序，转换成能够执行的形式，将执行形式程序加载到控制装置后执行。

（1）KAREL 的功能。

1）使用多种标准函数（内嵌函数），使用控制装置的各种功能开发系统特有的功能。

2）与 TP 程序的顺序独立地进行与信号和变量的变化对应的处理的功能。

3）文件和画面的输入输出操作的功能。

4）经由串行端口和以太网与外部进行数据收发的功能。

5）处理矢量和位置数据的功能、和可对应 I/O 等的变化进行处理的功能。

6）还提供有为实现机器人和控制装置的特有功能的多种标准函数（内嵌函数），只要使用这些函数，就可以轻易构筑起用户独有的机器人系统。

（2）使用 KAREL 程序。要使用 KAREL 程序，需要将系统变量 $KAREL_ENB 设定为 1。设定此系统变量后，就可以进行如下操作。

1）可在一览画面上显示 KAREL 程序的一览。

2）在对调用指令和执行指令进行示教时，与 TP 程序一样可以选择 KAREL 程序。

（3）KAREL 程序的加载方法。KAREL 程序由安装在电脑中的 FANUC 机器人用离线编程软件 ROBOGUIDE 来创建。将 ROBOGUIDE 上创建的 KAREL 程序（扩展名 .PC），经由文件输入输出装置，如存储卡（MC:）等，加载到机器人控制装置中。从存储卡加载 KAREL 程序的方法如下。

1）将已创建的 KAREL 程序复制到存储卡的根目录中。

2）将存储卡连接到机器人控制装置上。

3）按下 MENU（菜单）键，显示画面菜单。

4）选择“7 文件”。

5）尚未选择存储卡时，按下 F5（工具），选择切换设备，选择“存储卡（MC:）”。

6）按下 F2（目录），选择“7 *.PC”，选择文件类型 PC 如图 6-32 所示。

7）将光标指向已经创建的 KAREL 程序，按下 F3（加载）。显示确认消息，按下 F4（是），在一览画面显示已经被加载的 KAREL 程序。在一览画面上，程序名右侧显示有“PC”的，就是 KAREL 程序。

（4）KAREL 程序的执行方法。可以用与 TP 程序一样的操作，执行已经加载的 KAREL 程序。KAREL 程序执行的操作步骤如下。

1）按下 SELECT（一览）键，显示一览画面，显示 KAREL 程序如图 6-33 所示。

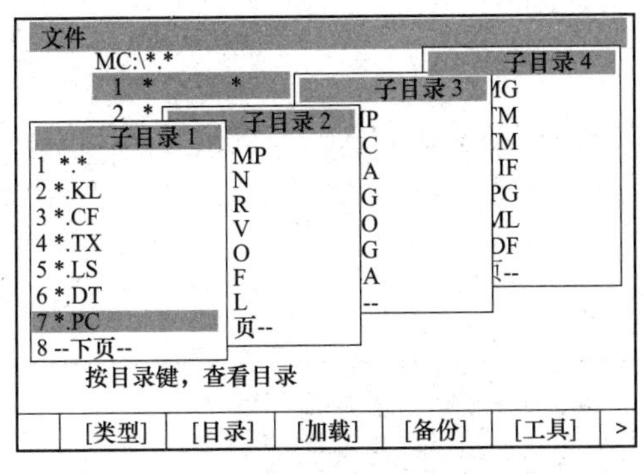

图 6-32　选择文件类型 PC

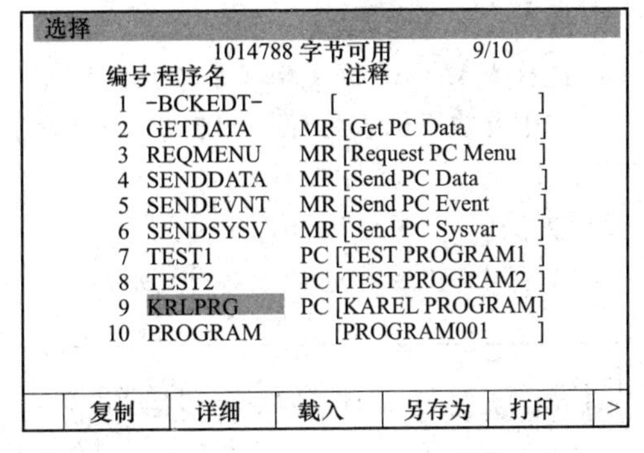

图 6-33　显示 KAREL 程序

2）将光标指向希望执行的 KAREL 程序，按下 ENTER 键。所选的程序显示在示教器的上部。

3）按下安全开关。将示教器的有效开关置于 ON，在按住 SHIFT 键的状态下，按下 FWD（前进）键。根据 KAREL 程序的设定，在执行后即使松开 SHIFT 键，有时也会保持执行状态。

技能训练

一、训练目的

（1）学会宏指令的创建。

（2）学会使用宏指令。

（3）学会文件备份与加载。

二、训练内容与步骤

（1）宏指令的创建。

1）按下 MENU（菜单）键，显示出画面菜单。

2）按下“6 设置”。

3）按下 F1（类型），显示出画面切换菜单。

4）选择“宏”。出现宏设定画面。

5）光标移到 Instruction name（宏指令名），按下 ENTER（输入）键，显示字符串输入画面。使用 F1 ~ F5 键输入字符“HONGINT”。

6）输入结束，按下 ENTER（输入）键确认。

7）移动光标 Program（程序），按 F4（选择），显示程序的一览后予以选择。

8）在宏名称处于空白的状态下输入宏程序时，程序名将原样作为宏名称使用。输入宏程序名称。

9）移动光标到 Assign（定义）项的“--”处，按 F4（选择），显示要分配设备，按下 F4（选择），显示设备的一览后予以选择。

10）选择好执行方式后，移动光标到 Assign（定义）项的“[　]”处，用数字键输入对应的设备号。

11）设置完毕，可以按照所选择的方式执行宏指令。

（2）学会使用宏指令。将示教器（TP）置于 ON 有效状态。

1）方法一：MF[1] ~ MF[99]。

a. 按 MENU（菜单）。

b. 选择 MANUAL FCTNS（手动操作功能）。

c. 选中要执行的宏程序，如图 6-34 所示，按 SHIFT 键+F3（EXEC）键执行，启动执行宏指令。

2）方法二：UK[1]～UK[7]。

a. 数字对应的宏程序如图 6-35 所示。

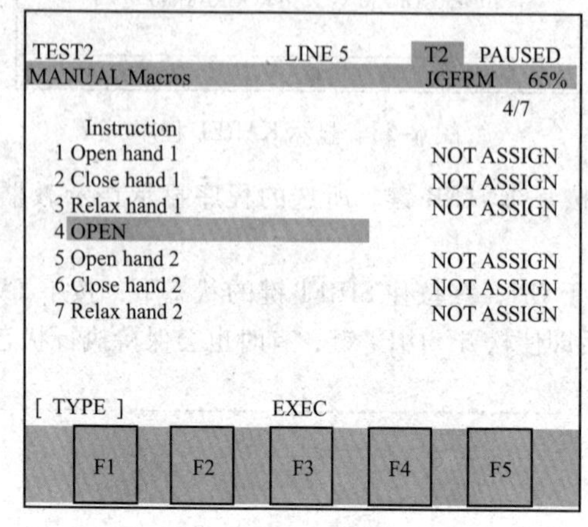

图 6-34 选中要执行的宏程序

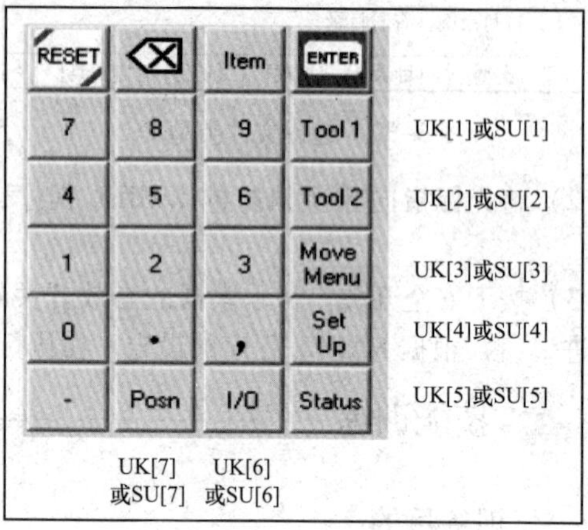

图 6-35 数字对应的宏程序

b. 使用数字用户键 1～7，按相应的用户键即可启动要执行的宏指令（一般情况下，UK 都是在出厂前被定义）。

3）方法三：SU[1]～SU[7]。

a. 用户键 1～7+SHIFT 键，对应驱动 SU[1]～SU[7]。

b. 按 SHIFT 键+相应的用户键 1～7，即可启动 SU[1]～SU[7] 指定的宏指令。

c. TP 置于 OFF 无效状态，机器人处于自动运行模式。

4）方法四：DI[1]～DI[99]。通过输入 DI 信号启动执行宏指令。

5）方法五：RI[1]～RI[8]。通过输入 RI 信号，启动执行宏指令。

（3）学会文件备份与加载。

1）文件备份。

a. 按下 MENU（菜单）键，选择“7File”（文件），出现文件画面，如图 6-36 所示。

b. 依次按键选择 FCTN（功能）键，选择“2RESTORE/BACKUP”（恢复/备份）进行切换，按 F4 由 RESTOR（恢复）变为 BACKUP（备份）。

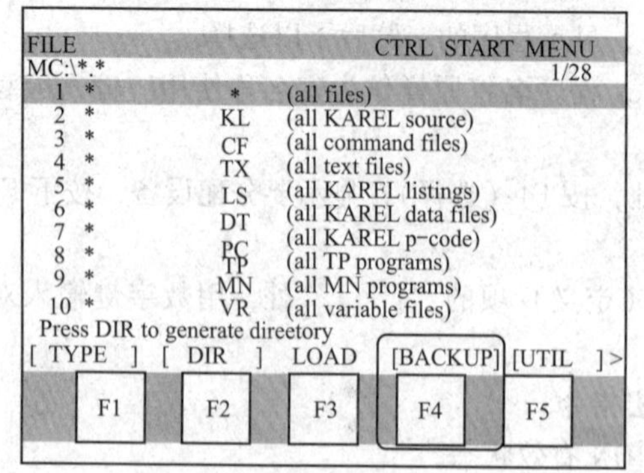

图 6-36 文件画面

c. 按 F4（BACKUP），选择要备份的文件类型，进行备份。

2）文件加载。

a. 按下 MENU（菜单）键，显示出画面菜单。

b. 选择“7File（文件）”。出现文件画面。

c. 按下 F2（目录）。

d. 选择“＊.TP”（程序文件）。显示文件输入/输出装置中所保存的所有程序文件的一览。

e. 将光标指向希望载入的程序文件，按下 F3（加载）。

f. 所指定的程序即被载入。

（4）学会应用 C 圆弧指令。

1）新建一个程序 TEST4。

2）示教输入 C 圆弧指令程序。

```
1:J P[1]100% FINE
2:A P[2]200mm/sec FINE
3:A P[3]200mm/sec CNT100
4:A P[4]200mm/sec CNT100
5:A P[5]200mm/sec FINE
6:L P[6]200mm/sec FINE
[End]
```

3）执行 C 圆弧指令程序。

4）删除第 4 行、第 5 行 C 圆弧指令，试运行程序，观察运行结果。

5）示教第 2 行、第 3 行、第 4 行 C 圆弧指令，使 P[2]、P[3]、P[4] 在一条直线上，然后试运行程序，观察运行结果。

6）示教第 2 行、第 3 行、第 4 行、第 5 行 C 圆弧指令，使 P[2]、P[3] 和 P[4]、P[5] 位置相同，然后试运行程序，观察运行结果。

7）在第 2 行、第 3 行之间插入一条新的 C 圆弧指令，运行位置为 P[7]，试运行程序，观察运行结果。

任务 14　工业机器人零点标定

 基础知识

一、零点标定

零点标定是使机器人各轴的轴角度与连接在各轴电动机上的脉冲编码器的脉冲计数值对应起来的操作。具体来说，零点标定是求取零位中的脉冲计数值的操作。

机器人的现在位置，通过各轴的脉冲编码器的脉冲计数值来确定。

工厂出货时，已经对机器人进行零点标定，所以在日常操作中并不需要进行零点标定。

1. 需要进行零点标定的情形

（1）由于控制装置的 C-MOS 后备用电池耗尽，或者更换电池，初始开机引起的寄存器被擦除等原因而导致零点标定数据丢失。

（2）因机构部的脉冲计数后备用的电池耗尽，或者更换电池，脉冲编码器的更换等原因而使脉冲计数丢失。

（3）碰撞机构部而造成脉冲编码器和轴角度偏移时。

2. 零点标定的方法

零点标定的方法见表 6-1。

表 6-1 零点标定的方法

零点标定名称	操作方法
专用夹具零点位置标定	使用零点标定专用的夹具进行的零点标定，这是在工厂出货之前进行的零点标定
全轴零点位置标定	将机器人的各轴对合于零度位置而进行的零点标定，参照安装在机器人的各轴上的零座位置标记
简易零点标定	将零点标定位置设定在任意位且上的零点标定，需要事先设定好参考点
单轴零点标定	针对每一轴进行的零点标定
输入零点标定数据	直接输入零点标定数据

为了应对今后的零点标定，保存工厂出货时的零点标定设定，应在机器人设置后存储简易零点标定参考点。

在进行零点标定之后，必须进行位置校准（校准）。位置校准，是控制装置读取当前的脉冲计数值并识别现在位置的操作。

3. 机器人的当前位置

机器人的当前位置由下列数据来确定。

（1）每 1°的脉冲计数量。定义在系统变量 $ SPARAM_GROUP. $ ENCSCALE 中。

（2）0°位置的脉冲计数值。通过零点标定存储在 $ DMR. GRP. $ MASTER. COUN 中。

1）专用夹具零点位置标定中，接收夹具位置的脉冲计数值，将其变换为零点标定数据。

2）简易零点标定中，接收用户所定义的简易零点标定位置（参考点）的脉冲计数值，将其变换为零点标定数据。

（3）当前的脉冲计数值。通过位置校准，从脉冲编码器接收当前的脉冲计数值。零点标定和位置校准，在位置校准画面“6 系统 . 零点标定/校准”上进行。

二、零点标点操作

1. 专用夹具零点位置标定

专用夹具零点位置标定，是使用零点标定夹具而进行的零点标定。专用夹具零点位置标定，在事先设定的夹具位置进行零点标定。

专用夹具零点位置标定由于使用专用的零点标定夹具，所以可进行正确的零点标定。专用夹具零点位置标定正在工厂出货时进行，日常操作中并不需要进行此项操作。

准备工作，设置系统变量 $ MASTER_ENBL 等于 1 或等于 2。

专用夹具零点位置标定操作步骤如下。

（1）按下 MENU（菜单）键，显示出画面菜单。

（2）按下“0—下页—”，选择“6 系统”。

（3）按下 F1（类型），显示出画面切换菜单。

（4）选择“零点标定/校准”。出现位置校准画面，如图 6-37 所示。

（5）通过点动操作来移动机器人，使其成为零点标定姿势。如有需要，通过手动制动解除来解除制动器控制。

（6）机器人移动到零点位置，弹出“执行专用夹具零点位置标定”对话画面，如图 6-38 所示。选择“1 专用夹具零点位置标定”，按下 F4（是），设定零点标定数据。

（7）弹出更新零点标定结果画面，如图 6-39 所示，选择“6 更新零点标定结果”，按下 F4（是）。进行位置校准。

（8）在专用夹具零点位置标定结束后，按下 F5（完成）。

（9）代之以第 7 步的操作，更新通电也可执行位置校准操作。通电时，始终执行位置校准操作。

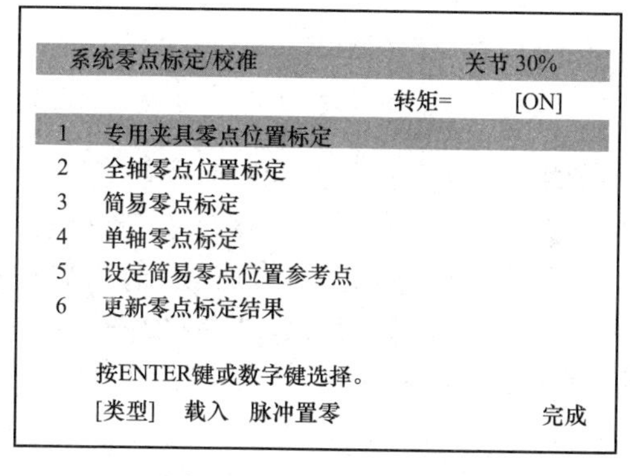

图 6-37　位置校准画面

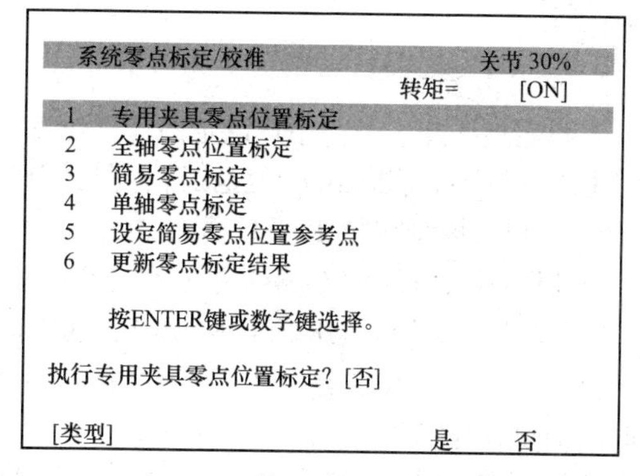

图 6-38　“执行专用夹具零点位置标定”对话画面

2. 全轴 0°位置标定

全轴 0°位置标定，是在所有轴零度位置进行的零点标定。机器人的各轴上已标有表示 0°位置的标记。通过这一标记，将机器人移动到全轴 0°的位置并进行零点标定。

全轴 0°位置标定标记，使机器人移动到所有轴 0°位置后进行零点标定。

全轴 0°位置标定，通过目测进行调节，所以不能期待零点标定的精度。应将全轴 0°位置标定作为一时应急的操作来对待。

全轴零度位置标定的准备工作为设置系统变量 $ MASTER_ENBL 等于 1 或等于 2，操作步骤如下。

（1）按下 MENU（菜单）键，显示出画面菜单。

（2）按下“0—下页—”，选择“6 系统”。

（3）按下 F1（类型），显示出画面切换菜单。

（4）选择“零点标定/校准”。出现位置校准画面，在画面中，选择全轴零点位置标定如图 6-40 所示。

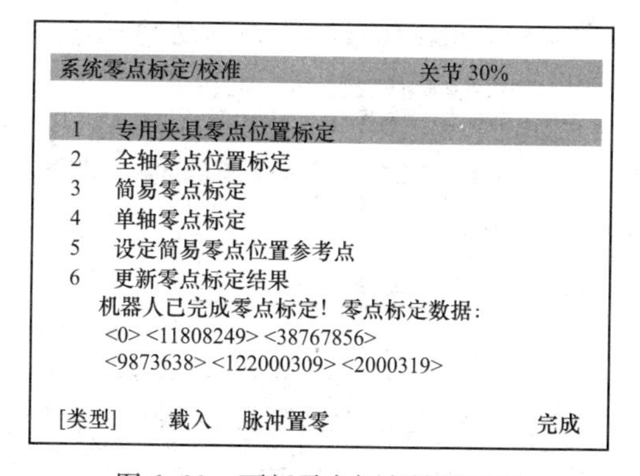

图 6-39　更新零点标定结果画面

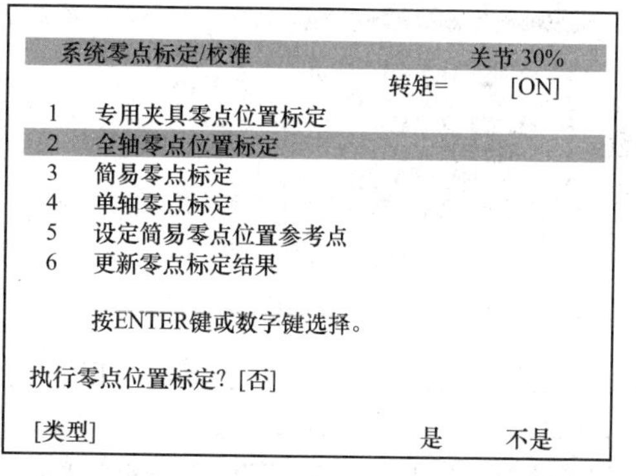

图 6-40　选择全轴零点位置标定

（5）在点动方式下将机器人移动到 0°位置姿势（表示零度位置的标记对合的位置）。如有必要，断开制动器控制。选择“2 全轴零点位置标定”，按下 F4（是），执行全轴零点标定。

（6）选择“2 全轴零点位置标定”，按下 F4（是）。设定零点标定数据。

（7）弹出“更新零点标定结果”画面，如图 6-41 所示，选择“6 更新零点标定结果”，按下 F4（是），进行位置校准。

（8）在位置校准结束后，按下 F5（完成）。

（9）代之以第（7）步的操作，重新通电也可执行位置校准操作。通电时，始终执行位置校准操作。

3. 简易零点标定

简易零点标定，是在用户设定的任意位置进行的一种零点标定。

由于后备脉冲计数器的电池电压下降等原因而导致脉冲计数值丢失时，可进行简易零点标定。

在更换脉冲编码器时以及机器人控制装置的零点标定数据丢失时，不能使用简易零点标定。

脉冲计数值，报据电动机的“转速”和“1转以内的脉冲编码器的值”计算而得。简易零点标定，用来在即使因电池电压下降等原因而转速信息丢失的情况下，也保存1转以内的脉冲编码器值。

要进行简易零点标定，而要在已经进行零点标定的状态下设定好的参考点。该参考点在出货时已被设置在零位。

简易零点标定操作步骤如下。

（1）显示出位置校准画面。

（2）通过点动操作来移动机器人到简易零点标定位置（参考点）。如有必要，断开制动器控制。

（3）选择“3 简易零点标定”，按下F4（是），简易零点标定数据即被存储起来。

（4）选择“6 更新零点标定结果”，按下F4（是），进行位置校准。

（5）在位置校准结束后，按下F5（完成）。

4. 单轴零点标定

单轴零点标定，是对每个轴进行的零点标定。各轴的零点标定位置，可以在用户设定的任意位置进行。由于用来后备脉冲编码器的电池电压下降，或更换脉冲编码器而导致某一特定轴的零点标定数据丢失时，进行单轴零点标定。

单轴零点标定的准备工作为设置系统变量$MASTER_ENBL等于1，操作步骤如下。

（1）通过MENU（菜单）键，选择“6 系统”。

（2）在画面切换菜单上选择“零点标定校准”，出现位置校准画面。

（3）选择“4 单轴零点标定”。出现“单轴零点标定”画面，如图6-42所示。

```
系统零点标定/校准                     关节 30%
                             转矩=    [ON]
 1  专用夹具零点位置标定
 2  全轴零点位置标定
 3  简易零点标定
 4  单轴零点标定
 5  设定简易零点位置参考点
 6  更新零点标定结果

    按ENTER键或数字键选择。

更新零点标定结果? [不是]

[类型]                          是      不是
```

```
系统零点标定/校准                     关节 30%

 1  专用夹具零点位置标定
 2  全轴零点位置标定
 3  简易零点标定
 4  单轴零点标定
 5  设定简易零点位置参考点
 6  更新零点标定结果
  机器人标定结果已更新! 当前关节角度(deg):
  <0.000> <0.000> <0.000>
  <0.000> <0.000> <0.000>

[类型]     载入    脉冲置零              完成
```

图6-41 “更新零点标定结果”画面

```
系统零点标定/校准                     关节 30%

 1  专用夹具零点位置标定
 2  全轴零点位置标定
 3  简易零点标定
 4  单轴零点标定
 5  设定简易零点位置参考点
 6  更新零点标定结果

    按ENTER键或数字键选择。
[类型]     载入    脉冲置零              完成
```

```
单轴零点标定                          关节 30%
                                         1/9
      实际位置    (零度点位置)    (SEL)  [ST]
J1     25.255    (  0.000  )     (0)    [2]
J2     25.550    (  0.000  )     (0)    [2]
J3    -50.000    (  0.000  )     (0)    [2]
J4     12.500    (  0.000  )     (0)    [2]
J5     31.250    (  0.000  )     (0)    [0]
J6     43.382    (  0.000  )     (0)    [0]
E1      0.000    (  0.000  )     (0)    [2]
E2      0.000    (  0.000  )     (0)    [2]
E3      0.000    (  0.000  )     (0)    [2]

                           组           执行
```

图6-42 “单轴零点标定”画面

（4）对于希望进行单轴零点标定的轴，将 SEL（选择）设定为“1”。可以为每个轴单独指定“选择”，也可以为多个轴同时指定“选择”，选择 J5、J6 轴如图 6-43 所示。

（5）通过点动操作来移动机器人到零点标定位置。如有必要，断开制动器控制。

（6）输入零点标定位置的轴数据。

（7）按下 F5（执行），执行零点标定。由此 SEL（选择）被重新新设定为“0”，ST（状态）变为“2”（或 1），J6 轴执行零点标定后，如图 6-44 所示。

单轴零点标定　　关节 30%

5/9

J5	31.250	(0.000)	(1)	[0]
J6	43.382	(0.000)	(1)	[0]

组　　执行

图 6-43　选择 J5、J6 轴

单轴零点标定　　关节 30%

1/9

	实际位置	(零度点位置)	(SEL)	[ST]
J1	25.255	(0.000)	(0)	[2]
J2	25.550	(0.000)	(0)	[2]
J3	−50.000	(0.000)	(0)	[2]
J4	12.500	(0.000)	(0)	[2]
J5	0.000	(0.000)	(0)	[2]
J6	90.000	(90.000)	(0)	[2]
E1	0.000	(0.000)	(0)	[2]
E2	0.000	(0.000)	(0)	[2]
E3	0.000	(0.000)	(0)	[2]

组　　执行

图 6-44　J6 轴执行零点标定后

（8）等单轴零点标定结束后，按下 PREV（返回）键返回到原先的画面。

（9）选择“6 更新零点标定结果”，按下 F4（是），进行位置校准。

（10）在位置校准结束后，按下 F5（完成）键。

5. 输入数据零点标定

零点标定数据的直接输入，可将零点标定数据值直接输入到系统变量中。这一操作用于零点标定数据丢失而脉冲计数值仍然保持的情形。

初始开机时，C-MOS 的零点标定数据被擦除时，重新输入预先备份好的零点标定数据。脉冲计数数据丢失时，则无法设定零点标定数据。

直接输入数据零点标定操作步骤如下。

（1）按下 MENU（菜单）键，选择“6 系统”。

（2）在画面切换菜单上选择“系统变量”。出现“系统变量”画面，如图 6-45 所示。

（3）改变零点标定数据。零点标定数据存储在系统变量 $ DMR_GRP. $ MASTER. COUN 中。

（4）选择“ $ DMR_6RP”，如图 6-46 所示。

系统变量　　关节 10%

1/98

1 $AAVM	AAVM_T
2 $ABSPOS_GRP	ABSPOS_GRP_T
3 $ACC_MAXLMT	150
4 $ACC_MINLMT	0
5 $ACC_PRE_EXE	0
6 $ALM_IF	ALM_IF_T
7 $ANGTOL	[9] of REAL
8 $APPLICATION	[9] of STRING[21]
9 $AP_ACTIVE	6
10 $AP_AUTOMODE	FALSE
11 $AP_CHGAPONL	TRUE

[类型]

图 6-45　“系统变量”画面

系统变量　　关节 10%

$DMR_GRP　　1/1

1　　[1]　　DMR_GRP_T

系统变量　　关节10%

$DMR_GRP[1]　　1/8

1 $MASETER_DONE	FALSE
2 $OT_MINUS	[9] of Boolean
3 $OT_PLUS	[9] of Boolean
4 $MASTER_COUN	[9] of Integer
5 $REF_DONE	FALSE
6 $REF_POS	[9] of Real
7 $REF_COUNT	[9] of Integer
8 $BCKLSH_SIGN	[9] of Boolean

[类型]

图 6-46　选择“ $ DMR_6RP”

系统变量		关节 10%
$DMR_GRP[1],$MASTER_COUN		1/9
1	[1]	95678329
2	[2]	10223045
3	[3]	3020442
4	[4]	304055030
5	[5]	20497709
6	[6]	2039490
7	[7]	0
8	[8]	0
9	[9]	0

图 6-47 输入零点标定数据

(5) 选择“ $ MASTER. COUN”，输入事先准备好的零点标定数据，输入零点标定数据如图 6-47 所示。

(6) 按下 PREV（返回）键。

(7) 设定“ $ GRAV_MAST”的值。如果与 $ MASTHR. COUN 一起记录下来的值，输入该值（0 或者 1）。如果没有记录下的值，则输入-1。

(8) 将“SMASTER_DONE”设定为“TRUE”（有效）。

(9) 显示位置校准画面，进行“6 更新零点标定结果”。

(10) 在位置校准结束后，按下 F5（完成）键。

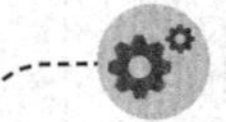

技能训练

一、训练目的

(1) 学会简易零点标定。

(2) 学会单轴零点标定。

(3) 学会全轴零点标定。

二、训练内容与步骤

(1) 简易零点标定。

1) 按下 MENU（菜单）键，显示出画面菜单。

2) 按下“0—下页—”，选择“6 系统”。

3) 按下 F1（类型），显示出画面切换菜单。

4) 选择“零点标定/校准”。

5) 显示出位置校准画面。

6) 通过点动操作来移动机器人到简易零点标定位置（参考点）。如有必要，断开制动器控制。

7) 选择“3 简易零点标定”，按下 F4（是），简易零点标定数据即被存储起来。

8) 选择“6 更新零点标定结果”，按下 F4（是），进行位置校准。

9) 在位置校准结束后，按下 F5（完成）键。

(2) 单轴零点标定。

1) 单轴零点标定准备工作，设置系统变量 $ MASTER_ENBL 等于 1。

2) 按下 MENU（菜单）键，显示出画面菜单。

3) 按下“0—下页—”，选择“6 系统”。

4) 按下 F1（类型），显示出画面切换菜单。

5) 选择“零点标定/校准”，显示出位置校准画面。

6) 选择“4 单轴零点标定”，出现单轴零点标定画面。

7) 对于希望进行单轴零点标定的轴，将 SEL（选择）设定为“1”。可以为每个轴单独指定“选择”，也可以为多个轴同时指定“选择”。

8）通过点动操作来移动机器人到零点标定位置。如有必要，断开制动器控制。

9）输入零点标定位置的轴数据。

10）按下 F5（执行），执行零点标定。由此 SEL（选择）被重新新设定为“0”，ST（状态）变为 2（或 1）。

11）等单轴零点标定结束后，按下 PREV（返回）键返回到原先的画面。

12）选择“6 更新零点标定结果”，按下 F4（是）。进行位置校准。

13）在位置校准结束后，按下 F5（完成）键。

（3）全轴零点标定。

1）全轴零点标定准备工作，设置系统变量 $ MASTER_ENBL 等于 1。

2）按下 MENU（菜单）键，显示出画面菜单。

3）按下“0—下页—”，选择“6 系统”。

4）按下 F1（类型），显示出画面切换菜单。

5）选择“零点标定/校准”，显示出位置校准画面。

6）选择“2 全轴零点位置标定”，出现全轴零点位置标定画面。

7）在点动方式下将机器人移动到 0°位置姿势（表示 0°位置的标记对合的位置）。如有必要，断开制动器控制。

8）选择“2 全轴零点位置标定”，按下 F4（是），执行全轴零点标定。

9）再次选择“2 全轴零点位置标定”，按下 F4（是）。设定零点标定数据。

10）在弹出更新零点标定结果画面，选择“6 更新零点标定结果”，按下 F4（是），进行位置校准。

11）在位置校准结束后，按下 F5（完成）键。

习题

1. 填空题

（1）机器人文件主要有：__________、__________、__________、____________________等。

（2）机器人文件操作包括：__________、__________、__________、____________________等。

（3）FANUC 机器人的特殊功能包括：__________、__________、__________、____________、__________、__________、____________________等。

（4）移转功能分为：__________、__________、____________________等。

（5）FANUC 机器人的零点标定方法有：________、________、________、____________等。

2. 问答题

（1）如何设置宏指令？

（2）如何执行宏指令？

（3）如何设计 C 圆弧运动指令程序？

（4）如何进行简单零点标定？

（5）如何进行单轴零点标定？

（6）如何进行全轴零点位置标定？

项目六 机器人运行管理与特殊功能应用

学习目标

（1）了解机器人 ROBOGUIDE 开发环境。
（2）学会新建 WORKCELL。
（3）学会编辑仿真机器人。
（4）学会添加工具与外设部件。
（5）学会设计机器人 Simulation 仿真程序。

任务 15 新建机器人仿真系统

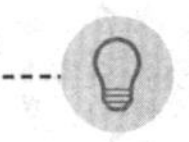

基础知识

一、创建新的 WORKCELL

ROBOGUIDE 软件是一款 FANUC 自带的支持机器人系统布局设计和动作模拟仿真的软件，可以进行系统方案的布局设计、机器人干涉性、可达性的分析和系统的节拍估算，还能够自动生成机器人的离线程序、进行机器人故障的诊断和程序的优化等。

通过 ROBOGUIDE 软件，可以围绕一个离线的三维世界进行仿真模拟，在其中模拟现实中的机器人和周边设备的布局，通过其中的虚拟示教器（TP）示教，进一步来模拟机器人的运动轨迹。使用 ROBOGUIDE，可以高效地设计机器人系统，减少系统搭建的时间。

ROBOGUIDE 提供了便捷的功能支持程序和布局的设计，在不使用真实机器人的情况下，可以较容易地设计机器人系统。通过这样的仿真模拟，可以验证机器人应用方案的可行性，同时获得准确的周期时间。

ROBOGUIDE 是一款核心应用开发软件，具体的还包括搬运、弧焊、喷涂等其他模块。

1. ROBOGUIDE 软件仿真

（1）仿真系统搭建。ROBOGUIDE 提供了一个 3D 的虚拟空间和便于系统搭建的 3D 模型库。模型库中包含 FANUC 机器人的数模、机器人周边设备的数模以及一些典型工件的数模。ROBOGUIDE 可以使用自带的 3D 模型库，也可以从外部导入 3D 数模进行系统搭建。

（2）方案布局设计。在系统搭建完毕后，需要验证方案布局设计的合理性。一个合理的布局不仅可以有效地避免干涉，同时还能使机器人远离限位位置。ROBOGUIDE 通过显示机器人的可达范围，确定机器人与周边设备摆放的相对位置，保证可达性的同时有效地避免了干涉。此外，ROBOGUIDE 还可以对机器人进行示教，使机器人远离限位位置，保持良好的工作姿态。ROBOGUIDE 能够显示机器人可达范围和它的示教功能，使得方案布局设计更加合理。

（3）干涉性、可达性分析。在进行方案布局过程中，首先须确保机器人对工件的可达性，也要避免机器人在运动过程中的干涉性。在 ROBOGUIDE 仿真环境中，可以通过调整机器人和工件间的相对位置来确保机器人对工件的可达性。机器人运动过程的干涉性包括：机器人与夹具的干涉、与安全围栏的干涉和其他周边设备的干涉等。ROBOGUIDE 中碰撞冲突选项可以自动检测机器人运动时的干涉情况。

（4）节拍计算与优化。ROBOGUIDE 仿真环境下可以估算并且优化生产节拍。依据机器人运动速度、工艺因素和外围设备的运行时间进行节拍估算，并通过优化机器人的运动轨迹来提高节拍。

（5）离线编程。对于较为复杂的加工轨迹，可以通过 ROBOGUIDE 自带的离线编程功能自动地生成离线的程序，然后导入到真实的机器人控制柜中。大大减少了编程示教人员的现场工作时间，有效地提高了工作效率。

2. ROBOGUIDE 功能模块

（1）常用模块。ROBOGUIDE 常用模块包括 ChamferingPRO、HandlingPRO、WeldPRO、PalletPRO 和 PainPRO 等。

1）ChamferingPRO 用于去毛刺、倒角仿真应用。

2）WeldPRO 用于弧焊、激光切割等仿真应用。

3）PalletPRO 用于各种码垛仿真应用。

4）PaintPRO 用于喷涂仿真应用。

5）HandlingPRO 用于机床上下料、冲压、装配、注塑机等物料搬运仿真应用。

每种模块加载的应用工具包是不同的。

（2）其他模块。

1）4D Edit 编辑模块。将真实的 3D 机器人模型导入到示教器中，将 3D 模型和 1D 内部信息结合形成 4D 图像显示功能。

2）MotionPRO 运动优化模块。可以对 TP 程序进行优化，包括对节拍和路径的优化，节拍优化要求电动机可接受的负荷范围内进行，路径优化需要设定一个允许偏离的距离，使机器人的运动路径在设定的偏离范围内接近示教点。

3）iRPickPRO 模块。可以通过简单设置后创建 Workcell 自动生成布局，并以 3D 视图的形式显示单台或多台机器人抓放工件的过程，自动地生成高速视觉拾取程序，进行高速视觉跟踪仿真。

3. 扩展功能插件

ROBOGUIDE 还提供了一些功能的插件来拓展软件的功能如下。

（1）当在 ROBOGUIDE 中安装 Line Tracking 直线跟踪功能时，机器人可以自动补偿工件随导轨的流动，将绝对运动的工件当作相对静止的物体。因此，可以实现在不停止装配流水线的前提下，机器人对流水线上的工件进行相应的操作。

（2）安装 Coordinated Motion 协调运动软件时，机器人与外部轴做协调运动，使机器人处于合适的焊接姿态来提高焊接质量。

（3）Spray Simulation 插件可以根据实际情况建立喷枪模型，然后在 ROBOGUIDE 中模拟喷涂效果，查看膜厚的分布情况。安装能源评估功能插件可在给定的节拍内，优化程序使能源消耗最少，也可在给定的能源消耗内，优化程序使节拍最短。

（4）寿命评估功能插件可在给定的节拍内，优化程序使减速机寿命最长。也可在给定的寿命内，优化程序使节拍最短。

ROBOGUIDE 软件可以加载不同的功能模块，这些模块可以按照应用来区分，比如搬运、涂胶、弧焊和点焊等应用，在安装软件时可以只选择其中某一应用模块进行安装。在搬运应用中还可以进行机床上下料、冲压、金属及非金属加工等应用的模拟仿真。

4. 建立一个新的工作单元

（1）启动 ROBOGUIDE。启动后的 ROBOGUIDE 的仿真开发环境界面如图 7-1 所示，它是传统的 WINDOWS 界面，由菜单栏、工具栏、状态栏等组成。

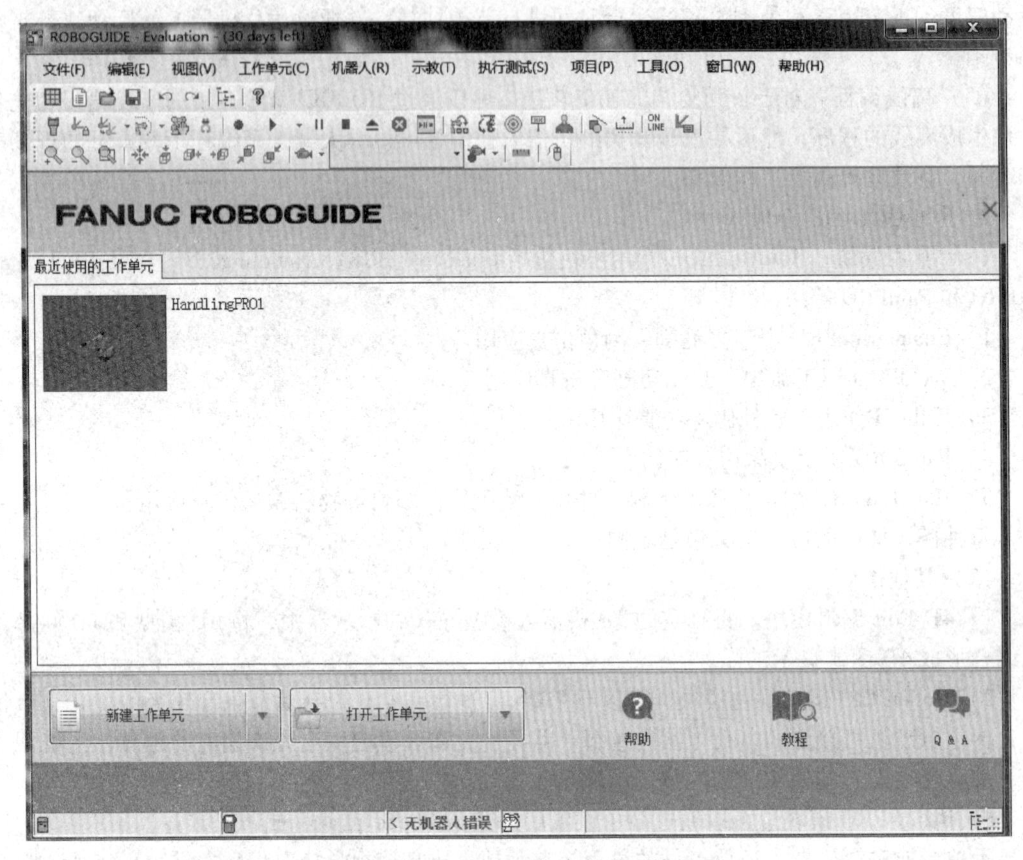

图 7-1 ROBOGUIDE 仿真开发环境界面

（2）创建新工作单元。单击“文件”菜单下的“新建工作单元”子菜单命令，开始创建新工作单元，如图 7-2 所示。

（3）输入文件名。在弹出的“工作单元创建向导”中，在文件名栏输入新工作单元的名称，如图 7-3 所示。默认的文件名是“HandlingPRO2”，物料搬运项目 2。

（4）选择创建机器人的方式。单击对话框底部“下一步”按钮，显示“步骤 2-机器人创建方法”，如图 7-4 所示。

其中第一项为“新建”；第二项为“从上次构成创建”；第三项为“从备份创建”；第四项为“创建虚拟机器人的副本”。

（5）选择机器人软件版本。在图 7-4 中选择“新建”，然后单击“下一步”按钮，显示“步骤 3-机器人软件版本”，如图 7-5 所示。

（6）选择机器人应用程序/工具。单击“下一步”按钮，显示“步骤 4-机器人应用程序/工具”如图 7-6 所示。选择标准手爪。

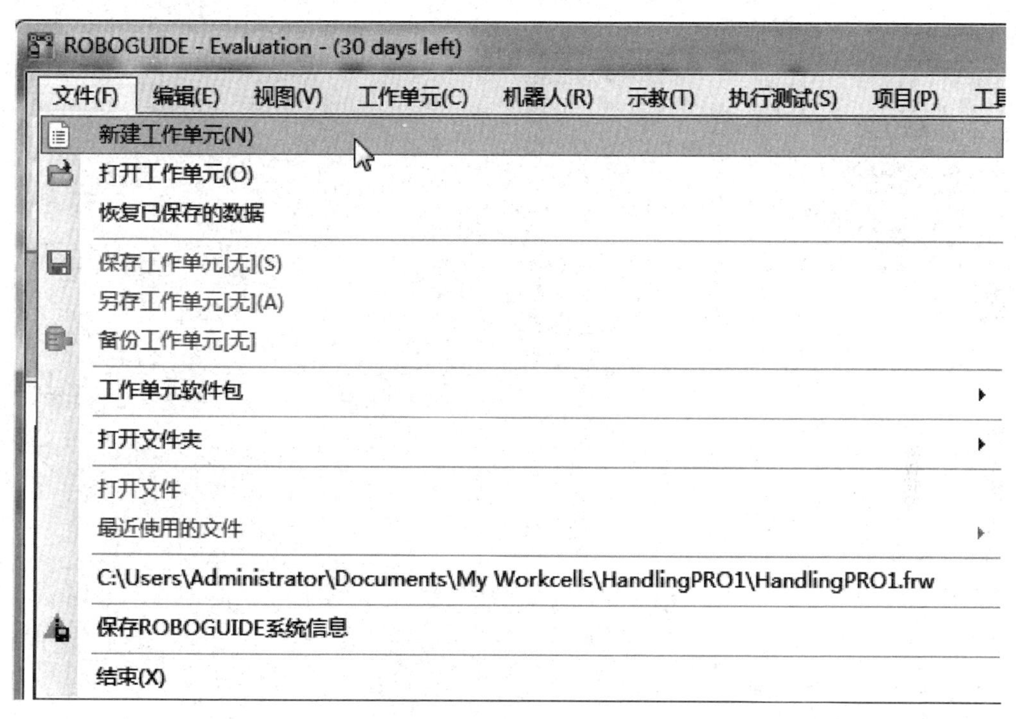

图 7-2　创建新工作单元

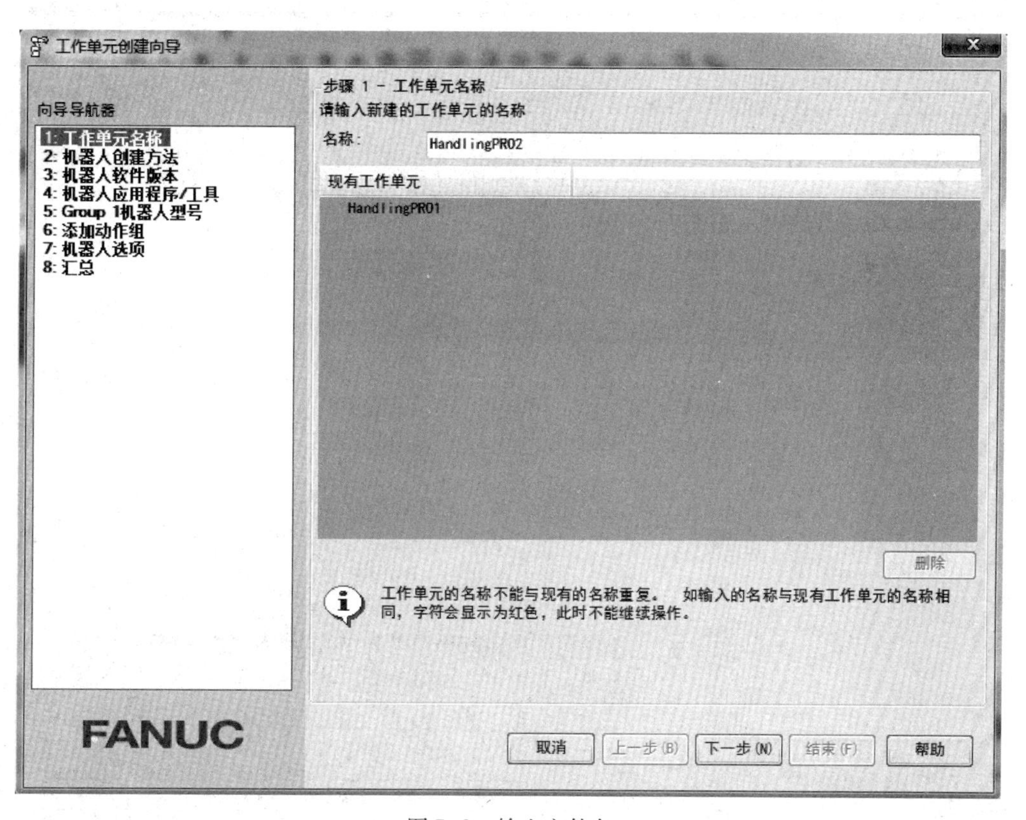

图 7-3　输入文件名

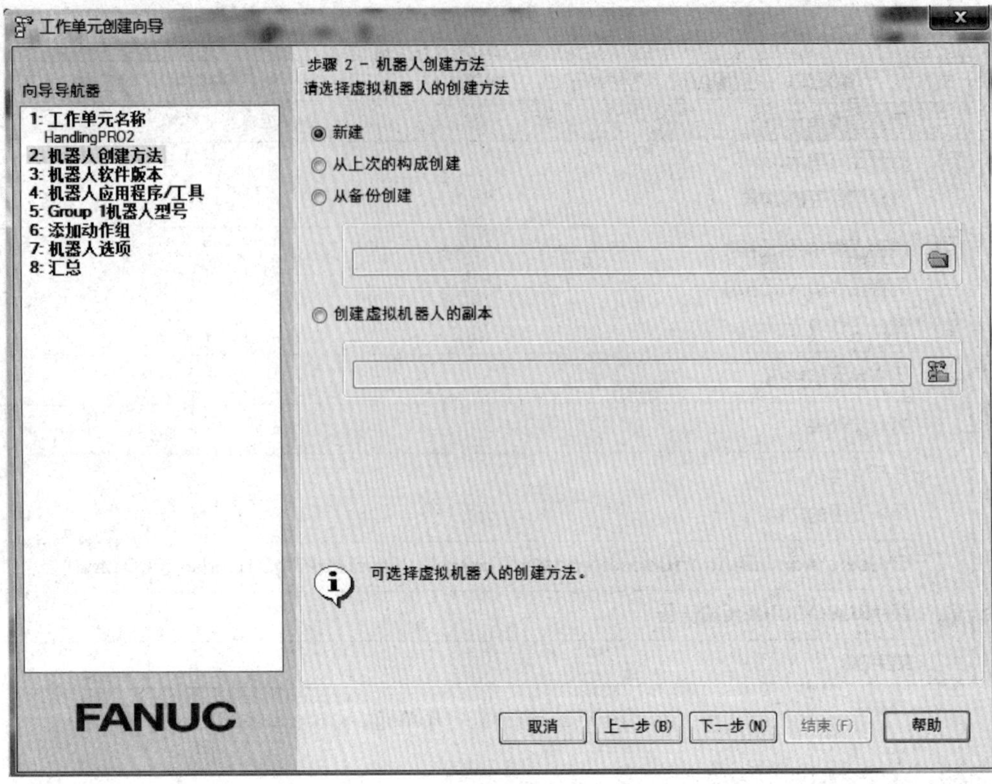

图 7-4　选择机器人的方式

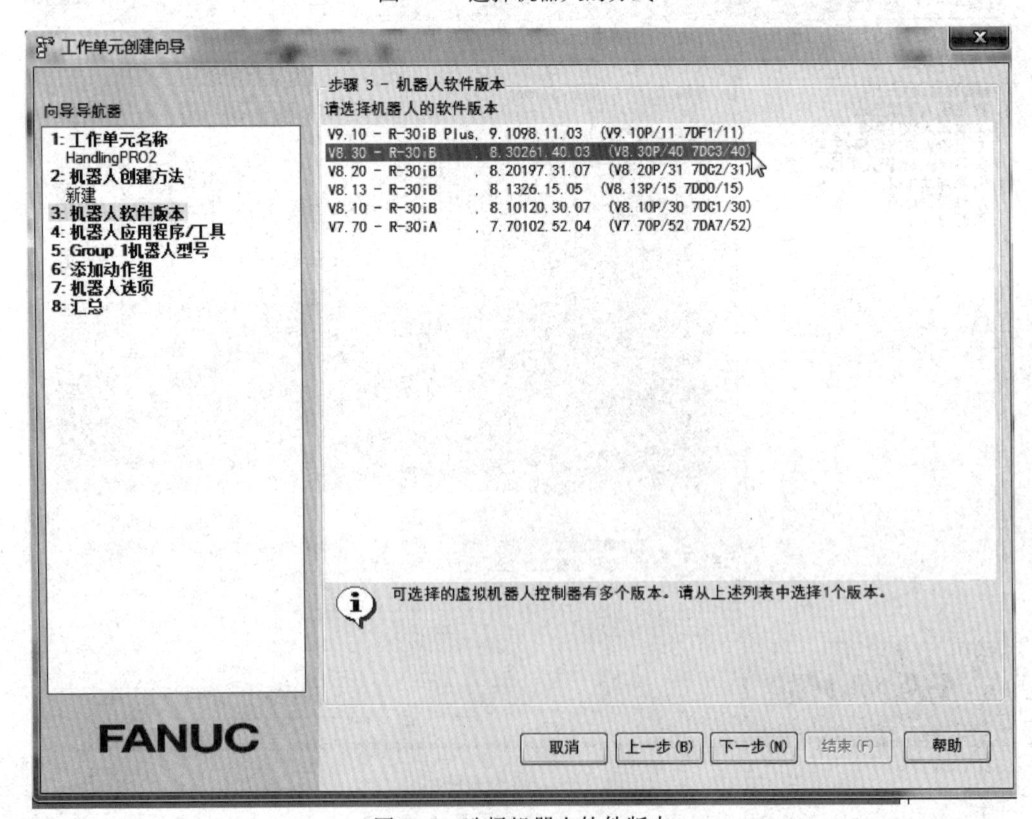

图 7-5　选择机器人软件版本

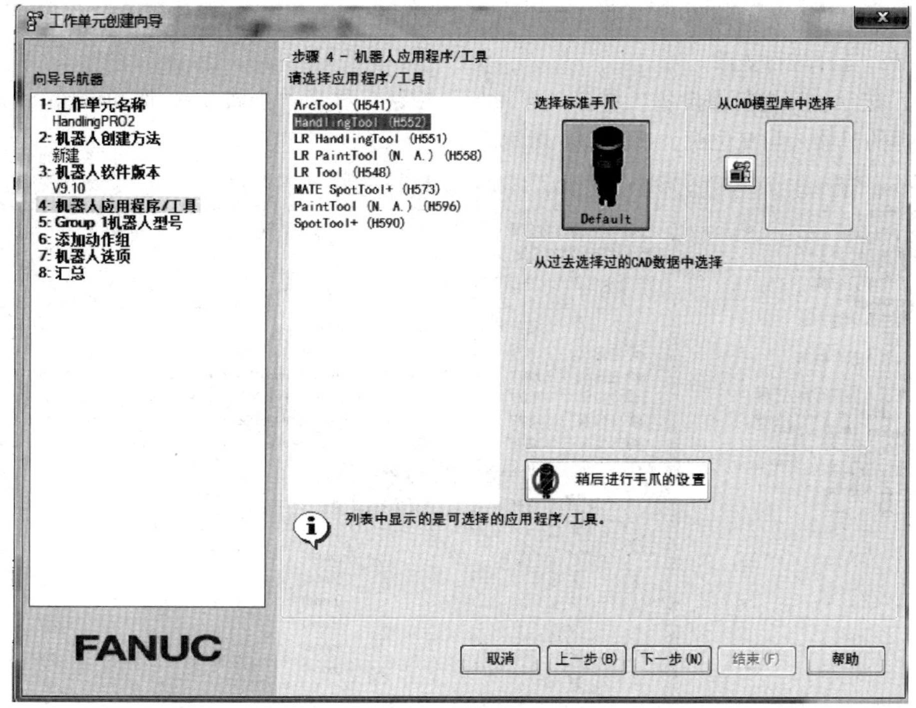

图 7-6　选择标准手爪

可以根据实际需要，选择机器人工具。

（7）选择合适机型。选择标准手爪工具 H552 后，单击“下一步”按钮，显示“步骤 5-Group1 机器人型号”，从中选择机器人型号，如图 7-7 所示。

图 7-7　选择机器人型号

这里选择机器人型号（订单编号 H721）R-2000iC/165F，该机型可以在创建之后，根据实际需要，选择进行更改。

（8）选择动作组附加设备。单击“下一步”按钮，显示“步骤 6-添加动作组”，从中选择要添加的机器人与变位机，如图 7-8 所示。

图 7-8 选择要添加的机器人与变位机

如果有动作组附加设备，就进行相应的选择。

（9）选择相应的选项功能软件。单击“下一步”按钮，显示“步骤 7-机器人选项”，从中选择相应的选项功能软件，如图 7-9 所示。有软件选项、语言、高级选项三选项卡。

单击“语言”选择卡，包括基础词典和选项词典，在选项词典中可以选择简体中文。“语言”选项卡如图 7-10 所示。

单击“高级选项”选择卡，有内存容量和标准 I/O 仿真设置等。“高级选项”选项卡如图 7-11 所示。

（10）确认机器人选项。单击“下一步”按钮，显示“步骤 8-汇总”，从中可再次确认所选择的项目，如图 7-12 所示。单击“结束”按钮，完成机器人工作单元的设置。

ROBOGUIDE 软件自动进行虚拟机器人仿真器的生成，虚拟机器人初始化。

等待一段时间后，新的工作单元 HandlingPRO2 建立完成，工作单元 HandlingPRO2 如图 7-13 所示。

二、编辑机器人

1. 选择机器人控制器

在工作单元浏览器“机器人控制器”下里找到“GP：1-R2000iB/170CF”机器人，右击，在机器人属性界面中，选择最后一项“Robot Controller 属性”，如图 7-14 所示。

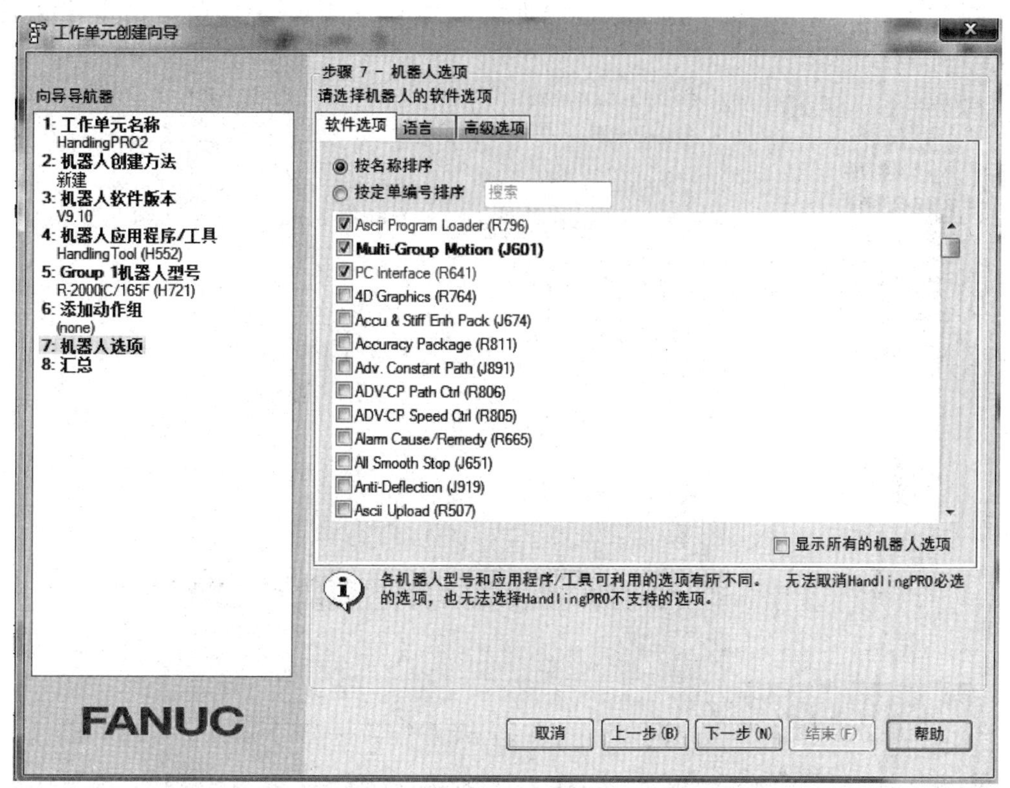

图 7-9　选择相应的选项功能软件

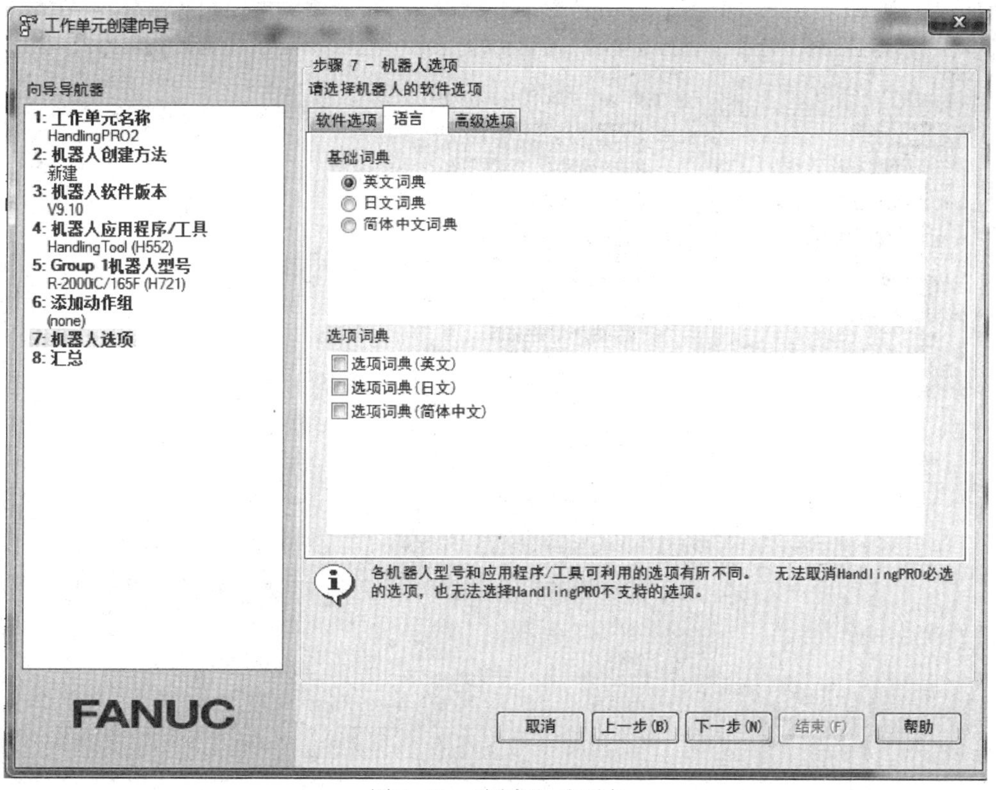

图 7-10　“语言”选项卡

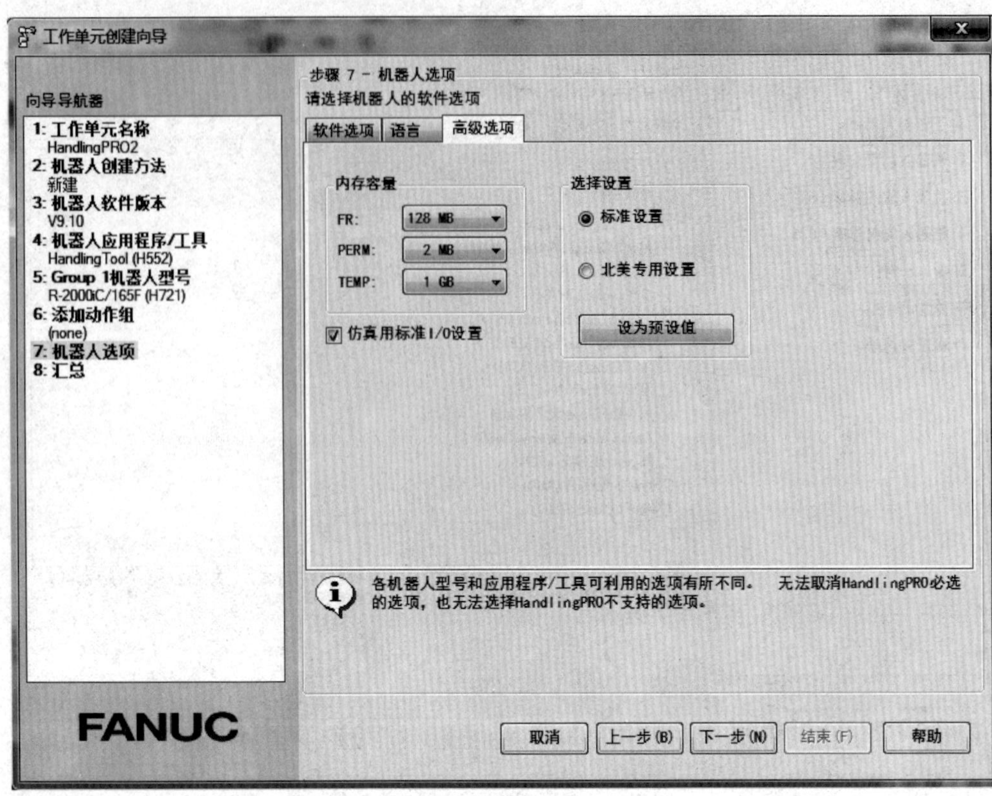

图 7-11 “高级选项”选项卡

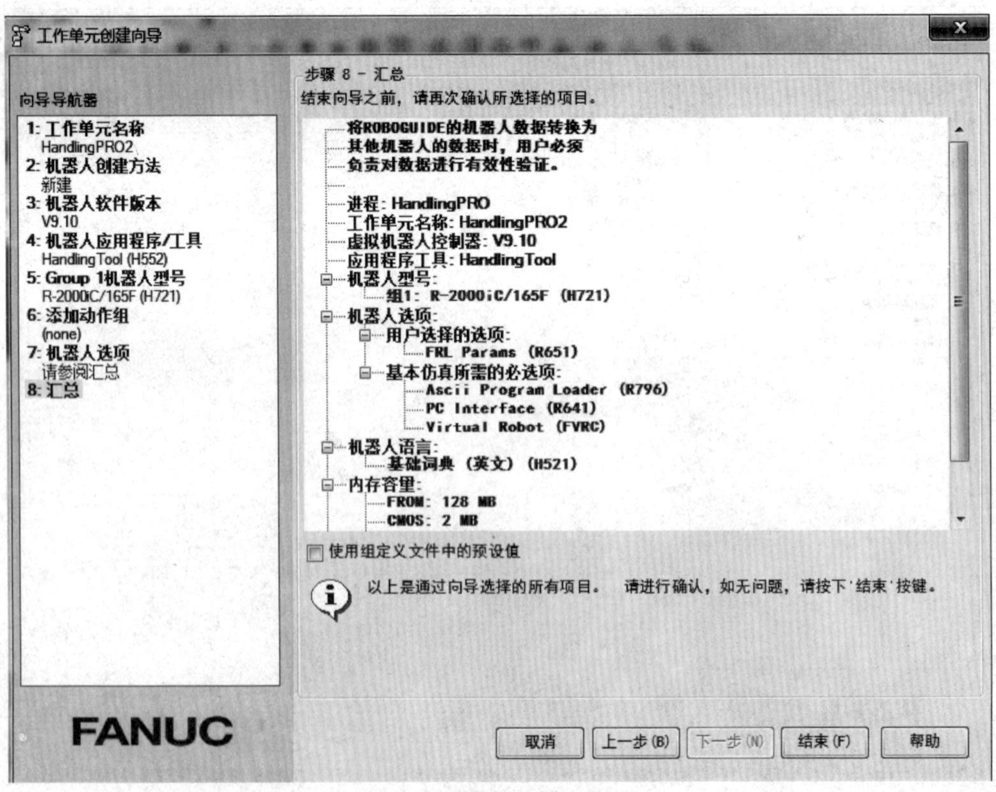

图 7-12 确认机器人选项

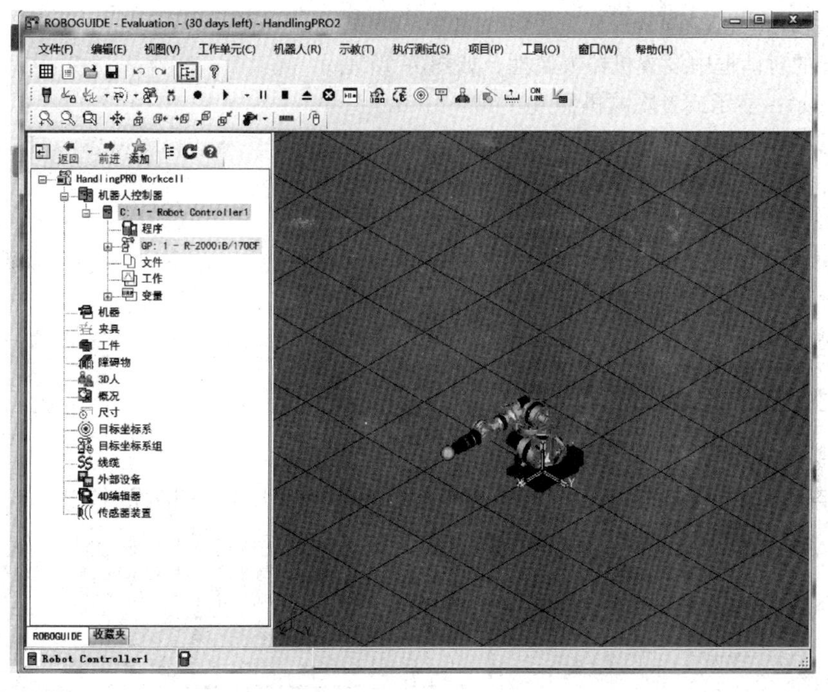

图 7-13　工作单元 HandlingPRO2

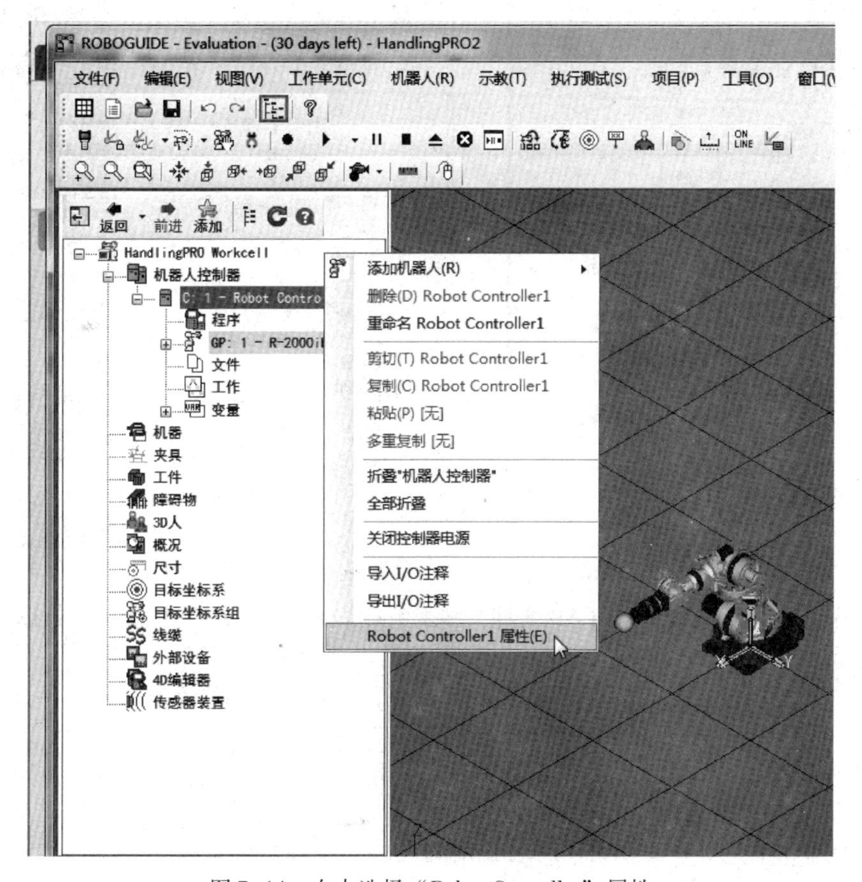

图 7-14　右击选择“Robot Controller”属性

2. 设置机器人属性

在弹出的对话框中设置机器人属性，如图7-15所示。

（1）显示：显示或者隐藏机器人。

（2）显示示教工具：TCP显示或者隐藏。

（3）半径：TCP显示尺寸调整。

（4）线框：机器人透明显示。

（5）位置：安装位置调整。

（6）干涉检测：碰撞检测。

（7）固定位置：锁定机器人安装位置。

三、添加工具与外设部件

1. 选择Part

在工作单元浏览器里找到“工件”，右击，选择“添加工件”如图7-16所示。

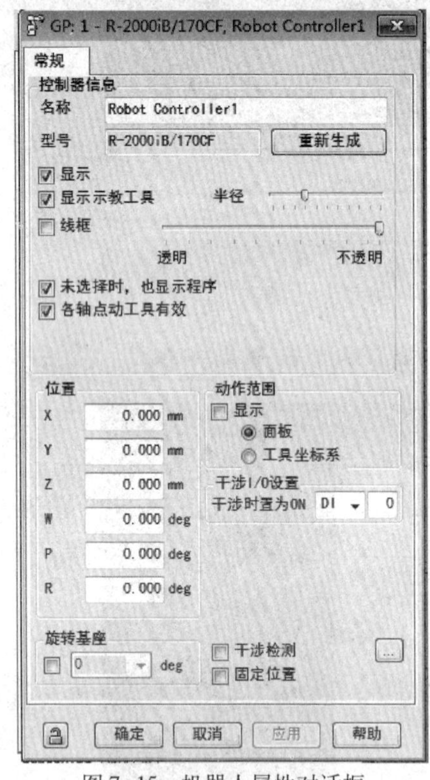

图7-15 机器人属性对话框

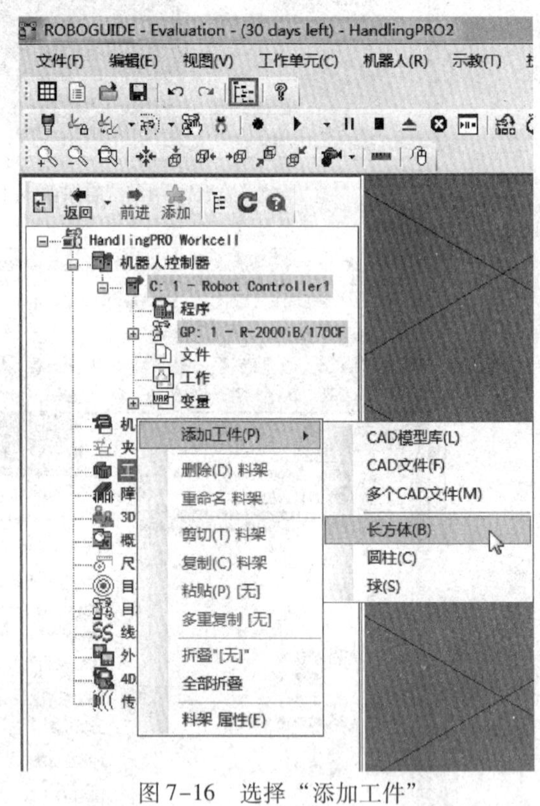

图7-16 选择“添加工件”

工件类型有：CAD模型库、CAD文件、多个CAD文件、长方体、圆柱体、球体。

2. 添加一个长方体

选择“添加工件”→“长方体”，添加一个长方体到机器人仿真系统。长方体属性包括颜色、重量、标度（尺寸）及透明度等方面，如图7-17所示。

设定好颜色、重量和尺寸后，单击“确认”按钮，完成添加工件工作。

3. 编辑机器人手爪

（1）在工作单元浏览器“GP：1-R2000iB/170CF”下找到“工具”，右击，在快捷菜单中选择“Eoat1属性”，如图7-18所示。

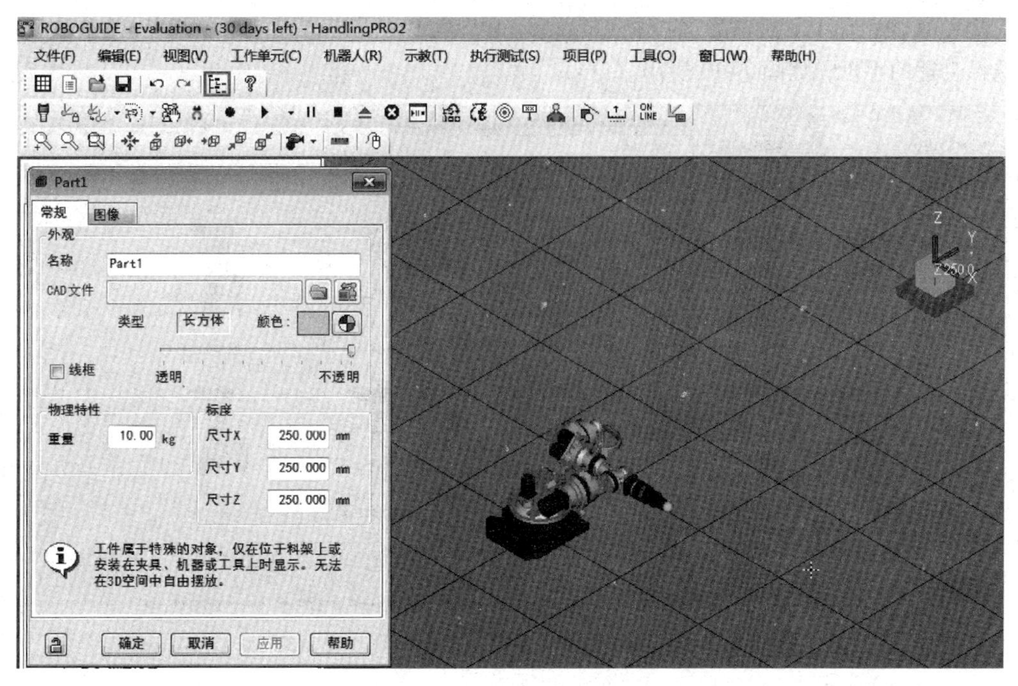

图 7-17　添加长方体的属性

图 7-18　右击选择“Eoat1 属性”

（2）选择添加工具对话框的“常规”选项卡，单击▣，从数据库里添加手爪。在数据库里选择合适的手爪，如图 7-19 所示。

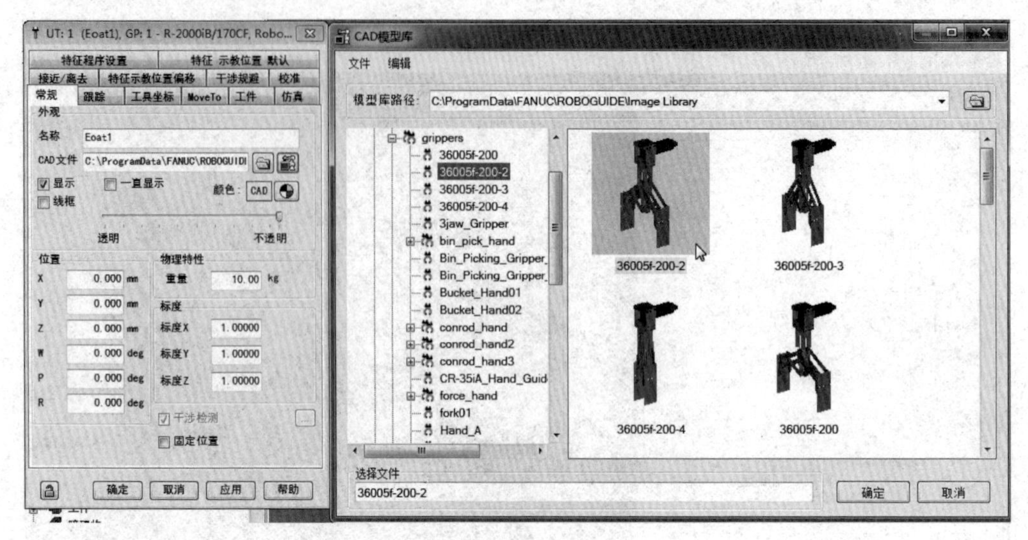

图 7-19　在数据库里选择合适的手爪

手爪属性如下。

1）位置（Location）：安装位置。

2）物理特性重量（Mass）：重量。

3）标度（Scale）：尺寸比例。

4）显示（Visible）：隐藏、显示。

5）线框（Wire Frame）：透明度。

（3）调整完成后，将手爪属性对话框右下角的“固定位置（Lock All Location Values）”勾上，锁定手爪尺寸和位置，如图 7-20 所示，完成手爪设置。

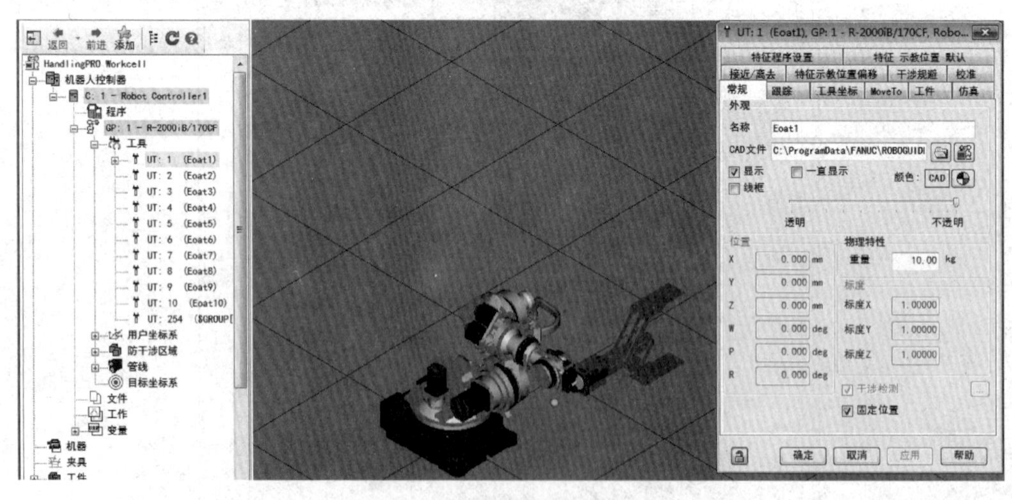

图 7-20　锁定手爪尺寸和位置

（4）单击 UTOOL（工具）选项卡，转到工具坐标系编辑界面。将 Edit UTOOL 选项勾上，可调整 TCP 位置。调整方式如下。

1）直接在左侧输入 TCP 坐标值。

2）拖动 TCP 圆球到合适位置，单击 Use Corrent Triad Location，将当前坐标作为 TCP 坐标。

（5）添加新手爪。

1）单击 Simulation，转到仿真界面。单击▣，从数据库里添加另一种状态的手爪，如图 7-21 所示。

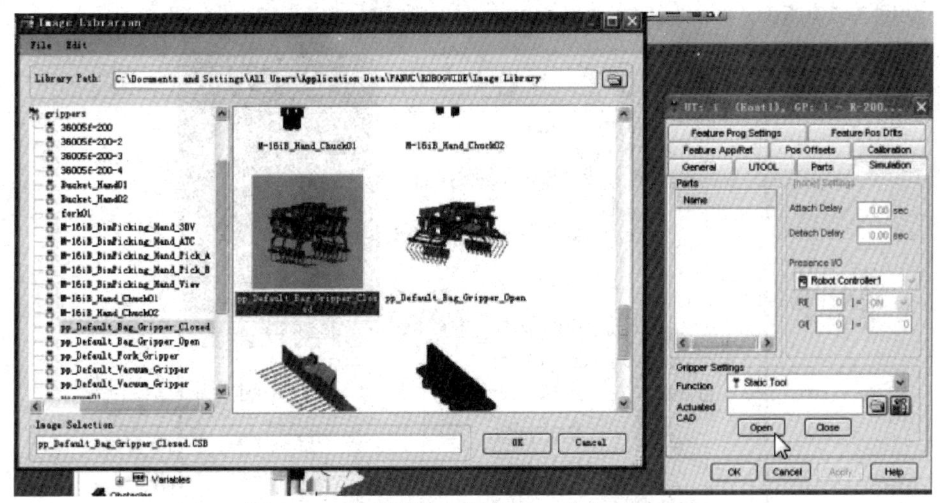

图 7-21　从数据库里添加另一种状态的手爪

2）单击 Open（手爪开）、Close（手爪关），可将手爪松开，夹紧。

（6）添加工件。单击“工件”选项卡，添加工件，如图 7-22 所示。将“需要的工作”勾上，单击“应用”（Apply）。

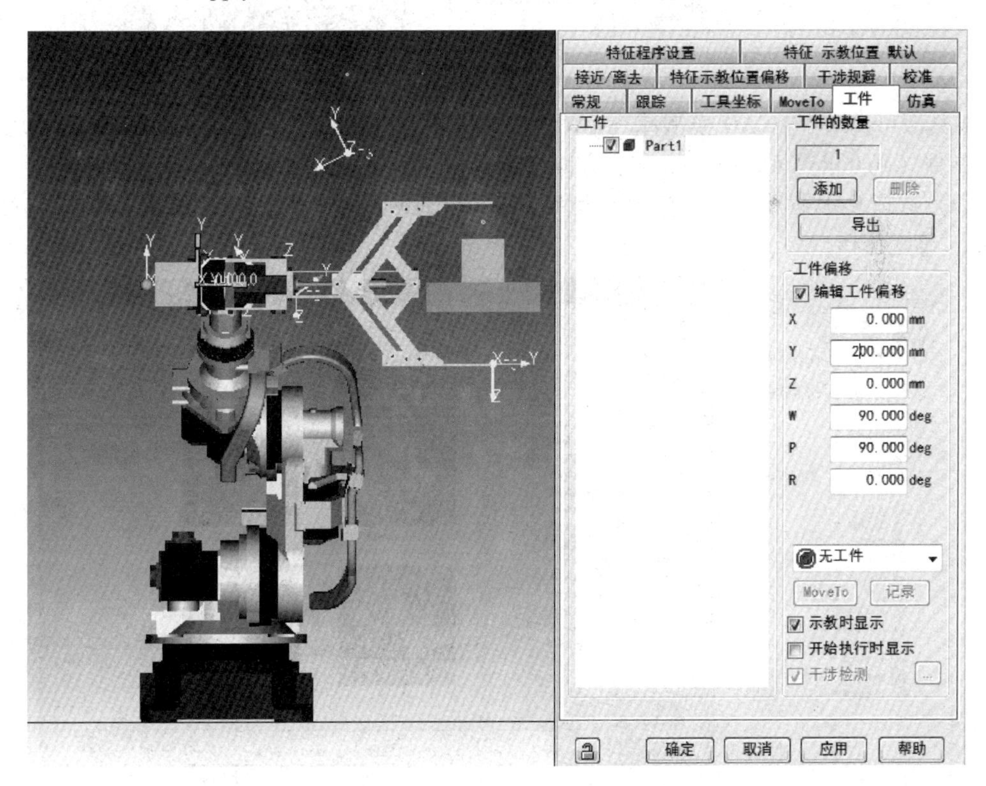

图 7-22　添加工件

工件显示属性设置，可勾选示教时显示（Visible at Teach Time）或开始执行时显示（Visible at Run Time）。

4. 添加夹具（Fixture）

（1）在工作单元浏览器里找到“夹具（Fixture）”，右击，选择“添加夹具”（Add Fixture），如图7-23所示。

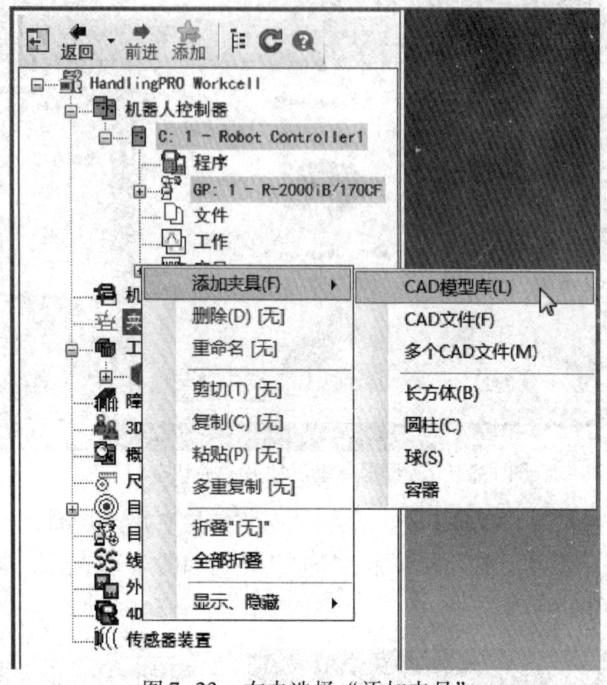

图7-23 右击选择“添加夹具”

夹具源可选取：①CAD模型库（CAD Library）；②CAD文件（Single CAD File）；③多个CAD文件（Multiple CAD Files）；④长方体（Box）；⑤圆柱（Cylinder）；⑥球（Sphere）。

（2）选择CAD模型库。在CAD模型库，选择合适的模型，如图7-24所示。单击“确认”（OK），确定选择。

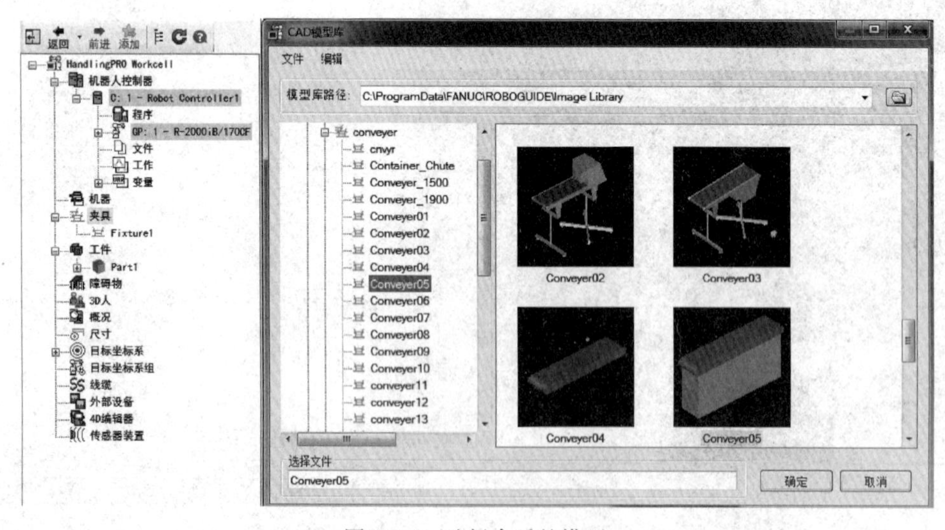

图7-24 选择合适的模型

（3）修改夹具属性。修改夹具属性如图7-25所示。

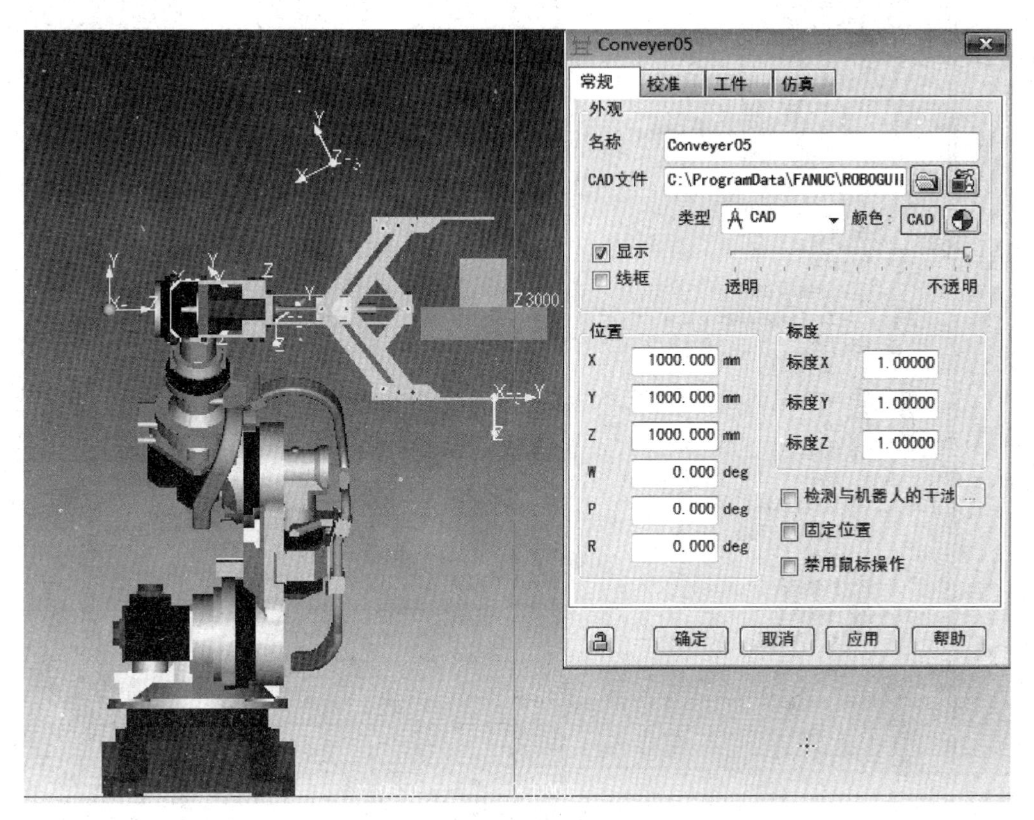

图7-25　修改夹具属性

夹具属性包括：①名称（Name）；②颜色（Color）；③显示（Visible）；④位置（Location）；⑤标度（Scale）；⑥固定位置（Lock All Location Values）；⑦检测与机器人的干涉（Show Robot Collisions）。调整好参数后，单击“应用”，添加夹具到机器人系统。

（4）单击“工件”选项卡，勾选Part1关联工件，如图7-26所示。

（5）勾选“编辑工件偏移”，编辑工件的相对位置，如图7-27所示。

修改方式如下：①在下方直接输入坐标值；②拖动工件到合适位置。完成后单击“应用”，确认修改。

（6）单击“仿真”（Simulation）选项卡，打开仿真设定界面，如图7-28所示。

仿真设置如下。

1）允许抓取工件（Allow part to be picked）。

2）允许放置工件（Allow part to be placed）。

5. 添加障碍物

（1）在工作单元浏览器里找到“障碍物”（Obstacles），右击，选择“添加障碍物”（Add obstacles），执行添加障碍物命令，如图7-29所示。

（2）选择“CAD模型库”（CAD Library）可调出Roboguide数据库，CAD模型库如图7-30所示。从中可选择底座、安全门、控制柜等。

（3）添加机器人底座如图7-31所示。

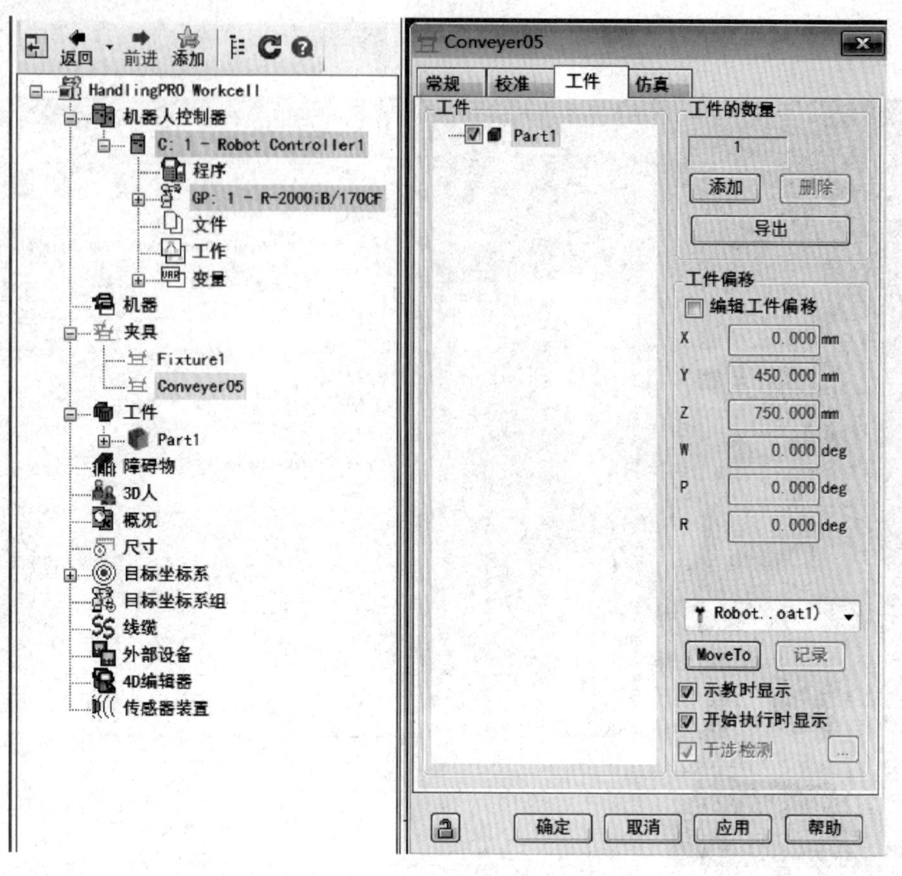

图 7-26 关联工件

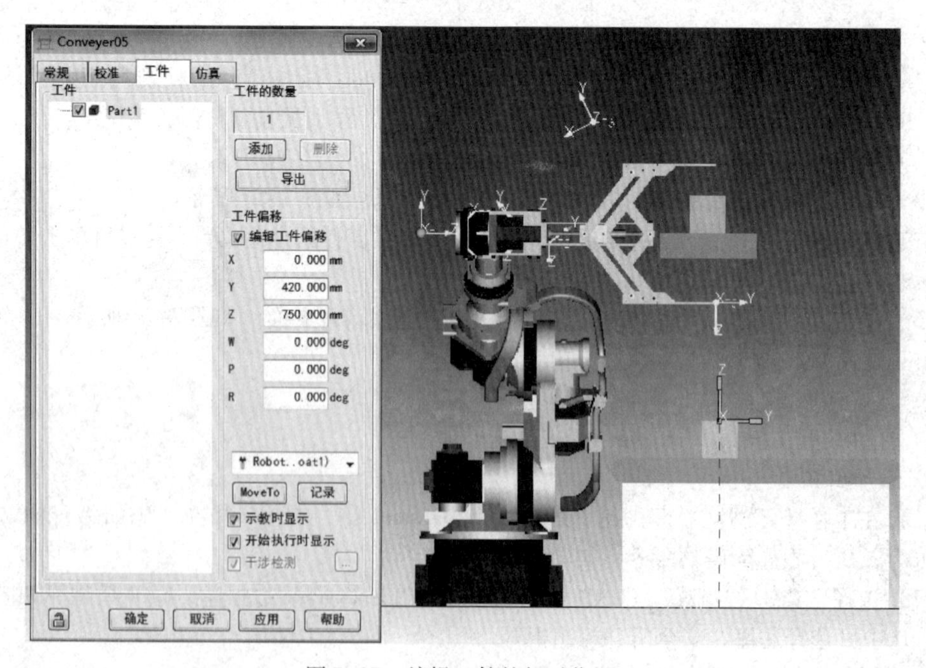

图 7-27 编辑工件的相对位置

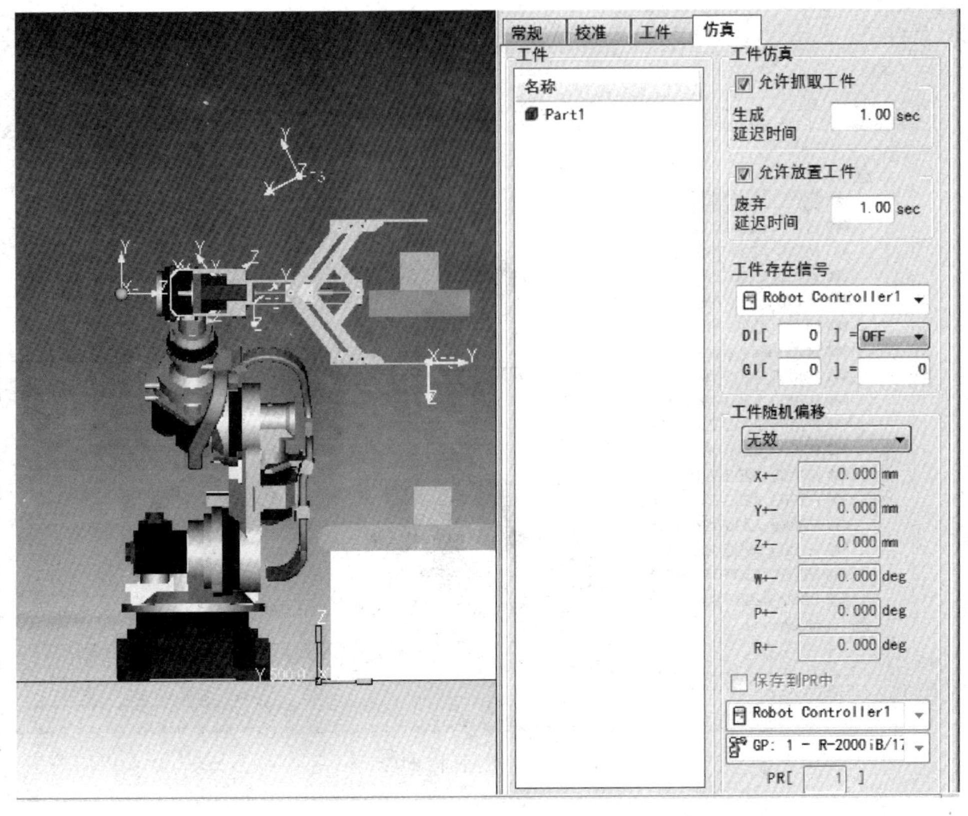

图 7-28　仿真设定界面

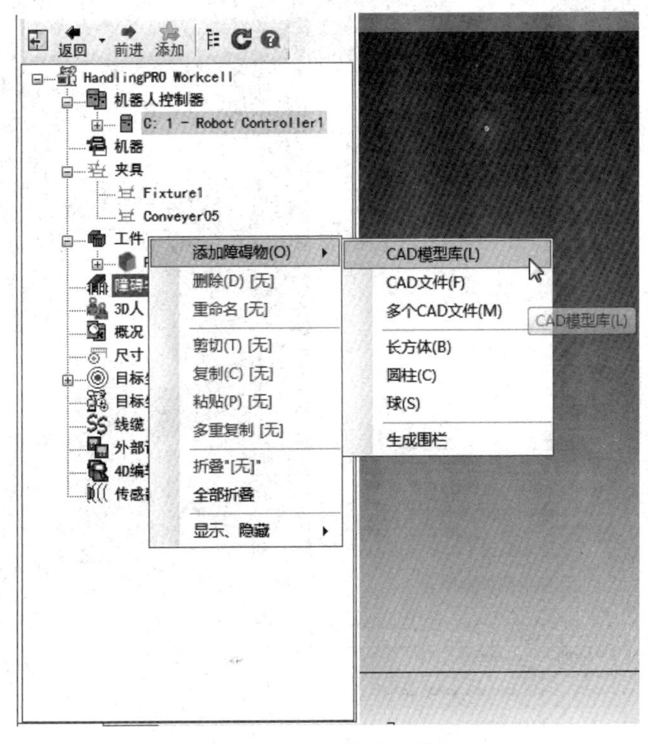

图 7-29　执行添加障碍物命令

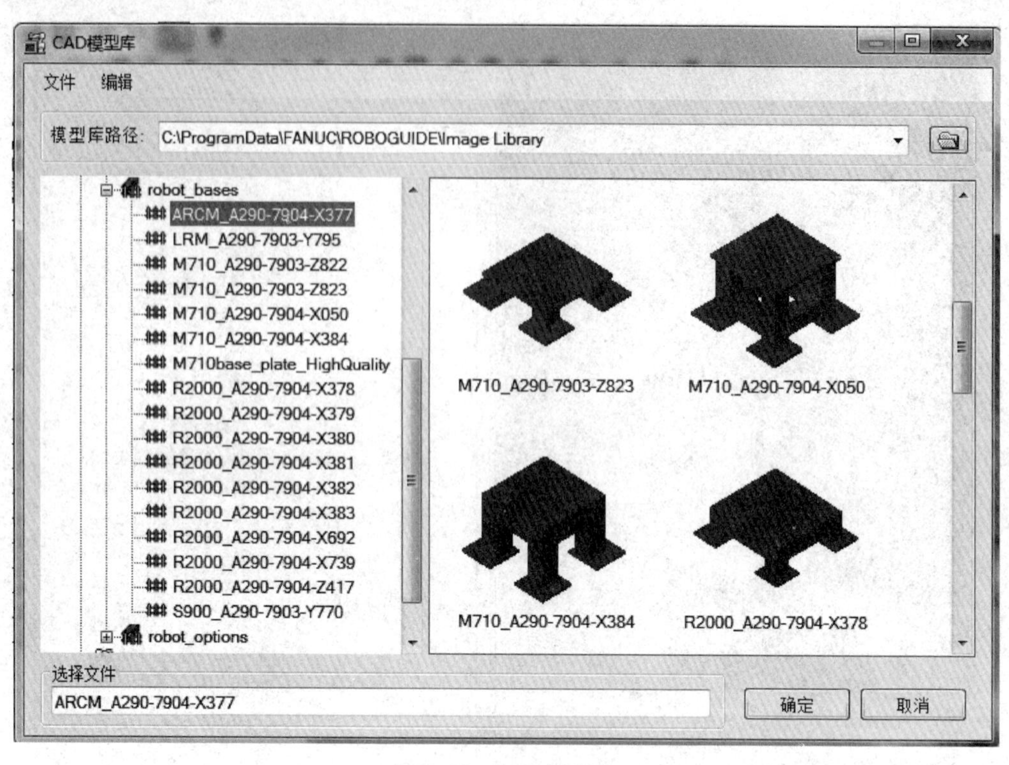

图 7-30 CAD 模型库

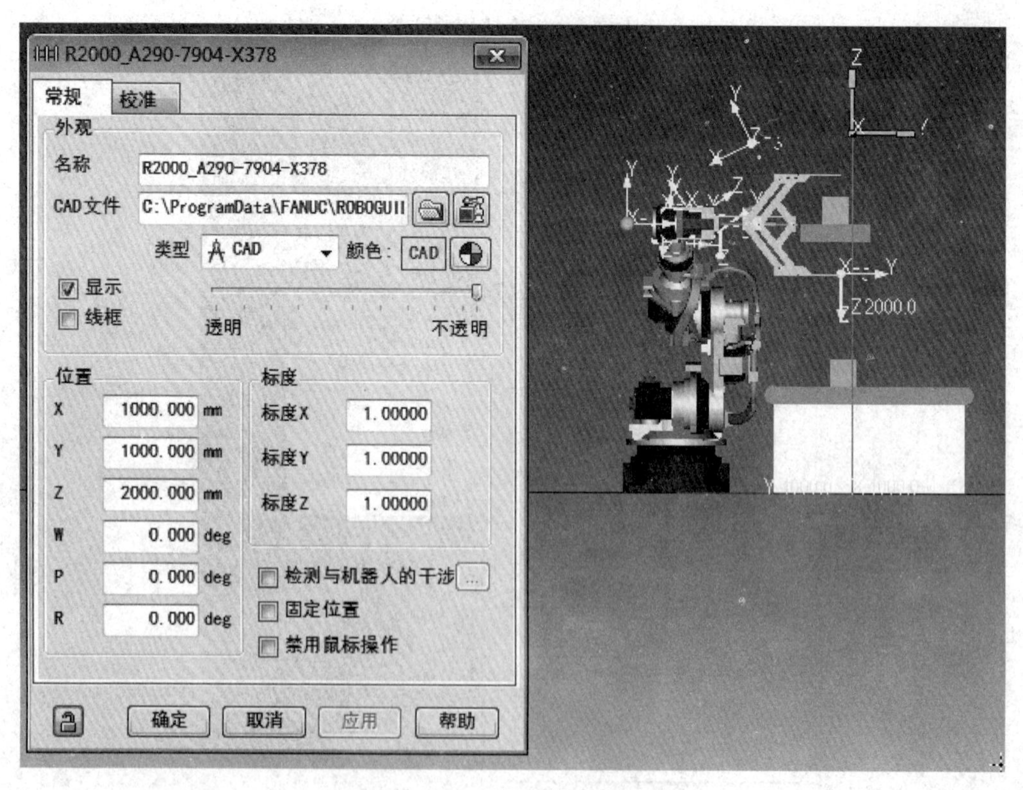

图 7-31 添加机器人底座

机器人底座属性包括：①名称（Name）；②颜色（Color）；③显示（Visible）；④位置（Location）；⑤标度（Scale）；⑥固定位置（Lock all location values）；⑦检测与机器人的干涉（Show robot collisions）。设定完成后单击“应用”，确认添加底座。

（4）添加控制器如图 7-32 所示。

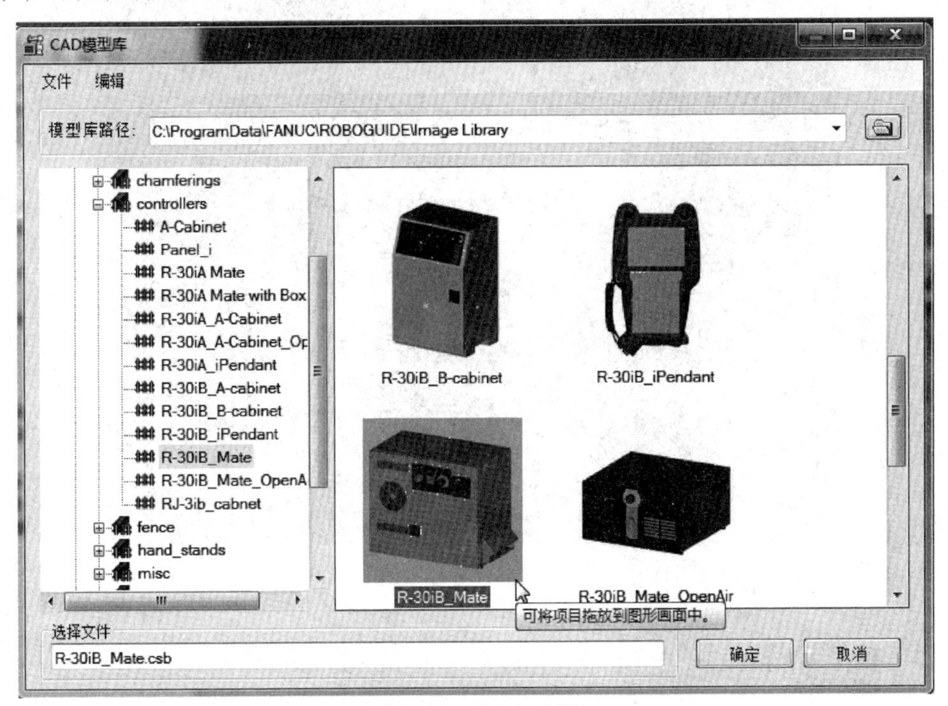

图 7-32　添加控制器

（5）添加围栏如图 7-33 所示。

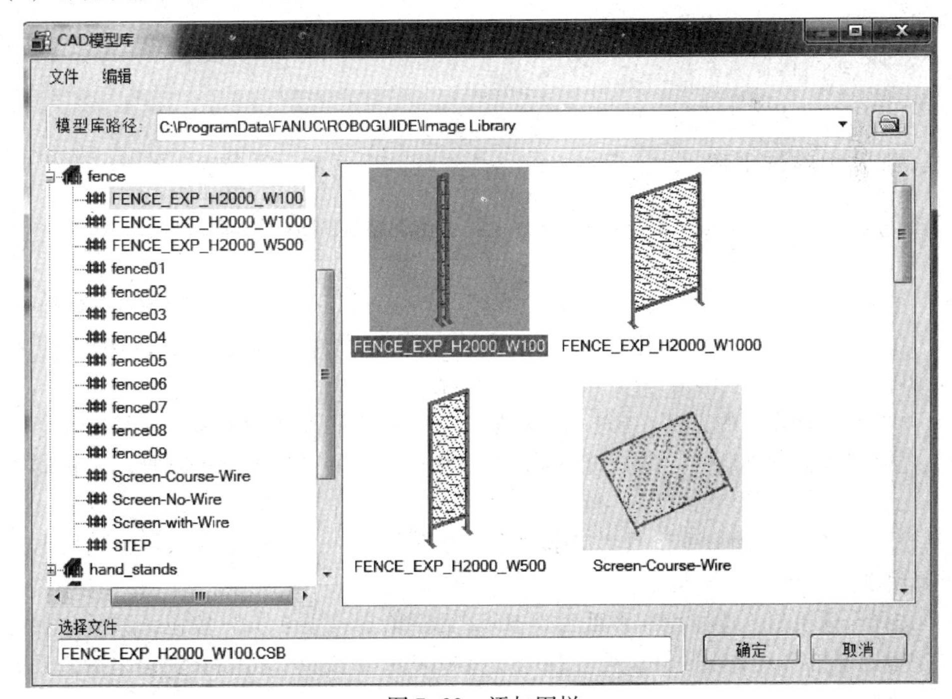

图 7-33　添加围栏

（6）添加安全门，完善工作单元，整体视图如图 7-34 所示。

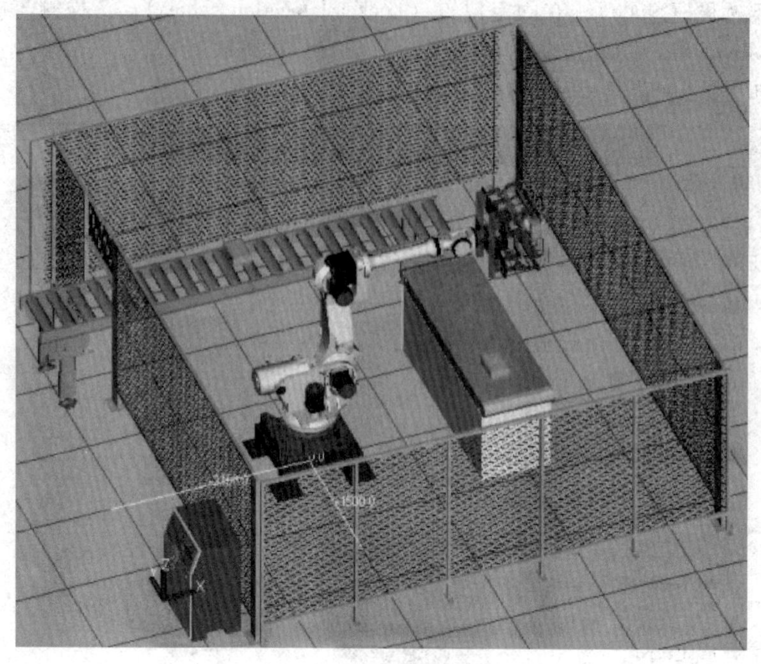

图 7-34 整体视图

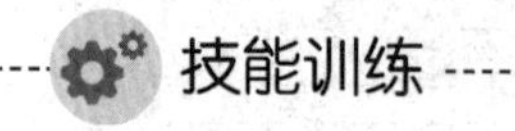

技能训练

一、训练目的

（1）学会创建新的工作单元。

（2）学会编辑机器人。

（3）学会添加外设部件。

二、训练内容与步骤

（1）创建新的工作单元。根据实际需要，创建新的物体搬运工作单元。

1）启动 ROBOGUIDE

2）执行创建新工作单元命令。单击“文件”→“新建”，开始创建一个新工作单元。

3）输入文件名。在弹出新建工作单元对话框中，在文件名栏目中输入新的文件名 HandlingPRO6。

4）选择创建机器人的方式。单击对话框底部“下一步”按钮，选择第一项“新建”。

5）选择机器人软件版本。选择第一项，然后单击“下一步”按钮，选择一款机器人软件版本。

6）选择机器人应用程序/工具。单击“下一步”按钮，选择标准手爪（可以根据实际需要，选择机器人工具）。

7）选择合适机型。选择标准手爪工具 H552 后，单击“下一步”按钮，选择一款机器人型号。这里选择机器人型号（订单编号 H623）R-2000iB/170CF，可以在创建之后，根据实际需要进行更改。

8）选择动作组附加设备。单击“下一步”按钮，选择要添加的机器人与变位机，如果有动作组附加设备，就进行相应的选择。

9）选择相应的选项功能软件。

10）确认机器人选项。单击“下一步”按钮，再次确认后单击“结束”按钮，完成设置。

（2）编辑机器人。

1）在工作单元浏览器里找到机器人，右击选择“Robot Controller1 属性”

2）设置机器人属性。在弹出的对话框中设置机器人属性。

（3）添加外设部件。

1）在工作单元浏览器里找到“工件”，右击，选择“添加工件”。

2）添加一个长方体。

a. 在弹出的右键菜单中，选择“长方体”，添加一个长方体到机器人仿真系统。

b. 设定好重量和尺寸后，单击“确认”完成添加工具操作。

（4）编辑机器人手爪。

1）在工作单元浏览器里找到“工具”，右击，在快捷菜单中选择“Eoat1 属性”。

2）在添加工具对话框的“常规”选项卡，单击▣，打开 CAD 模型库。

3）在 CAD 模型库里选择合适的手爪。

4）调整完成后，将手爪属性对话框右下角的“固定位置”勾上，锁定手爪尺寸和位置，完成手爪设置。

5）单击“工具坐标”，转到工具坐标系编辑界面。将“编辑工件坐标”选项勾上，调整 TCP 位置。调整方式如下。

a. 直接在左侧输入 TCP 坐标值。

b. 拖动 TCP 圆球到合适位置，单击“应用坐标系的位置”（Use Corrent Triad Location），将当前坐标作为 TCP 坐标。

（5）添加新手爪。

1）单击“仿真”（Simulation），转到仿真界面。单击▣，从 CAAD 模型库里添加另一种状态的手爪。在数据库里选择合适的手爪，添加新手爪。

2）点击 Open（手爪开）、Close（手爪关），可将手爪松开，夹紧。

（6）添加工件。

1）单击“工件”，弹出添加工件关联画面。将“Part1”复选框勾上，单击“应用”，使得工件与手爪关联。

2）将“编辑工件偏移”（Edit Part Offset）勾上，可编辑工件的位置。修改完成后单击“应用”，确定工件新位置。

（7）添加夹具。

1）在工作单元浏览器里找到“夹具”，右击选择“添加夹具”。

2）选择 CAD 模型库。在 CAD 模型库，选择合适的模型。

3）单击“确认”，确定选择。

4）修改夹具属性。

5）调整好参数后，单击“应用”按钮，添加夹具到机器人系统。

6）单击“工具”，勾选“Part1”关联工作。勾选“编辑工件偏移”，编辑工件的相对位置。

7）单击“仿真”，打开仿真设定界面。设定仿真后，单击“确认”按钮，完成添加夹具操作。

（8）添加外部设施。

1）在工作单元浏览器里找到“障碍物”(Obstacles)，右击，选择“添加障碍物”（Add Obstacles)，执行添加障碍物命令。

2）选择“CAD模型库”（CAD Library）可调出Roboguide软件自带的CAD模型库。

3）在CAD模型库中选择机器人底座robot_bases。选择一款机器人底座，设置机器人底座属性，设定完成后单击“应用”按钮，将底座添加的机器人系统。

4）在CAD模型库中选择Controllers控制器，选择一款机器人控制器，单击“确认”按钮，将新控制器添加到机器人系统。

5）在CAD模型库中选择fence围栏，根据机器人系统安全要求，选择合适的围栏，设置围栏属性，单击“确认”按钮，添加围栏。

6）添加安全门等，完善新工作单元设置。

任务16 机器人仿真编程

基础知识

Simulation仿真程序是ROBOGUIDE软件里特殊的程序。主要用来控制仿真录像中手爪开合和搬运工件时的效果。

1. 工作台上下料

机器人上下料系统如图7-35所示。

（1）在Fixture1（上料工作台）中添加Part1，勾选“示教时显示”和“开始执行时显示”，如图7-36所示。

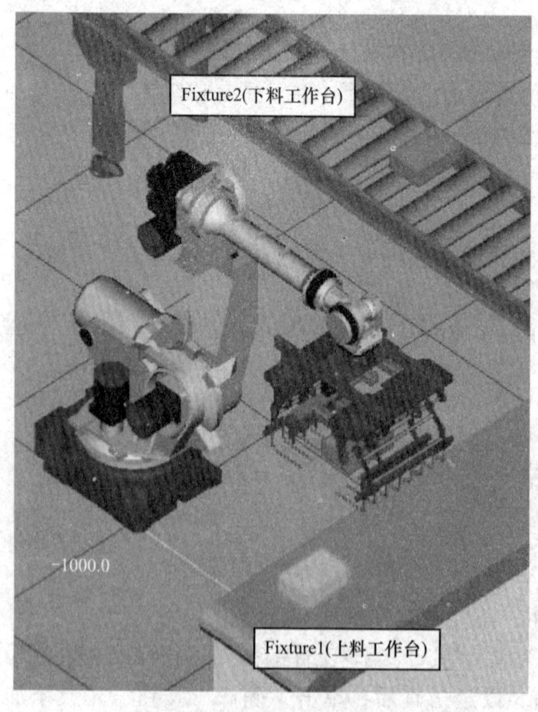

图7-35 机器人上下料系统

图7-36 上料工作台夹具1属性设置

（2）在 Fixture2（下料工作台）中添加 Part1，勾选“示教时显示”。下料工作台夹具 2 属性设置如图 7-37 所示。

图 7-37 下料工作台夹具 2 属性

（3）在 Fixture1（上料工作台）的“仿真”（simulation）选项卡中，勾选“允许抓取工件”和“允许放置工件”。在 Fixture2（下料工作台）的“仿真”选项卡中，勾选“允许抓取工件”和“允许放置工件”。即设置工件被抓取后到另一工件生成的“生成延迟时间”和即工件放置后的“废弃延时时间”，一般情况下两个均设置为零。仿真属性设置如图 7-38 所示。

2. 添加手爪抓取的仿真程序

（1）在工作单元浏览器里找到“程序”，右击选择“添加仿真程序”（Add simulation Programs），添加仿真程序，如图 7-39 所示。

（2）在弹出的创建程序对话框中，输入仿真程序名，如图 7-40 所示。抓取程序一般命名为 Pick，放置程序一般命名为 Place。

（3）在弹出的仿真程序编辑器中，新建一个 Pick 程序，单击指令（Inst）按钮旁的小三角，在弹出的菜单选择 Pickup，插入抓取 Part1 程序，如图 7-41 所示。在 Pickup 中选择从上料工作台（Fixture1）中抓取 Part1 工件。

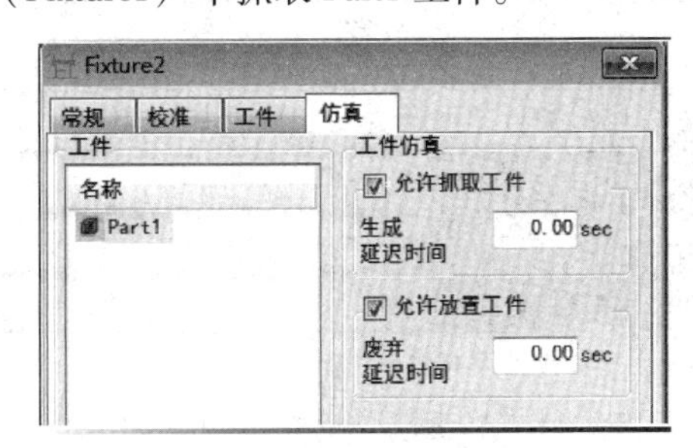

图 7-38 仿真属性设置

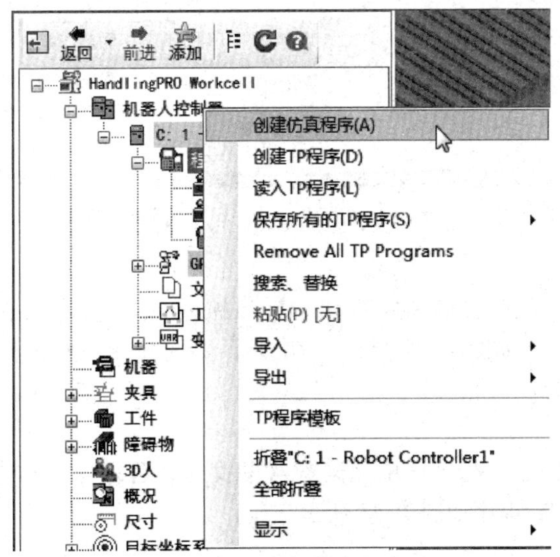

图 7-39 添加仿真程序

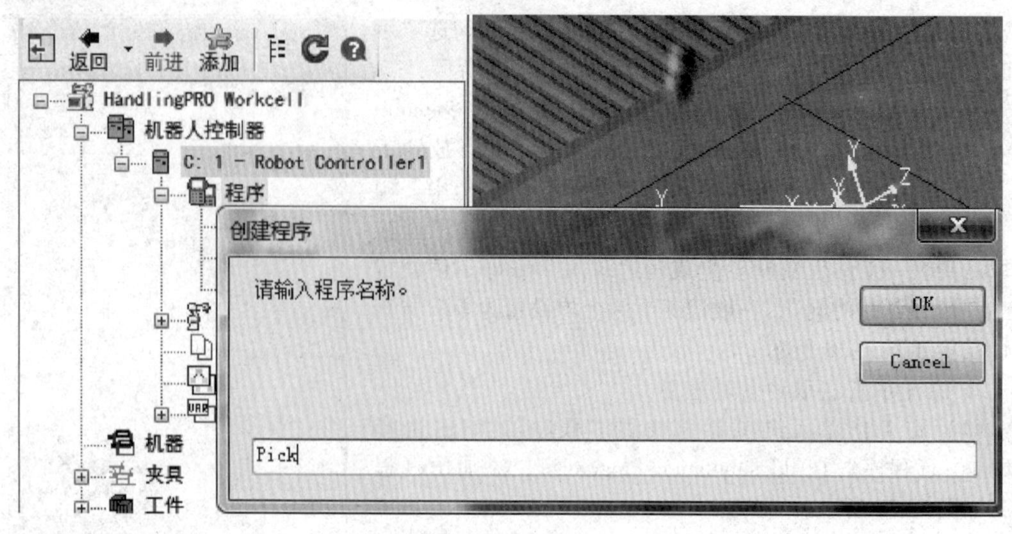

图 7-40 输入仿真程序名

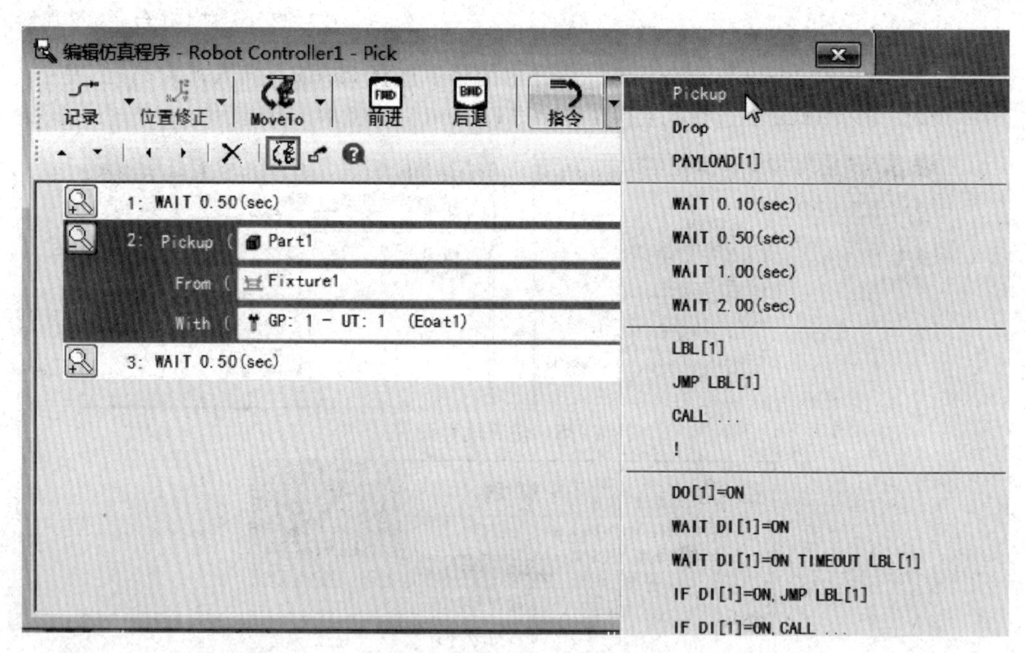

图 7-41 插入抓取 Part1 程序

（4）新建一个 Place 程序，单击指令（Inst）按钮旁的小三角，在弹出的菜单选择 Drop 指令，插入放置 Part1 程序，如图 7-42 所示。在 Drop 中选择从下料工作台（Fixture2）中放置 Part1 工件。

3. 编写 TP 程序

（1）新建一个 TP 程序。在工作单元浏览器里找到“程序”右击，在弹出的菜单中选择“创建 TP 程序”。添加 TP 程序如图 7-43 所示。

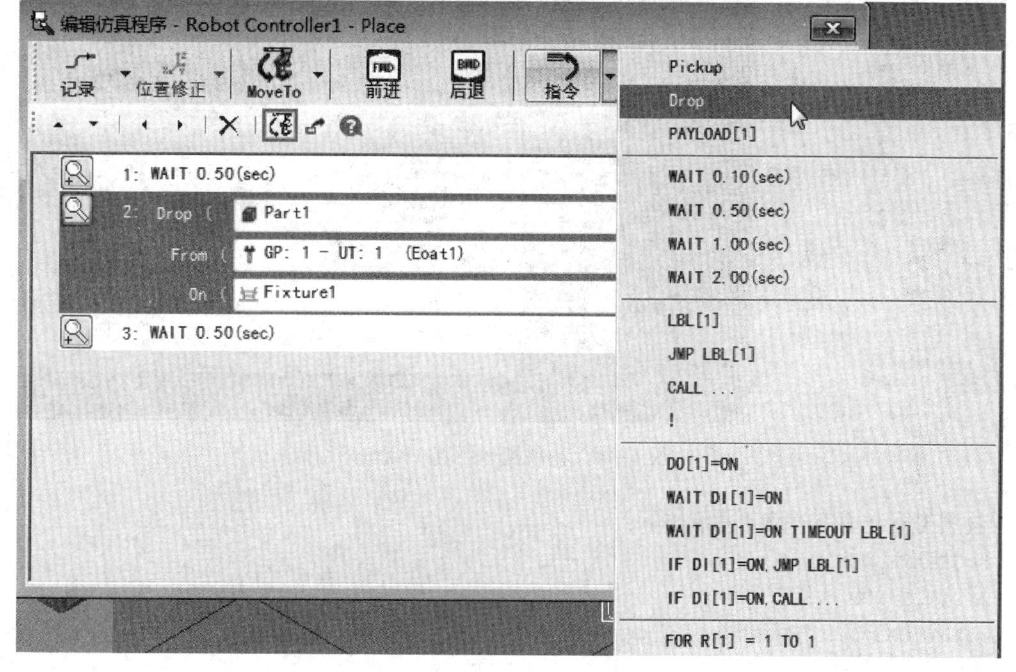

图 7-42　插入放置 Part1 程序

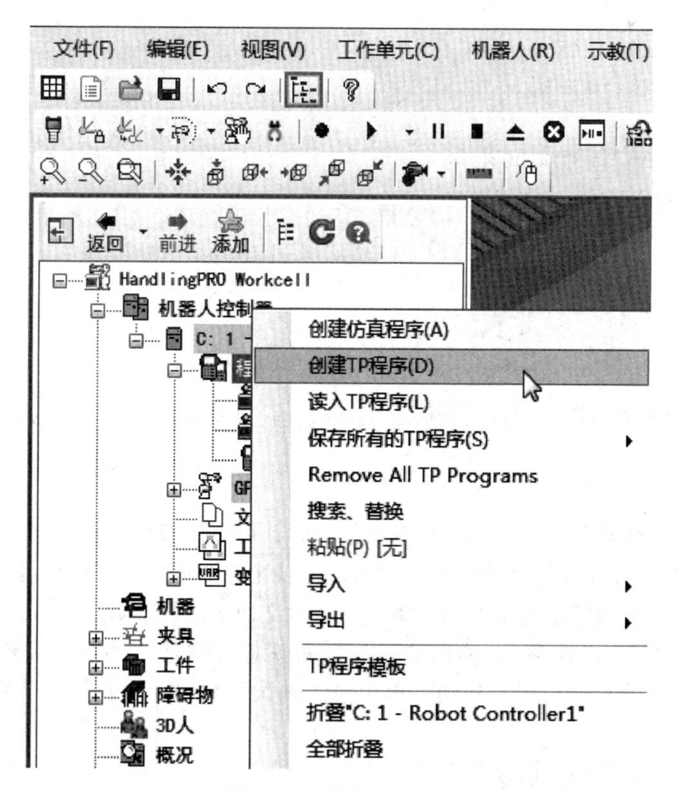

图 7-43　创建 TP 程序

（2）利用仿真 TP，编写程序。物料搬运仿真 TP 程序编辑如图 7-44 所示。

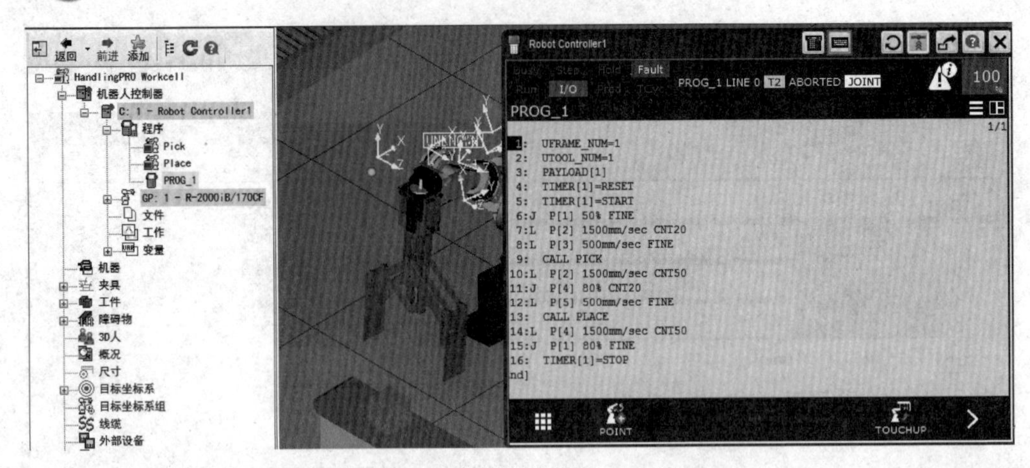

图 7-44 物料搬运仿真 TP 程序

物料搬运仿真 TP 程序清单如下：

```
1:UFRAME_NUM=1;
2:UTOOL_NUM=1;
3:PAYLOAD[1];
4:TIMER[1]=RESET;
5:TIMER[1]=START;
6:J P[1]50% FINE;
7:L P[2]1500mm/sec CNT20;
8:L P[3]500mm/sec FINE;
9:CALL PICK;
10:L P[2]1500mm/sec CNT50;
11:J P[4]80% CNT20;
12:L P[5]500mm/sec FINE;
13:CALL PLACE;
14:L P[4]1500mm/sec CNT50;
15:J P[1]80% FINE;
16:TIMER[1]=STOP;
```

其中 P[1] 为原点，P[2] 为抓取接近点，P[3] 为抓到点，P[4] 为放置接近点，P[5] 为放置点。

编辑方法如下：

1）单击仿真示教器右边框，当出现双向箭头时，可以调节仿真示教器大小，如图 7-45 所示，按住鼠标左键即可调节仿真示教器的大小，可以让仿真示教器完整显示。

2）如果仿真示教器按钮显示的是日本文字，日文仿真示教器如图 7-46 所示。

3）单击“工具”→“选项”，弹出“选项”对话框，勾选“使用英文键盘”复选框，如图 7-47 所示。然后单击“应用”按钮，再单击“确认”按钮。重新打开仿真示教器，键盘按钮文字显示英文。

4）插入指令编辑程序，修改程序。

5）坐标系选用指令，若不在指令第一页，可以单击仿真示教的下页箭头按钮，切换至下一页，单击 Offset Frames 工具偏移指令按钮，如图 7-48 所示。然后可以选择输入用户坐标系设定指令和工具坐标系设定指令。

图 7-45　调节仿真示教器大小

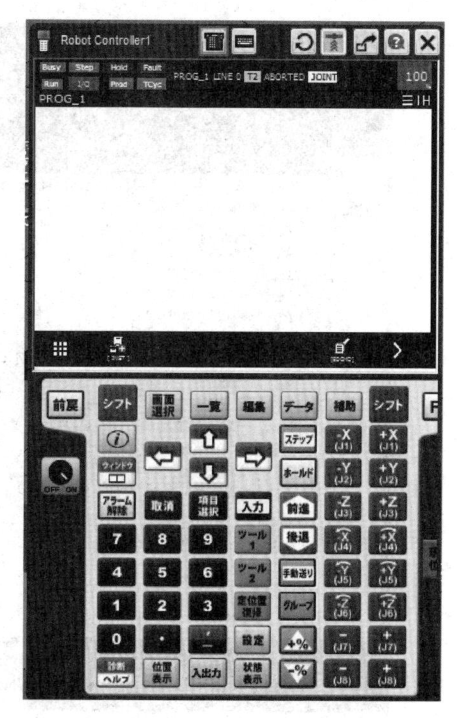

图 7-46　日文仿真示教器

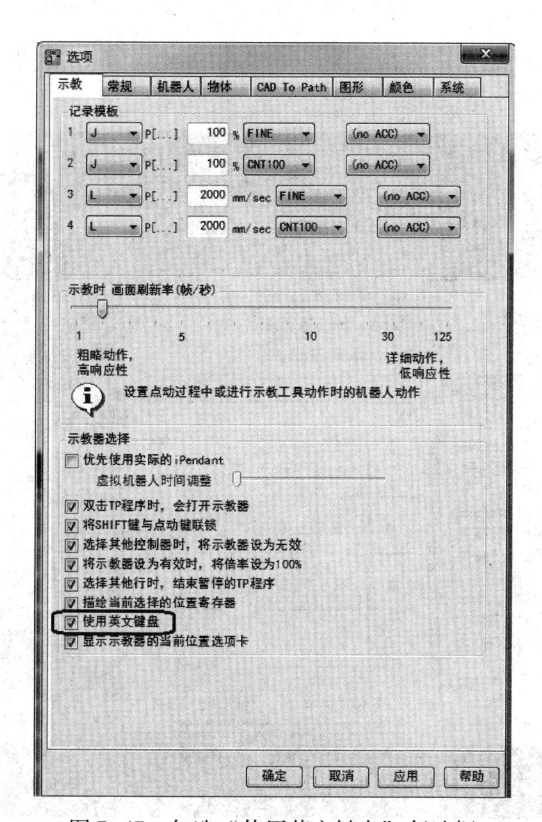

图 7-47　勾选“使用英文键盘”复选框

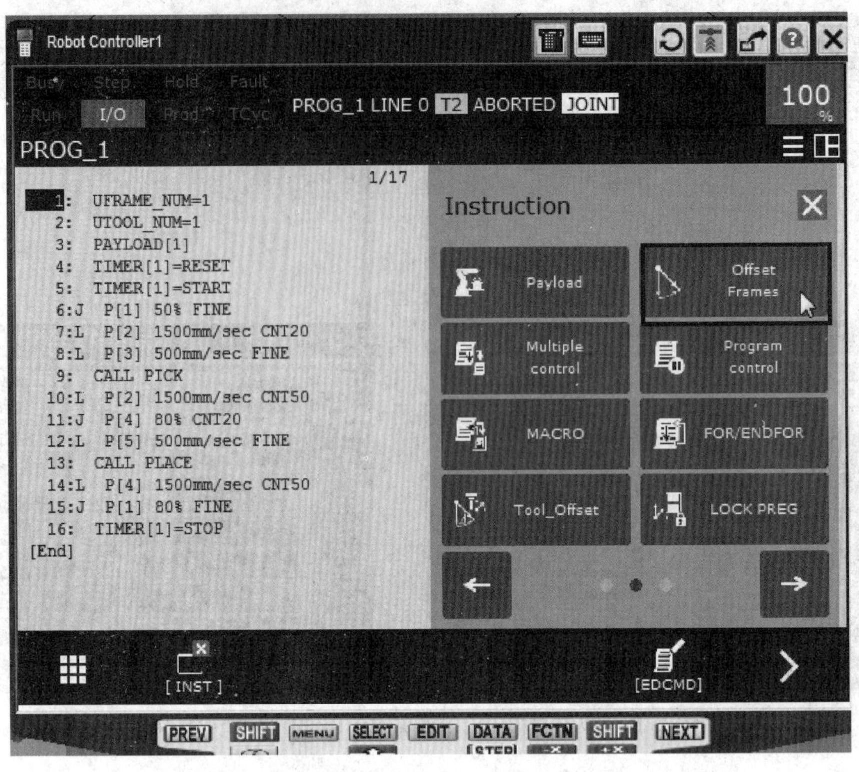

图 7-48 单击 Offset Frames 工具偏移指令按钮

6）输入常数时，会弹出数字键盘（Numeric Keyboard），如图 7-49 所示，输入数字后，按“Exit”退出按钮，关闭数字键盘。

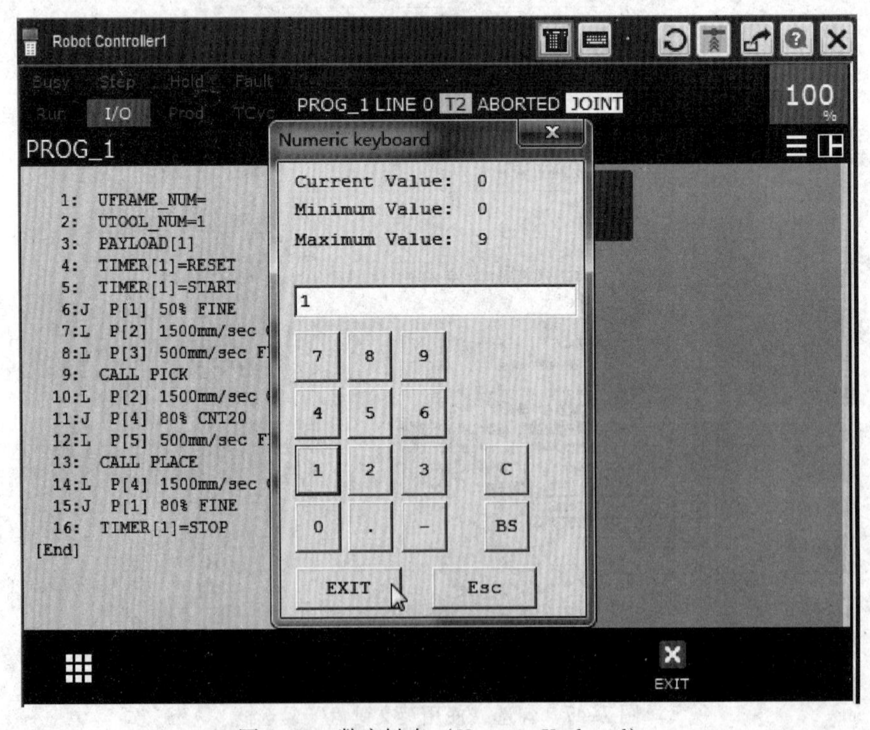

图 7-49 数字键盘（Numeric Keyboard）

7）定时器指令在 Miscellaneous statements 其他杂项指令集内，如图 7-50 所示。

图 7-50　定时器指令

8）基本运动指令在 Add Move Point 添加运动点指令集中，如图 7-51 所示。

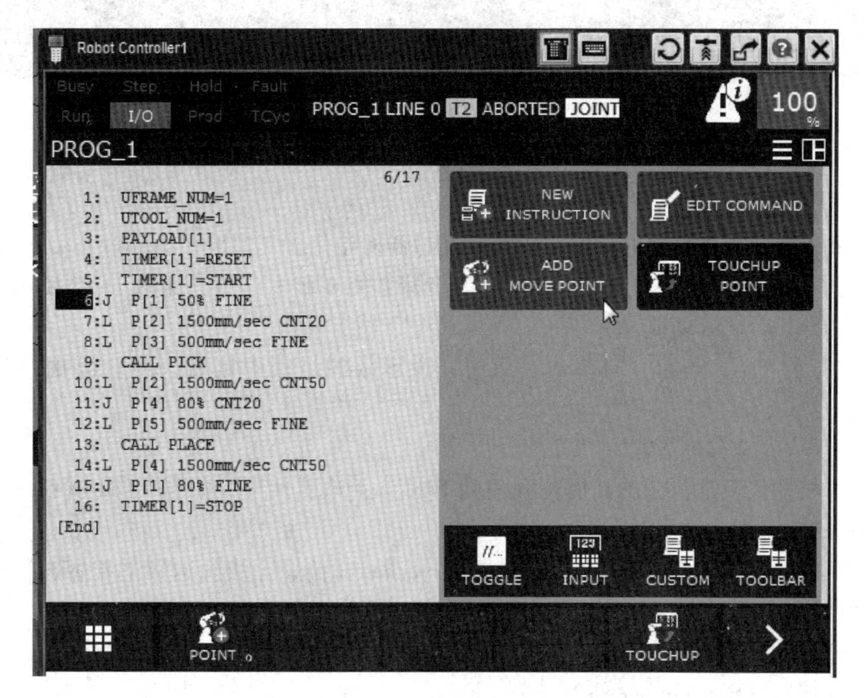

图 7-51　基本运动指令

9）插入基本运动指令后，可以直接修改运动速度和定位类型等。

10）程序编辑可以通过按下 EDIT COMMAND 按钮，弹出指令编辑页面，如图 7-52 所示，可以进行插入、删除、拷贝/剪切、查找、注释等程序编辑操作。

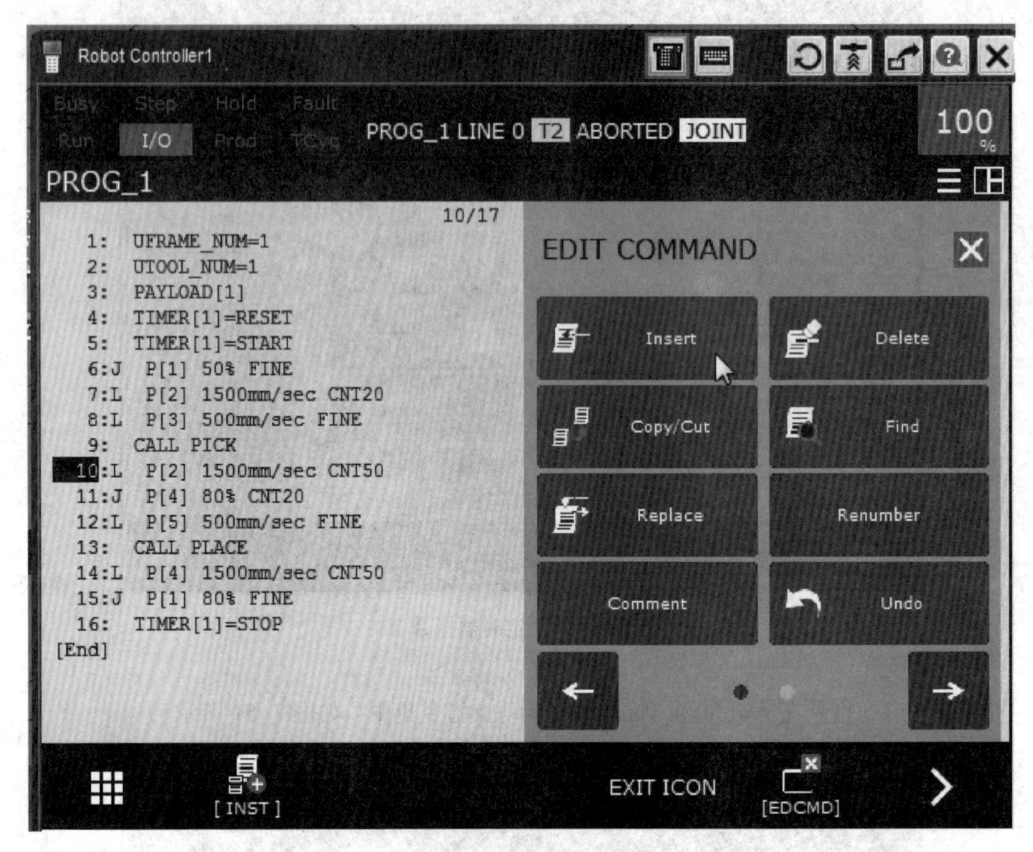

图 7-52 指令编辑页面

4. 编程技巧

（1）TP 程序开始位置要对坐标，负载及计时器初始化。

（2）工件 Part1 在 Fixture 及手爪上摆放的坐标方向要基本一致，如图 7-53 所示，这样编写程序时可使用 move to 功能。

（3）当工件 Part1 坐标方向基本一致时，在示教的过程中机器人不会出现位置限位的情况。

（4）机器人快速移动方法。

1）双击机器人手爪，调出其属性画面的 Parts，手爪属性设置如图 7-54 所示。选择要移动到的 Fixture 后，单击 move to 即可。

2）如不能快速移动或出现 position can not reached（位置无法到达）的报警时，可能是工件的坐标方向与手爪上工件的坐标方向不一致引起的。

（5）查看程序示教点及其相关参数，如图 7-55 所示。

1）运动速度（Segment speeds）。

2）点位连接线（Position connector lines）。

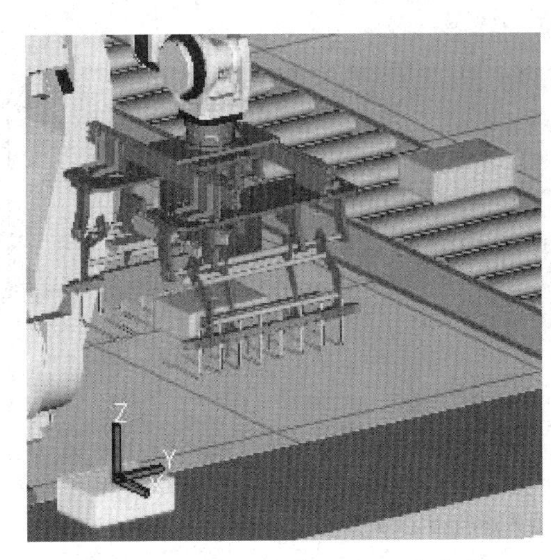

图 7-53　工件 Part1 在 Fixture 及手爪上摆放的坐标方向基本一致

图 7-54　手爪属性设置

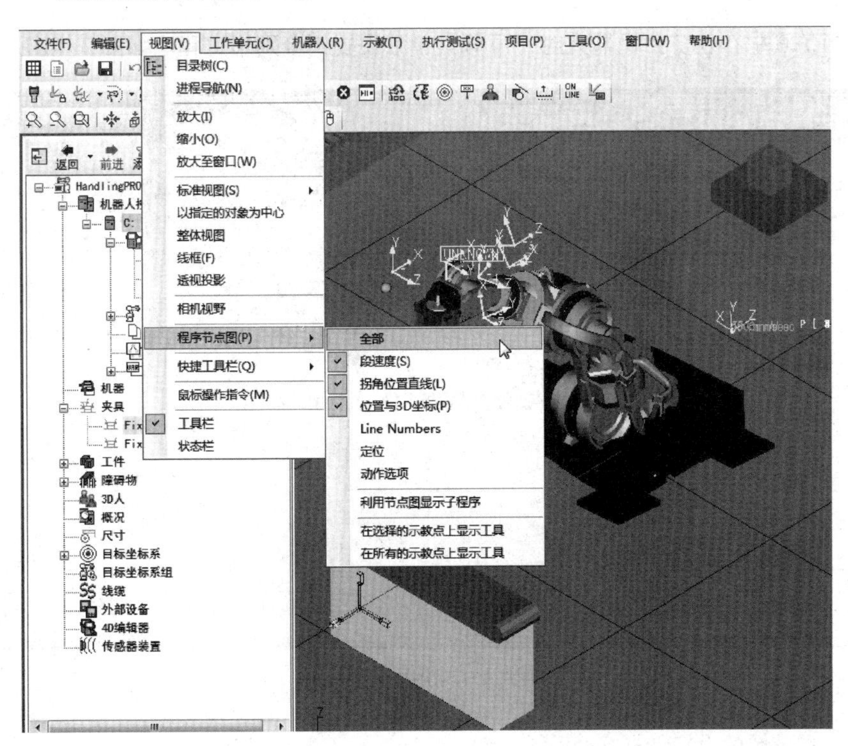

图 7-55　查看程序示教点及其相关参数

3）点位置及坐标（Positions and triads）。

4）定位（Term type）。

5. 仿真录像功能

（1）仿真程序运行一般使用 Selected 模式，指定某台机器人运行指定的程序，单台机器人运行指定程序如图 7-56 所示。

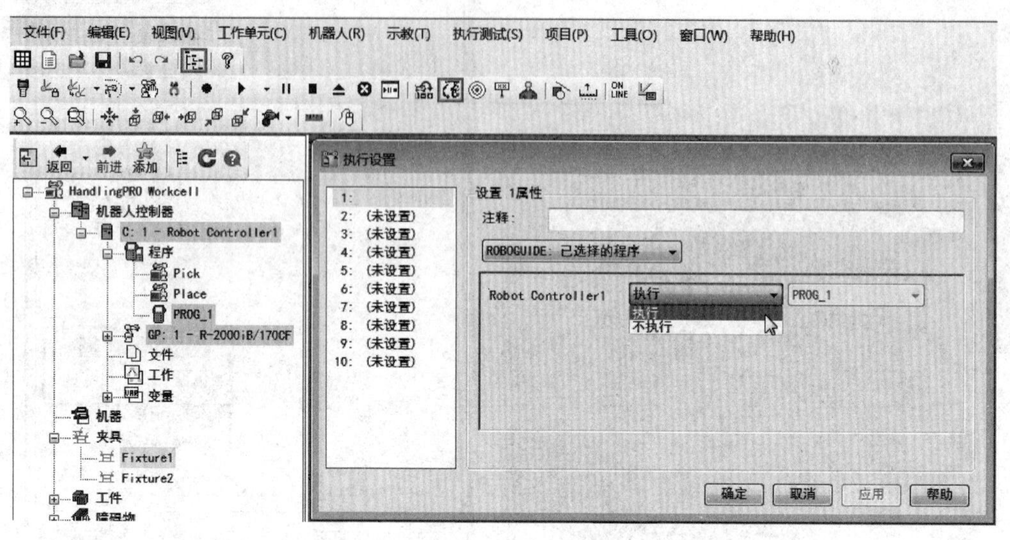

图 7-56 单台机器人运行指定程序

（2）当选择执行（Run）时，即指定运行某程序。当选择不执行（Bypassed），即不运行程序。

（3）当仿真中存在多台机器人时，可对其单独设置，分别指定程序如图 7-57 所示。

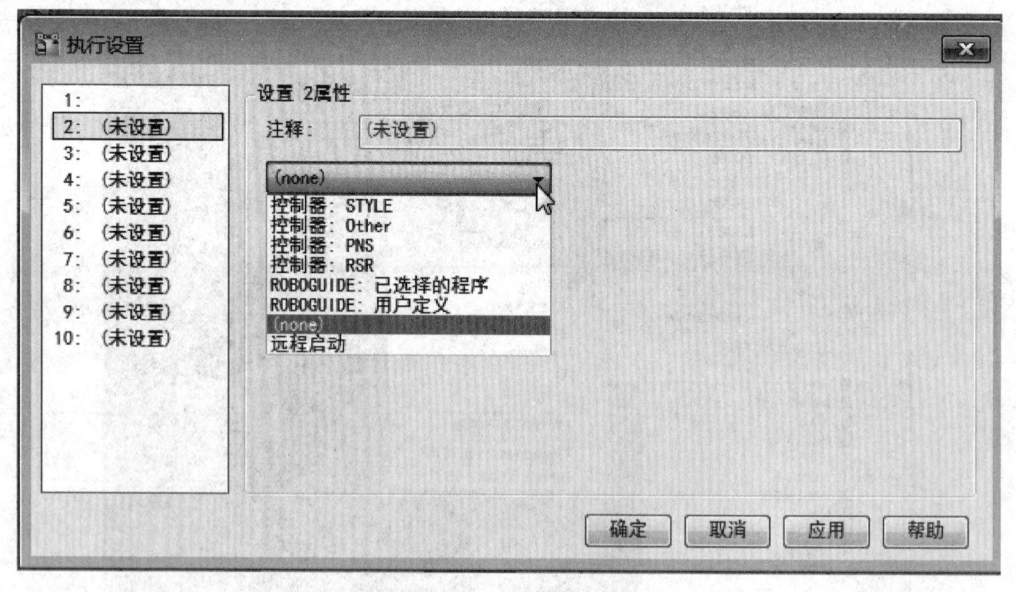

图 7-57 分别指定程序

（4）仿真录像的设置如图 7-58 所示。

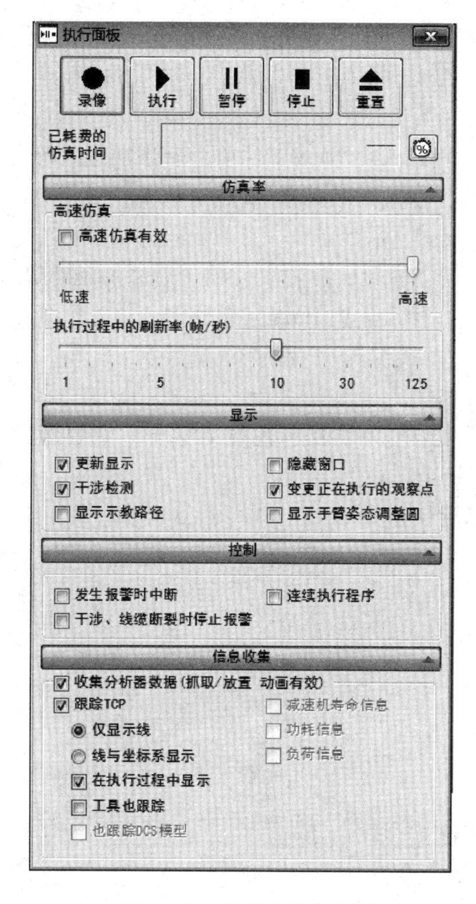

图 7-58 仿真录像的设置

(5) 设置完以上选项后即可录像。录像存放在仿真文件中 AVIs 目录中。

技能训练

一、训练目的

(1) 学会创建新的工作单元。
(2) 学会编辑机器人仿真程序。
(3) 学会在 ROBOGUIDE 开发环境编辑 TP 程序。

二、训练内容与步骤

(1) 创建新的工作单元。
1) 创建新的物料搬运工作单元 HandlingPRO3。
2) 添加机器人手爪。
3) 添加工件 Part1。
4) 添加上料工作台夹具 Fixture1。
5) 使上料工作台夹具 Fixture1 与工件 Part1 关联，并且使工件位于上料工作台上。
6) 添加下料工作台夹具 Fixture2。

7）使下料工作台夹具 Fixture2 与工件 Part1 关联，并且使工件位于下料工作台上。

（2）编辑机器人仿真程序。

1）创建上料抓取程序 Pick1。

2）编辑上料抓取仿真程序 Pick1，抓取工件前、后添加延时等待 0.5s 程序。

3）在两个定时指令之间，插入抓取 Pick up 指令语句。

4）创建下料放置程序 Place1。

5）编辑下料放置仿真程序 Place1，放置工件前、后添加延时等待 0.5s 程序。

6）在两个定时指令之间，插入放置 Drop 指令语句。

（3）在 ROBOGUIDE 开发环境编辑 TP 程序。

1）创建 TP 仿真程序 Prog1。

2）利用 ROBOGUIDE 开发环境的仿真示教器 TP，输入物料搬运仿真 TP 程序。

a. 输入用户坐标系设定指令。

b. 输入工具坐标系设定指令。

c. 输入加载负载指令。

d. 输入定时器复位指令。

e. 输入定时器启动指令。

f. 输入关节运动指令。

g. 修改关节运动速度。

h. 输入直线运动指令。

i. 修改直线运动速度。

j. 修改直线运动定位类型。

k. 输入调用子程序 Pick1 指令。

l. 输入调用子程序 Place1 指令。

m. 输入定时器停止指令。

n. 在修改关节运动速度。

o. ROBOGUIDE 开发环境调试物料搬运仿真 TP 程序。

习题

1. 填空题

（1）利用 ROBOGUIDE 机器人仿真软件，可以完成：__________、__________、__________、__________等操作。

（2）新建一个工作单元的操作，包括：________、__________、__________、__________、__________、__________、____________________等操作。

2. 问答题

（1）如何编辑机器人？

（2）如何添加一个 Part？

（3）如何添加机器人新手爪？

（4）如何添加一个 Fixture 夹具？

（5）如何添加障碍物？

（6）如何创建机器人仿真程序？

（7）如何创建机器人 TP 仿真程序？

项目八 工业机器人综合应用

学习目标

(1) 了解机器人搬运加工项目要求。
(2) 学会设计机器人搬运加工程序。
(3) 学会码垛程序设计与应用。
(4) 学会机器人流程控制。
(5) 学会机器人 I/O 控制。
(6) 学会调试机器人应用程序。

任务 17 机器人搬运加工应用

基础知识

1. 搬运基本要求

将物料从取料点搬运至放料点。

(1) 机器人启动初始化。机器人气爪复位。

(2) 从码垛初始点取料。机器人移动到码垛初始点，移动到码垛点，关闭气爪取料，延时 0.5s，离开码垛点，延时 0.5s，离开码垛点。

(3) 物料送机加工点。机器人移动到加工准备点 1，移动到加工准备点 2，移动到加工点。

(4) 工装夹具夹紧物料，三爪卡盘夹紧，延时 0.5s，机器人气爪松开，延时 0.5s。

(5) 物料加工，机器人移动到等候区。

(6) 夹取物料。机器人移动到机加工点位，夹取物料（延时 0.5s，机器人气爪夹紧，延时 0.5s），三爪卡盘松开物料。

(7) 去毛刺加工。机器人移动到打磨去毛刺工位，启动电动螺钉旋具，机器人夹着工件围绕电动螺钉旋具运动，关闭电动螺钉旋具离开打磨工位。

(8) 机器人回到初始点位。

(9) 工件送检测工位。机器人移动到微动开关检测工位。

(10) 检测为 ON，前往成品仓码垛成品。

(11) 检测为 OFF，前往废品仓码垛废品。

(12) 机器人回到初始点结束程序。

2. 搬运控制程序

(1) 机器人及外围设备 I/O 分配见表 8-1。

表 8-1 机器人及外围设备 I/O 分配

输入	说明	输出	说明
I0.0		Q0.0	
I0.1		Q0.1	
I0.2		Q0.2	
I0.3		Q0.3	
I0.4	复位 S9	Q0.4	备用
I0.5	急停 S10	Q0.5	备用
I0.6	CRMA16-34	Q0.6	备用
I0.7	CRMA16-36	Q0.7	备用
I1.0	电磨电源启动反馈	Q1.0	备用
I1.1	光栅报警	Q1.1	备用
I1.2	夹爪关感应 S6-2	Q1.2	备用
I1.3	卡盘关感应 S7-2	Q1.3	备用
I1.4	DO110 机器人启动信号	Q1.4	三色指示灯-红色
I1.5	DO111 机器人停止信号	Q1.5	三色指示灯-黄色
I1.6		Q1.6	三色指示灯-绿色
I1.7		Q1.7	蜂鸣器
DI101		DO101	气爪夹紧
DI102		DO102	气爪复位（松开）
DI103		DO103	三爪卡盘夹紧
DI104		DO104	
DI105	卡盘关感应 S7-2	DO105	指示灯-红 P1
START	启动 S8	DO106	指示灯-绿 P2
RESET	复位 S9	DO107	快换接头控制 K5
XHOLD	急停 S10	DO108	电磨启动 KA1
		DO109	光栅复位
		DO110	机器人启动信号
		DO111	机器人停止信号

（2）机器人及外部设备分布如图 8-1 所示。机器人整体位置左视图如图 8-2 所示。

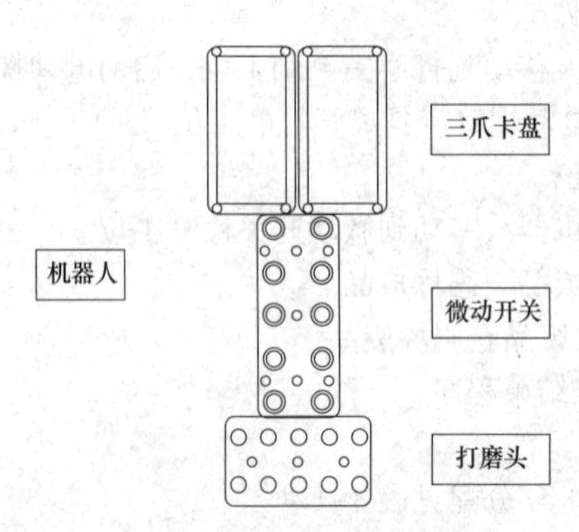

图 8-1 机器人及外部设备分布

机器人搬运和加工综合应用实训平台，包括整体支架平台、机器人、安全围栏和框架、成品码垛区、检测区、废料盘、加工设备、微动开关、三爪卡盘、视觉检测等。机器人整体位置前视图如图 8-3 所示。

图 8-2 机器人整体位置左视图

图 8-3 机器人整体位置前视图

机器人三爪卡盘如图 8-4 所示。

机器人加工工位如图 8-5 所示。

图 8-4 机器人三爪卡盘

图 8-5 机器人加工工位

（3）机器人搬运加工应用程序。程序清单如下：

```
   指令                                          注释
 1:PL[1]=[1,5,1];                               码垛寄存器 PL 初始化
 2:  PL[2]=[1,1,1];
 3:  PL[3]=[1,1,1];
 4:  PL[4]=[1,1,1];
 6:  DO[R[1]]=OFF;
 7:   ;
 9:  DO[102]=PULSE,1.0sec;                      夹爪 102 复位
11:J PR[1]20%  CNT100   ;                       移动到初始点位
12:  PALLETIZING B_1;                           码垛程序开始
13:J PAL_1[A_1]30%  FINE   ;                    移动到码垛初始点
14:L PAL_1[BTM]1200mm/sec FINE   ;              移动到码垛点
15:  DO[101]=PULSE,0.5sec;                      关闭气爪
16:  WAIT      0.50(sec);                       延迟 0.5s
17:L PAL_1[R_1]1200mm/sec FINE   ;              移动到码垛离开点
```

```
18:  PALLETIZING END_1;                      结束码垛
19:   ;
20:J PR[1]20%  CNT100  ;                     回到机器人原点
21:J P[1]20%  CNT100  ;                      移动到机加工准备点1
22:L P[2]300mm/sec CNT100  ;                 移动到机加工准备点2
23:L P[3]50mm/sec FINE  ;                    移动到机加工点
24:   ;
25:  DO[103]=ON;                             三爪卡盘夹紧
26:  WAIT      0.50(sec);
27:  DO[102]=PULSE,0.5sec;                   机器人夹爪松开
28:  WAIT      0.50(sec);
29:   ;
30:L P[1]300mm/sec FINE  ;                   机器人移动到等候区
32:  DO[105]=PULSE,0.5sec;                   指示灯红绿交替0.5s闪烁
33:  WAIT      0.50(sec);
34:  DO[106]=PULSE,0.5sec;
35:  WAIT      0.50(sec);
37:L P[2]300mm/sec CNT100  ;                 移动到机加工点位
38:L P[3]50mm/sec FINE  ;
39:   ;
40:  DO[101]=PULSE,0.5sec;                   夹取物料
41:  WAIT      0.50(sec);
42:  DO[103]=OFF;                            三爪卡盘松开物料
43:  WAIT      0.50(sec);
44:L P[1]300mm/sec FINE  ;                   移动到打磨去毛刺工位
45:J PR[1]20%  CNT100  ;
46:J P[4]20%  CNT100  ;
47:L P[5]300mm/sec FINE  ;
48:  DO[104]=ON;                             打磨电批启动
50:C P[6]
     P[7]300mm/sec CNT100  ;                 机器人夹着工件围绕电批运动
51:C P[8]
     P[5]300mm/sec CNT100  ;
52:   ;
53:   ;
54:   ;
55:   ;
57:  DO[104]=OFF;                            打磨电批关闭
58:L P[4]300mm/sec FINE  ;                   离开打磨工位
59:   ;
60:   ;
61:   ;
62:   ;
63:J PR[1]20%  CNT100  ;                     回到初始点位
```

```
64:   ;
65:   ;
66:   ;
67:   ;
68:   ;
69:  PALLETIZING B_2;                          移动到配件仓装配铁环(码垛)
70:J PAL_2[A_1]30%  FINE  ;
71:L PAL_2[BTM]50mm/sec FINE  ;
72:  WAIT      0.50(sec);
73:L PAL_2[R_1]50mm/sec FINE  ;
74:  PALLETIZING END_2;                        装配完成离开装配仓
75:   ;
76:   ;
77:J PR[1]20%  CNT100  ;                       回到初始点位
78:   ;
79:J P[9]20%  CNT100  ;                        移动到微动开关检测工位
80:L P[10]300mm/sec FINE  ;                    触碰微动开关
81:   ;IF[DI(103)=ON]THEN                      判断 DI103(微动开关)是否为 ON
83:L P[9]300mm/sec FINE  ;                     离开微动开关
84:J PR[1]20%  CNT100  ;
85:  PALLETIZING B_3;                          前往成品仓码垛成品
86:J PAL_3[A_1]30%  FINE  ;
87:L PAL_3[BTM]150mm/sec FINE  ;
88:  DO[102]=PULSE,0.5sec;
89:  WAIT      0.50(sec);
90:L PAL_3[R_1]150mm/sec FINE  ;
91:  PALLETIZING END_3;
92:   ;
93:   ;
94:   ;
95:   ;
96:   ;
97:   ;
99:   ;
100:  ELSE;                                    不为 ON 时
101:L P[9]300mm/sec FINE  ;                    离开微动开关
102:J PR[1]20%  CNT100  ;
103:  PALLETIZING B_4;                         前往废品仓码垛废品
104:J PAL_4[A_1]30%  FINE  ;
105:L PAL_4[BTM]150mm/sec FINE  ;
106:  DO[102]=PULSE,0.5sec;
107:  WAIT      0.50(sec);
108:L PAL_4[R_1]150mm/sec FINE  ;
109:  PALLETIZING END_4;
```

```
110:
111:  J PR[1]20%  CNT100                          回到初始点结束程序
```

技能训练

一、训练目的

(1) 学会码垛程序设计与应用。

(2) 学会机器人流程控制。

(3) 学会机器人 I/O 控制。

二、训练内容与步骤

(1) 控制机器人气爪。

1) 输入下列程序。

```
1:DO[102]=PULSE,1.0sec;
2:WAIT    3.00(sec);
3:DO[101]=PULSE,1.0sec;
4:WAIT    5.00(sec);
```

2) 启动执行机器人程序，观察机器人夹爪动作。

3) 修改程序，观察机器人夹爪动作。

4) 总结机器人夹爪控制体会。

(2) 机器人 I/O 控制。

1) 输入指示灯控制程序。

```
1:  DO[105]=PULSE,0.5sec;
2:  WAIT    0.50(sec);
3:  DO[106]=PULSE,0.5sec;
4:  WAIT    0.50(sec);
```

2) 启动执行机器人程序，观察机器人指示灯的变化。

(3) 机器人码垛控制。

1) 码垛寄存器 PL 初始化。

a. 利用示教器查看码垛寄存器 PL。

b. 修改码垛寄存器 PL 的值。

c. 理解码垛寄存器 PL 各个参数的含义。

2) 码垛指令应用。

a. 熟悉码垛指令各个参数的意义。

b. 学会应用码垛指令完成送成品操作。

c. 学会应用码垛指令完成送废品操作。

(4) 机器人流程控制。

1) 设计机器人顺序控制程序，并输入机器人控制器，启动运行控制程序，观察机器人的动作。

2) 根据机器人分支控制流程，应用机器人流程控制指令，设计机器人控制程序，输入机器人控制器，启动运行控制程序，改变输入控制条件，观察机器人的动作。

任务 18　机器人视觉分拣应用

一、机器人视觉系统的基本原理

1. iRvision 机器视觉功能

iRvision（Intelligent Robot Vision）智能机器人视觉是 FANUC 机器人内置的视觉功能。

iRvision 视觉系统由相机、镜头、相机电缆、照明装置和在机器人控制装置内的视觉板卡、视觉软件等组成。

iRvision 基本工作原理：由若干台相机在不同位置抓取工件的不同点位以获得工件的相对位置从而来修正机器人的路径偏差。因而 iRvision 视觉系统的主要作用就是机器人偏差补正。

利用传感器补正机器人的方法有位置补正和相对位置补正两种。位置补正，就是传感器识别工件的位置后通知机器人，机器人移动传感器所通知的位置；相对位置补正，就是由传感器识别工件从对机器人的程序进行示教的时刻起偏离多少的偏差量（相对位置）后通知机器人，机器人加入了传感器所通知的偏差量而移动到程序中所示教的位置。iRvision 系统就是用相对位置补正的方式进行补偿差量。

工件的偏差量是为进行机器人位置的补正而被使用的，所以将其叫作“补正量”或者“补偿数据”。补偿数据根据进行机器人的程序示教时工件位置和现在的工件位置而计算出。我们将进行机器人程序示教时的工件位置叫作基准位置，将现在的工件位置叫作实测位置。基准位置与实测位置之差就是补偿数据。基准位置在进行机器人程序示教时由 iRvision 进行测量，并存储在 iRvision 的内部。我们将基准位置给 iRvision 的操作叫作基准位置设定。

三维补正包括两大类，即位置补正和抓取偏差补正。位置补正是用相机观察放置在工作台上的工件，测量工件偏离多少而被放置，以能够对偏离放置的工件正确进行作业的方式补正机器人的动作；抓取偏差补正则是利用相机观察在机器人偏离的状态下抓取的工件，测量偏离多少而抓取。在实际调试中，我们采用位置补正方式，利用相机拍照获得工件位置的偏差从而进行机器人动作补偿。

现场采用 3 台相机测量工件（车身）的 3 个孔位，计算车身的三维位置进行机器人补正，检测时，各相机测量自相机向检测对象的 3 根视线，将事先已知形状的三角形应用到此 3 根视线，确定各检测对象位于视线上的哪个位置，求出工件的三维位置和姿势。

2. Offset 补偿和检测方式

对具体的应用，理解不同 iRVision 的特性并选择一个适合的应用是非常重要的。

根据 iRVision 的补偿和测量方式的不同，iRVision 有以下分类。

（1）offset 补偿分类。

1）用户坐标系补偿（User Frame Offset）。机器人在用户坐标系下通过 Vision 检测目标当前位置相对初始位置的偏移并自动补偿抓取位置。用户坐标系补偿如图 8-6 所示。

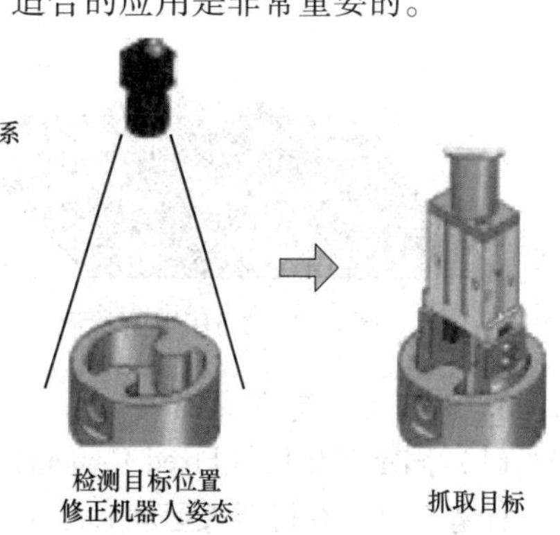

图 8-6　用户坐标系补偿

2）工具坐标系补偿（Tool Frame Offset）。机器人在工具坐标系下通过 Vision 检测在机器人手爪上的目标当前位置相对初始位置的偏移并自动补偿放置位置。工具坐标系补偿如图 8-7 所示。

（2）测量方式分类。

1）2D 视野检测。2D 视野检测如图 8-8 所示。

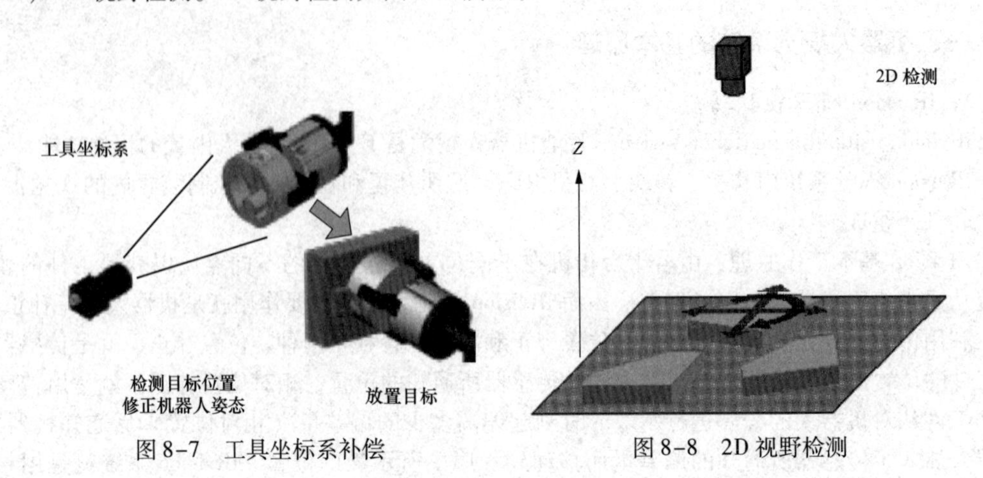

图 8-7　工具坐标系补偿　　　　图 8-8　2D 视野检测

2D 视野检测细分为 2D 单视野检测（2D Single-View）和 2D 多视野检测（2D Multi-View）。iRVision 2D 只用于检测平面移动的目标（*XY* 轴位移、*Z* 轴旋转角度 *R*）。其中，用户坐标系必须平行于目标移动的平面，目标在 *Z* 轴方向上的高度必须保持不变。目标在 *XY* 轴方向上的旋转角度不会被计算在内。

2）2.5D 单视野检测（2.5D Single-View/Depalletization）。2.5D 视野检测如图 8-9 所示。

IRVision 2.5D 比较 iRVision 2D，除检测目标平面位移与旋转外，还可以检测 *Z* 轴方向上的目标高度变化。目标在 *XY* 轴方向上的旋转角度不会被计算在内。

3）3D 视野检测。3D 视野检测如图 8-10 所示。3D 视野检测细分为 3D 单视野检测（3D Single-View）和 3D 多视野检测（3D Multi-View）。iRVision 3D 用于检测目标三维内的位移与旋转角度变化。

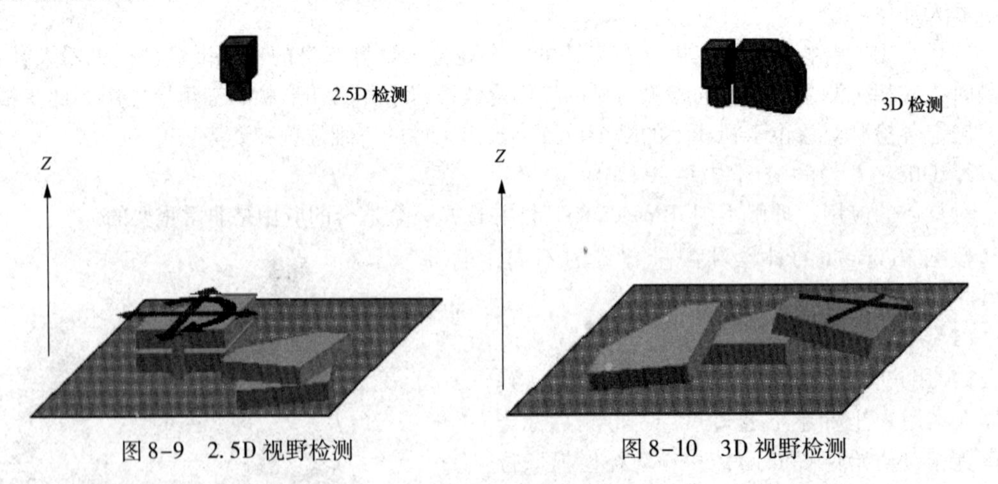

图 8-9　2.5D 视野检测　　　　图 8-10　3D 视野检测

3. 照相机固定方式

（1）固定照相机（Fixed Camera）。固定照相机在机架上，如图 8-11 所示。

优势：可以在机器人运动时照相。照相机连接电缆铺设简易化。可以使用 Tool frame offset。

劣势：检测区域固定化。如果因外界因素导致照相机和机器人间相对位置变更，必须重新示教 Camera Calibration。

（2）照相机固定在机器人上（Robot-mounted Camera）。照相机固定在机器人上如图 8-12 所示。

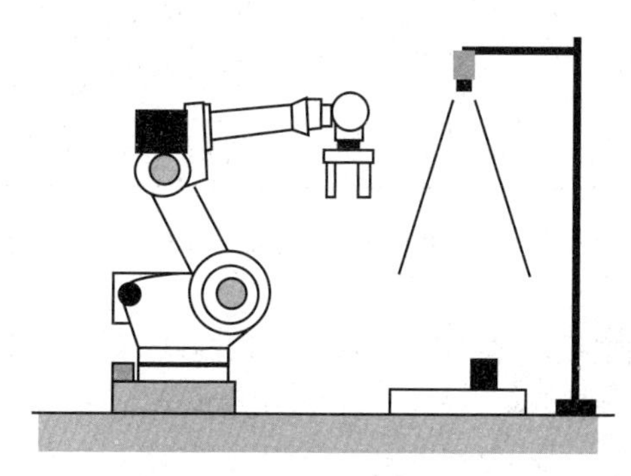

图 8-11　固定照相机在机架上

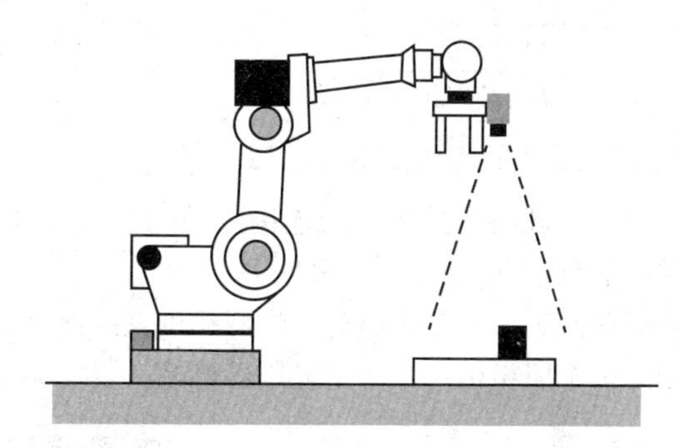

图 8-12　照相机固定在机器人上

优势：检测区域可以随机器人变化，整体检测范围增加。较大的照相机焦距使用可能，检测精度提升。易拓展再检测功能。

劣势：机器人必须停止照相。必须注意光源是否被机器人或外围设备干涉。必须注意照相机连接电缆的磨损现象。

4. iRVision 灰度检测功能（Histogram Tool）

在指定区域内检测光线强度（成像灰度），且计算多种特性例如平均数、最大值、最小值等。与条件检测（Conditional Execution Tool）同时使用，可以对应目标排列和目标在位检测等多种场合。

灰度检测功能如图 8-13 所示。

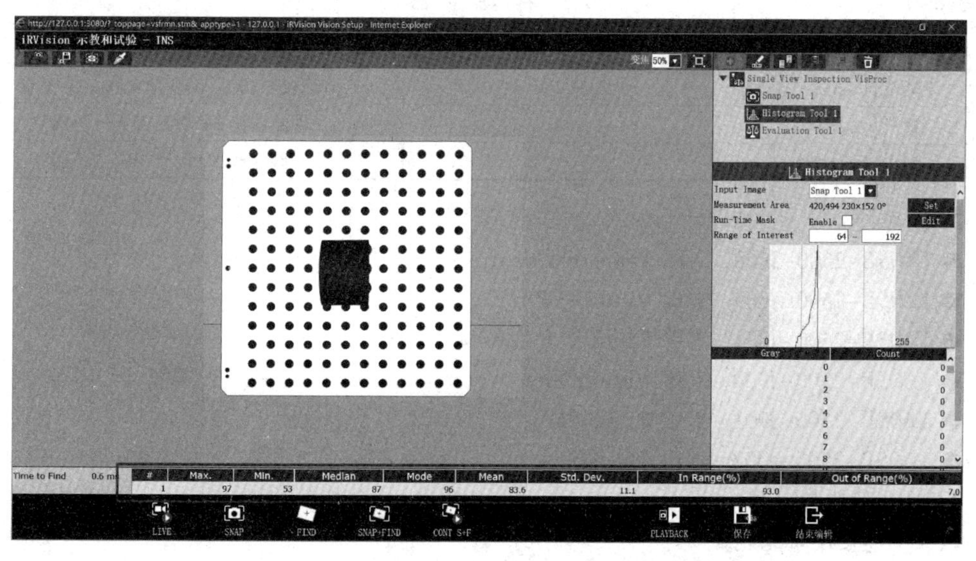

图 8-13　灰度检测功能

二、配置视觉用照相机

1. 连接照相机

（1）配置照相机后面板开关。照相机后面板开关配置见表 8-2。

配置照相机的参考型号：SONY XC-56 or SONY XC-HR50、XC-HR57。

表 8-2 照相机后面板开关配置

开关	出厂设置	iRVision 设置
DIP 开关	全部 OFF	7、8ON，其余 OFF
75Ω 终端	ON	ON
HD/VD 信号选择	EXT	EXT

（2）照相机与控制柜的连接。R-30iA 控制柜主板上有一个照相机接口（JRL6），视觉板上有 4 个照相机接口（JRL6A ~ D）。

当只使用一个照相机时，将照相机直接连接到主板端口 JRL6 上或视觉板端口 JRLA 上 2）；当使用多个照相机时，可用复用器连接。复用器的连接见表 8-3。三种复用器见表 8-4。

表 8-3 复用器的连接

照相机	复用器端口	主板
照相机 1	JRL6A	JRL6
照相机 2	JRL6B	
照相机 3	JRL6C	
照相机 4	JRL6D	
照相机 5	JRL6E	
照相机 6	JRL6F	
照相机 7	JRL6G	
照相机 8	JRL6H	

表 8-4 三种复用器

复用器	端口数	备注
Multiplexer A	4	可连接照相机或 3D 激光视觉传感器
Multiplexer B	4	不能连接 3D 激光视觉传感器
Multiplexer C	8	不能连接 3D 激光视觉传感器

2. 配套软件需求

- 1A05B-2500-J868 ！iR Vision Standard
- 1A05B-2500-J869 ！iR Vision TPP I/F
- 1A05B-2500-J871 ！iR Vision UIF Controls
- 1A05B-2500-J900 ！iR Vision Core
- 1A05B-2500-J901 ！iR Vision 2DV
- 1A05B-2500-J902 ！iR Vision 3DL

3. 以太网连接设置

以太网连接设置见表 8-5。

表 8-5 以太网连接设置

	机器人	电脑
IP 地址	10. 10. 10. 1	10. 10. 10. 2
子网掩码	255. 255. 255. 0	255. 255. 255. 0
网关	10. 10. 10. 1	10. 10. 10. 1

4. 机器人控制柜 IP 地址设置

（1）选择 MENU（菜单）→6 SETUP。

（2）按 F1（TYPE）→Host Comm。

（3）选 TCP/IP。

（4）输入机器人控制柜名（Robot name）。

（5）输入机器人控制柜 IP 地址（Port#1 IP addr）。

（6）输入子网掩码（Subnet mask）。

（7）输入 IP 地址默认网关（Router IP addr）。

（8）关机重启。

5. PC 的 IP 地址设置

（1）在"控制面板"中双击"网络连接"，右击"本地连接"选择"属性"。

（2）选择"Internet 协议（TCP/IP）"，单击"属性"。

（3）选取"使用下面的 IP 地址"，分别输入"IP 地址""子网掩码""默认网关"，之后单击"确认"。

6. 修改 IE 浏览器设置

（1）在"控制面板"中双击"Internet 选项"，选择"安全"标签。

（2）选取"可信站点"，单击"站点"。

（3）在"该网站添加到区域"中输入机器人控制柜 IP 地址，单击"添加"。

（4）不选"对该区域中的所有站点要求服务器验证（https:）"，单击"关闭"。

（5）选择"隐私"标签，单击"弹出窗口阻止程序"中的"设置"按钮。

（6）在"要允许的网站地址"中输入机器人控制柜 IP 地址，单击"添加"后单击"关闭"。

（7）选择"连接"标签，单击"局域网设置"。

（8）不选"代理服务器"下"为 LAN 使用代理服务器"选项。

（9）单击"确定"，完成设置。

7. 修改 Windows 防火墙设置

（1）在"控制面板"中，双击"网络和 Internet 连接"。

（2）双击"Windows 防火墙"，选择"例外"标签。

（3）单击"添加程序"，选择"Internet Explorer"。

（4）单击"确认"，完成修改。

8. 在 PC 上安装 Vision UIF 控件

（1）打开"IE 浏览器"，在"地址栏"中输入机器人控制柜 IP 地址，打开机器人主页。

（2）在"iR Vision"中单击 Vision Setup，如 PC 已安装该控件，则进入 Vision Setup 页面；如 PC 未安装该控件，则弹出"安装 Localhost"对话框。

（3）选择 MC 或 USB，单击 Continue，弹出 File Download 对话框。

（4）单击 Run 开始下载。

（5）下载完成时弹出安装对话框，单击 Run 开始安装，安装完毕时，IE 浏览器自行关闭。

三、iRVision 一般设置

1. iRVision 应用流程

iRVision 应用流程如图 8-14 所示。

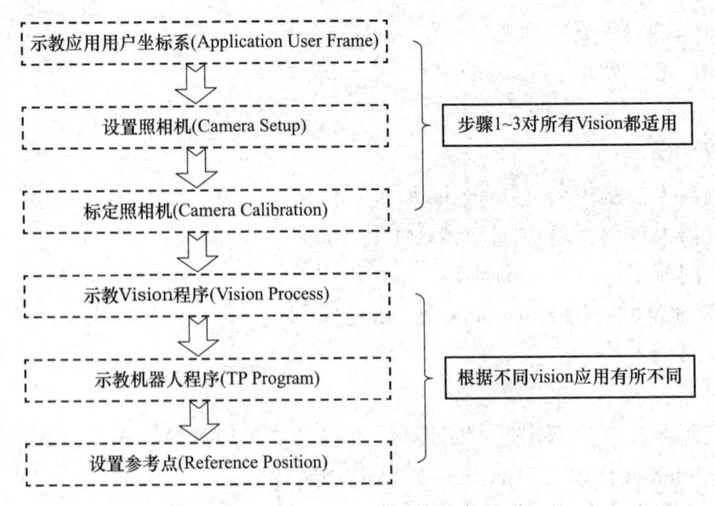

图 8–14 iRVision 应用流程

2. 示教用户坐标系

（1）机器人工具坐标系标定（TCP）。使用6点法标定一个准确的机器人工具坐标系（TCP）。

1）在作成用户坐标系和照相机标定时，必须使用点对点的示教形式，所以需要一个准确的TCP。

2）对TCP选择哪一个点并无特别要求，一般选择把示教用针安置在机器人手爪上，以针的顶端为TCP原点。以针顶端为原点设置TCP，如图8–15所示。

3）使用精度高的示教用针将节省再次示教时间。

4）TCP的精度高低将影响整个iRVision的精度，应准确地进行。确认TCP准确性，如图8–16所示。

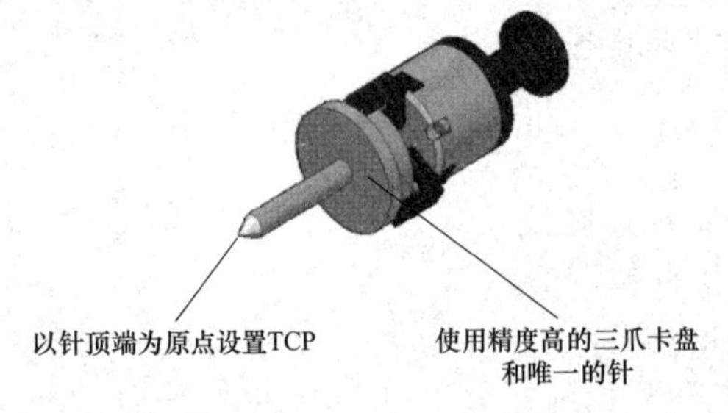

图 8–15 以针顶端为原点设置 TCP

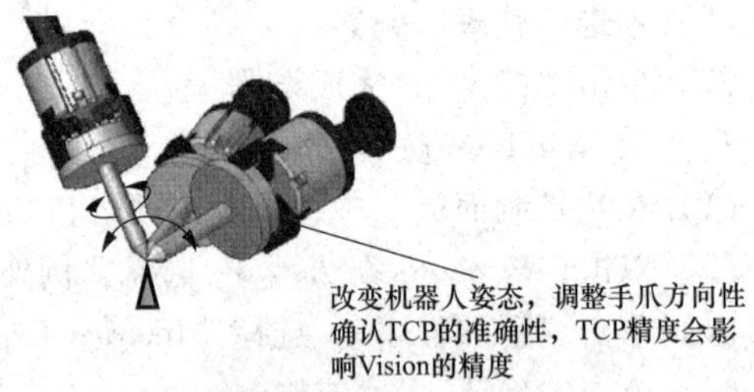

图 8–16 确认 TCP 准确性

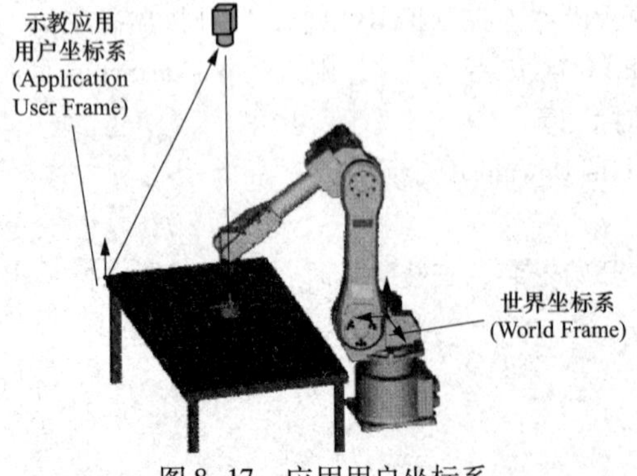

图 8–17 应用用户坐标系

TCP的示教并确认其准确性，因为对TCP的方向性无要求，3点法也可以使用。

（2）应用用户坐标系标定（Application User Frame）。使用做好的工具坐标系标定一个用户坐标系，称此用户坐标系为Application User Frame，应用用户坐标系如图8–17所示。

1）一般此用户坐标系设置在目标定位的平面上任意水平位置。

2）照相机标定对应照相机在此用户坐标系内的相对位置。

3）确认 XY 平面平行与目标位移的平面，Z 轴正方向指向照相机。

4）Vision 检测出目标在用户坐标系内位置并补偿给机器人。

5）照相机确定目标，并计算在用户坐标系内的偏移。在照相机标定时，照相机相对用户坐标系的位置和方向将被计算所得。机器人基于在用户坐标系内的偏移进行运动。

3. 设置照相机（Camera Setup）

（1）打开机器人主页，选择 Vision Setup，进入 Vision 设置界面。

（2）选择 Camera Setup Tools，单击新建按钮，新建一个照相机。输入新照相机名，并选择照相机类型为 Progressive Scan Camera。

（3）单击 OK 确认，双击建立的照相机，进入照相机设置界面。照相机属性设置内容如下。

1）Comment：注释。

2）Port Number：接口号请选择照相机对应连接接口。

3）Camera Type：照相机型号 SONY XC-56。

4）Default Exposure Time：默认曝光时间，曝光时间↑，视野明暗度↑，曝光时间↓，视野明暗度↓，请调整至合适值。

5）Robot Mounted Camera：照相机是否固定在机器人上。

6）Robot Holding the Camera：当照相机固定在机器人上时，设置固定相机的机器人。

（4）完成所有设置后，单击 SAVE 存盘。

4. 照相机标定（Camera Calibration）

照相机标定用于建立照相机坐标系与应用坐标系（Application User Frame）之间的对应关系。iRVision 支持 2 种标定方式。

（1）简易二点法（Simple 2D calibration）。可以对应多种 2D 视觉应用。

（2）栅格板标定（Grid calibration）。栅格板标定（Grid pattern Calibration）可以对应所有 2D/3D 视觉应用。可细分为：2D 栅格标定（Grid pattern calibration）、3D 栅格标定（3D Laser calibration）和视觉跟踪标定（Visual tracking calibration）。

5. 照相机镜头调整（Adjustment of lens）

在选定照相机后，完成标定前，一般需要先对镜头做下调整，调整步骤如下。

（1）在 Camera Setup Tools 下选择需要标定的照相机，进入 Camera Setup 界面。单击绿色连续成像按钮，进行连续成像。查看视野内是否能有效观测到目标。如不能，调整目标位置（对 Fixed Camera）或示教机器人（对 Robot-mounted Camera）。

（2）调整镜头光圈至最小，虹径放至最大，单击红色单次成像按钮，进行一次成像，观察成像效果，调整曝光时间，比对视野内最亮区域和最暗区域，保持最亮区域的灰度（g）在 200 左右。

（3）调整镜头焦距使成像清晰，测量镜头至成像目标间的距离并记录，在此我们记录为 H。

（4）调整镜头光圈至最大，虹径放至最小，单击红色单次成像按钮，进行一次成像，观察成像效果，降低曝光时间，比对视野内最亮区域和最暗区域，保持最亮区域的灰度（g）在 200 左右。

（5）锁定镜头光圈和焦距，记录曝光时间 t，调整完毕。

通过调整镜头，将会得到清晰的成像和较短的曝光时间。

6. 简易二点法

简易二点法只适用于旧版本 2D 视觉应用。系统通过 2 个不同点位的坐标转换来换算得出照相机和用户坐标系间的相对关系。（X 轴、Y 轴的偏移和指向）在条件允许的情况下，我们推荐尽量使用栅格板标定（Grid pattern Calibration），因为栅格板标定更简单、更精确。

简易二点法操作步骤如下。

（1）打开机器人主页，选择 Vision Setup 进入 Vision 设置界面。

（2）选择 Camera Calibration Tools，单击新建，新建一个照相机标定。

（3）单击 OK 确认，双击建立的照相机标定，进入简易二点法标定设置界面，完成照相机标定属性设置。照相机标定属性设置内容如下。

1）Comment：注释。

2）Camera：照相机名，选择所想标定的照相机，如 SONY XC-56 等。

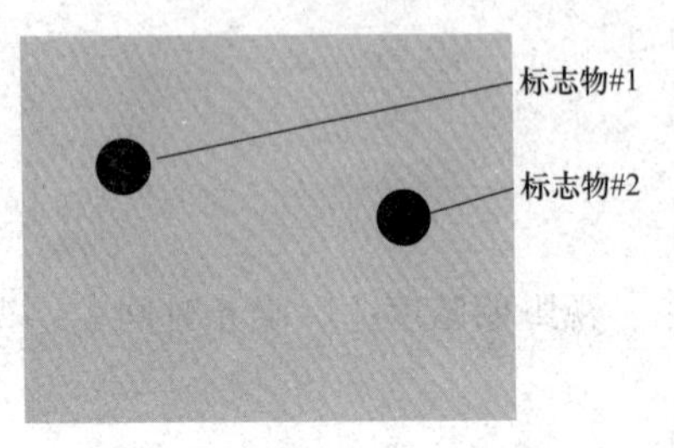

图 8-18 放置两块明显标志物

3）Exposure Time：曝光时间。曝光时间↑，视野明暗度↑，曝光时间↓，视野明暗度↓，请调整至合适值。

4）Application User Frame：应用用户坐标系号，照相机标定时使用的机器人用户坐标。在 2D 运用中，设定的用户坐标系 XY 平面必须与目标工件平面平行。

（4）在照相机视野范围内斜角放置两块明显标志物，如图 8-18 所示，单击单次成像工具按钮，进行一次成像。

（5）在 Calibration Point #1 标定点 1 中，单击 Find，将第一点用显示红框围绕起来，单击 OK 确认，重复此步骤于第二点 Calibration Point#2 标定点 2。Edit 可用于细微调整标定中心（屏幕显示为带标号绿色十字）。

（6）以工具坐标系的端点为基点，示教机器人 TCP 基点对应 Calibration Point#1 标定点 1 中第一点十字中心。然后在 Calibration Point#1 标定点 1 中，单击 Record，重复此步骤于第二点 Calibration Point#2 标定点 2。系统自动解算出照相机与用户坐标系对应关系并显示于标定数据 Calibration Date 中。

（7）完成所有设置后，单击［SAVE］存盘。

（8）注意事项。

1）正确设置应用用户坐标系，确认应用用户坐标系的 $X-Y$ 平面与目标移动平面平行。正确应用用户坐标系，如图 8-19 所示，确认照相机的光轴与应用用户坐标系垂直。应用用户坐标系的 Z 轴必须指向照相机。

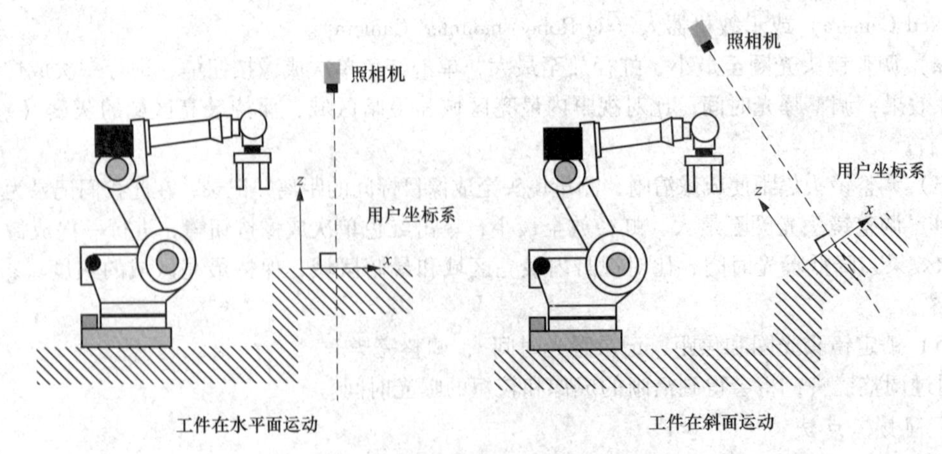

图 8-19 正确设置应用用户坐标系

2）应用用户坐标系必须在照相机标定执行前设置，在标定照相机后，更改应用用户坐标系将必须重新标定照相机。

3）用于标定照相机的标志物高度必须与目标一致。

4）有两种情况，请使用栅格板标定：①选用短焦距镜头时（焦距小于12mm），镜头的失真将反向影响偏移的精确性；②复数目标存在不同高度，简易二点法不支持复数目标不同高度的侦测。

7. 2D 栅格标定

标准照相机标定方式，对于2D应用，栅格标定采用单板标定（1 plane）或双板标定（2 plane）2种方式。2D栅格标定步骤如下。

（1）打开机器人主页，选择 Vision Setup 进入 Vision 设置界面。

（2）选择 Camera Calibration Tools，单击新建，新建一个照相机标定。

（3）单击OK确认，双击建立的照相机标定，进入2D栅格标定设置界面，完成照相机2D栅格标定属性设置。

1）Application User Frame：应用用户坐标系号，照相机标定时用的机器人用户坐标。在2D栅格标定运用中，设定的用户坐标系XY平面必须与目标工件平面平行。

2）Grid Spacing：栅格距离设定栅格板上栅格点间的距离，默认为15mm。

（4）对应不同的iRVision应用方式，选择单板标定或双板标定，完成栅格标定设置。照相机栅格标定属性设置内容如下。

1）Number of Planes：选择是单板或双板，由照相机安装方式决定。

2）Calib. Grid Held by Robot：选择栅格板是否安装在机器人上。

3）Robot Holding Fixture：选择工件夹具是否受机器人控制。

（5）示教机器人计算标定坐标系（Calibration Grid Frame），完成栅格标定设置。

1）Calibration Grid Frame：选择示教完成的标定坐标系。栅板安装在固定位置，选择用户坐标系；栅板安装在机器人手臂上，选择工具坐标系。

2）Projection：选择 Perspective 中心投影。

3）Override Focal Distance：镜头焦距设置，单板标定选择 Yes，设置镜头焦距值，双板标定选择 No。

4）标定坐标系点对点示教方式（touch up）。栅格板不安装在机器人上，Calibration Grid Frame 选择 User Frame，以工具坐标系端点为基点，4点法设置。栅格板安装在机器人上，Calibration Grid Frame 选择 Tool Frame，以工具坐标系端点为基点，6点法设置。工具坐标系示教完成后，手动将 X 轴旋转角度 W 增加90°完成。

5）标定坐标系自动示教方式（Vision frame setting）。通过 Vision frame setting 功能，机器人可以自动检测并计算标定坐标系（Calibration Grid Frame）。软件需求：Vision TCP A05B-2500-J867。执行 VFTUMAIN. TP 程序如下：

```
1: UFRAM_NUM=0;                            设置用户坐标系
2: UTOOL_NUM=1;                            设置工具坐标系
3:
4: J P[1]10% FINE;                         示教程序起始机器人位置
5: CALL  VFTUINIT('EXPOSURE',15000);       设置照相机曝光时间
6: CALL  VFTUINIT('MOVE_ANG_W'30);         设置机器人姿态 W
7: CALL  VFTUINIT('MOVE_ANG_P'30);         设置机器人姿态 P
8: CALL  VFTUINIT('MOVE_ANG_R'46);         设置机器人姿态 R
9: CALL  VFTU_TCP;                         计算 TCP
```

```
10:  CALL  VFTU_SET(1,1);                将计算所得 TCP 导入 User Frame
```

（6）如果选择单板标定，将栅格板放置于照相机视野中并使栅格板绕 *X* 轴或 *Y* 轴旋转 30°左右，如图 8-20 所示。单击单次成像按钮，进行一次成像，在 1#Plane 中，单击 Find，将栅格板成像用红框围绕起来，单击 OK 确认。单击 Set Frame，完成标定。如果选择双板标定，跳过此步。

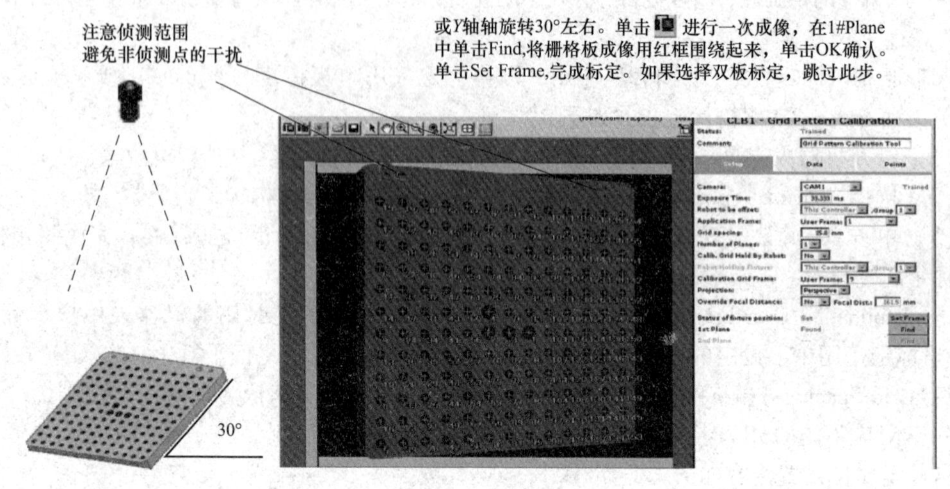

图 8-20　栅格板绕 *X* 轴或 *Y* 轴旋转 30°

（7）如果选择双板标定，示教机器人使栅格板置于照相机视野中，示教机器人高度低于最佳成像高度 H50mm，调整高度如图 8-21 所示，单击单次成像按钮，进行一次成像，在 1#Plane 中单击 Find，将栅格板成像用红框围绕起来，单击 OK 确认。示教机器人高度高于最佳高度 50mm，单击单次成像按钮，进行一次成像，在 2#Plane 中单击 Find，将栅格板成像用红框围绕起来，单击 OK 确认。单击 Set Frame，完成标定。

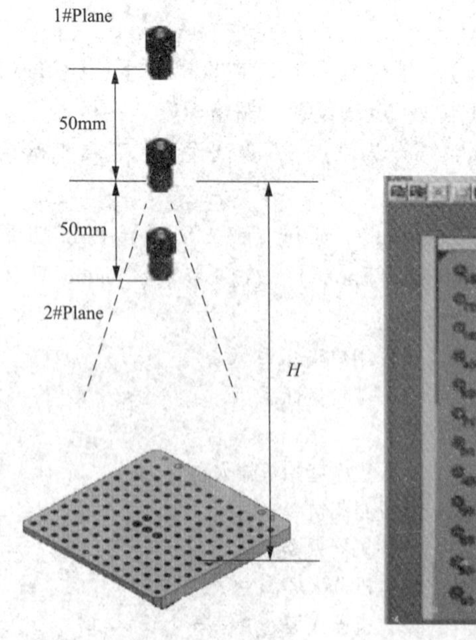

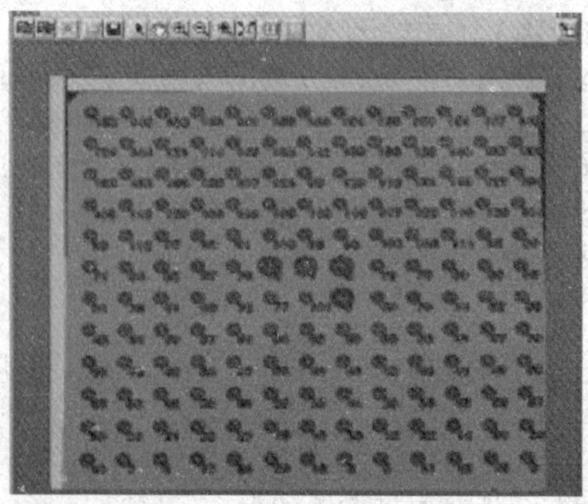

图 8-21　调整高度

（8）单击 Point 选项，核对是否有和实际点位误差较大的点（Err>0.5），如有，在 Point Number 内填写需要删除的点，单击 Delete，标定数据将重新计算。

（9）单击 Date 选项，核对标定结果（Focal Distance 和 Position of Camera Relative to Calibration Grid）。完成所有设置后，单击 SAVE 存盘。核对标定结果内容如下。

1）Focal Distance：焦距核对是否接近镜头焦距±5%。

2）Lens Distortion：镜头失真度。

3）Magnification：放大倍率核对是否在 0.3～0.5mm/pixel。

4）Image Center：成像中心　核对是否在（240，256）±10%。

5）Mean error value：平均误差值。

6）Maximum error value：最大误差值。

四、FANUC 机器人视觉成像（2D-单点成像）

为简化操作流程，方便调试，可遵循以下步骤。

（1）建立一个新程序，假设程序名为 A1。程序第一行和第二行内容为：

```
UFRAME_NUM=2
UTOOL_NUM=2
```

以上两行程序，是为了指定该程序使用的 USER 坐标系和 TOOL 坐标系。此坐标系的序号不应被用作视觉示教时的坐标系。

（2）网线连接电脑和机器人控制柜，打开视频设定网页。

（3）放置工件到抓取工位上，通过电脑看，工件尽量在摄像头成像区域中心，且工件应该全部落在成像区域内。

（4）调整机器人位置，使其能准确地抓取到工件。在程序 A1 中记录此位置，假设此位置的代号为 P1。抬高机械手位置，当其抓取工件运行到此位置时自由运动不能和其他工件干涉，假设此点为 P2。得到的 P1 和 P2 点，就是以后视觉程序中要用到的抓件的趋近点和抓取点。

（5）安装定位针。

1）示教 TOOL 坐标系（不要使用在程序 A1 中使用的坐标系号，假设实际使用的是 TOOL3 坐标系）；TOOL 坐标系做完之后一定不要拆掉手抓上的定位针，把示教视觉用的点阵板放到工件上，通过电脑观察，示教板应该尽量在摄像头成像区域中心。

2）示教 USER 坐标系（不要使用在程序 A1 中使用的坐标系号，假设实际使用的是 USER3 坐标系）。此时可以拆掉手抓上的定位针 USER 坐标系做好之后一定不要移动示教用的点阵板。

（6）设定视觉操作步骤。

1）设定照相机。设定照相机，只需更改曝光时间 Default Exposure Time 为 1700ms。保证：当光标划过工件特征区域的最亮点时，g 为 200 左右。其他不要更改。

2）标定示教点阵板。标定示教点阵板需要做的设定如图 8-22 所示。

3）标定示教点阵板时，观察数据误差范围，如图 8-23 所示。

4）设定完以上内容后，方可以移走示教用的点阵板。之前任何时候移动此示教板，都会造成错误。

5）设定曝光时间，如图 8-24 所示。

6）计算 TCP 结果，如图 8-25 所示。

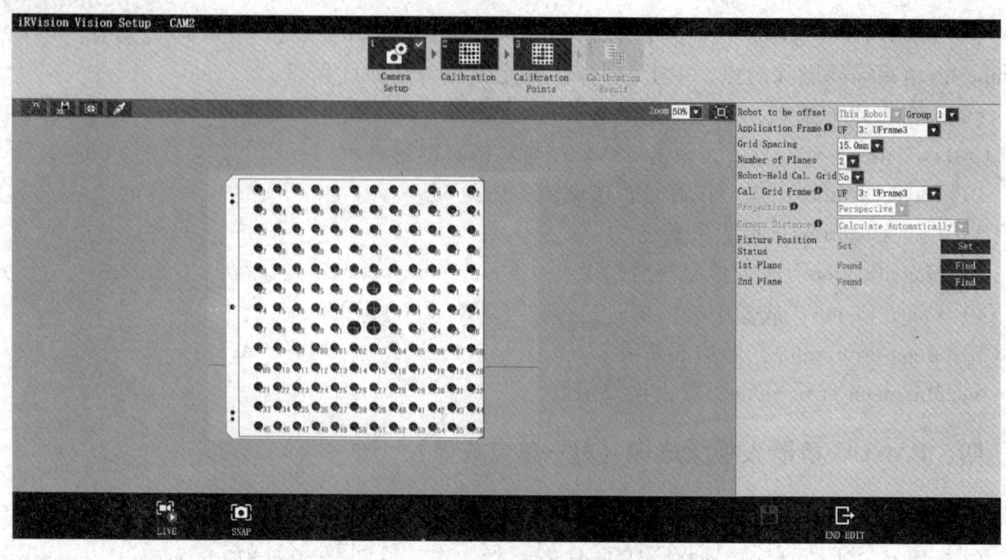

图 8-22 标定示教点阵板需要做的设定

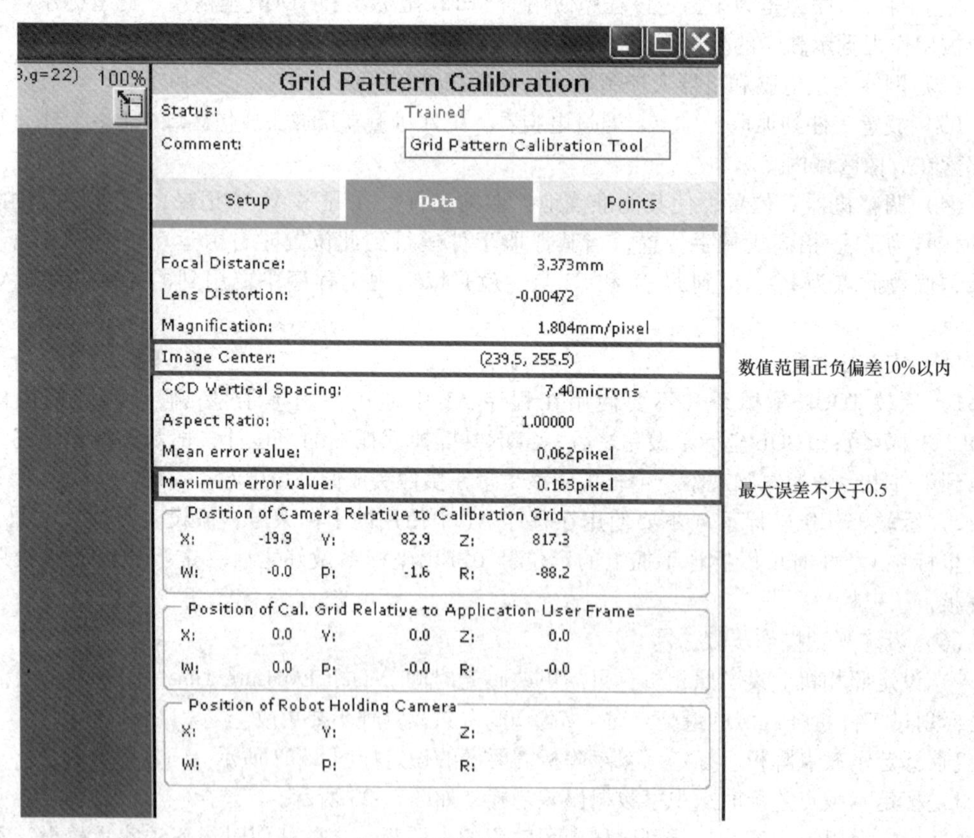

图 8-23 观察数据误差范围

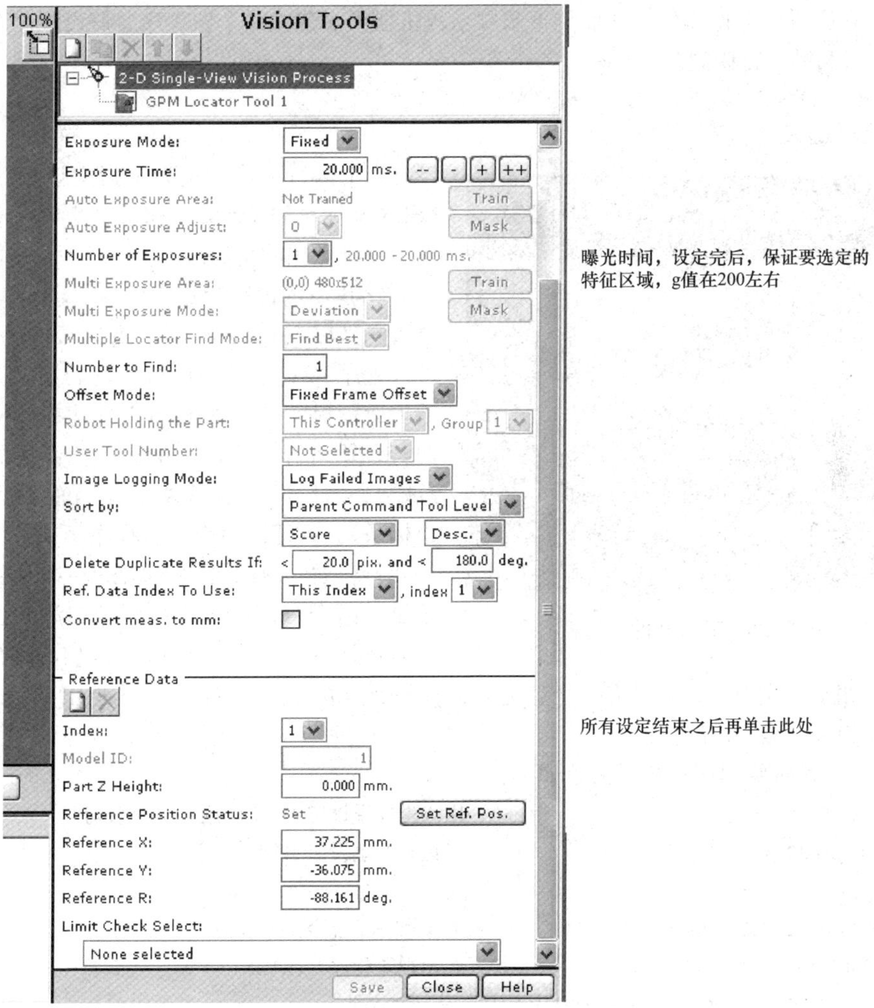

100%

Vision Tools

2-D Single-View Vision Process

GPM Locator Tool 1

Exposure Mode:	Fixed
Exposure Time:	20.000 ms. -- - + ++
Auto Exposure Area:	Not Trained　Train
Auto Exposure Adjust:	0　Mask
Number of Exposures:	1, 20.000 - 20.000 ms.
Multi Exposure Area:	(0,0) 480x512　Train
Multi Exposure Mode:	Deviation　Mask
Multiple Locator Find Mode:	Find Best
Number to Find:	1
Offset Mode:	Fixed Frame Offset
Robot Holding the Part:	This Controller, Group 1
User Tool Number:	Not Selected
Image Logging Mode:	Log Failed Images
Sort by:	Parent Command Tool Level
	Score　Desc.
Delete Duplicate Results If:	< 20.0 pix. and < 180.0 deg.
Ref. Data Index To Use:	This Index, index 1
Convert meas. to mm:	☐

曝光时间，设定完后，保证要选定的特征区域，g值在200左右

Reference Data

Index:	1
Model ID:	1
Part Z Height:	0.000 mm.
Reference Position Status:	Set　Set Ref. Pos.
Reference X:	37.225 mm.
Reference Y:	-36.075 mm.
Reference R:	-88.161 deg.
Limit Check Select:	None selected

所有设定结束之后再单击此处

Save　Close　Help

图 8-24　设定曝光时间

Position of Camera Relative to Calibration Grid

X:	-19.9	Y:	82.9	Z:	817.3
W:	-0.0	P:	-1.6	R:	-88.2

Position of Cal. Grid Relative to Application User Frame

X:	0.0	Y:	0.0	Z:	0.0
W:	0.0	P:	-0.0	R:	-0.0

Position of Robot Holding Camera

X:		Y:		Z:	
W:		P:		R:	

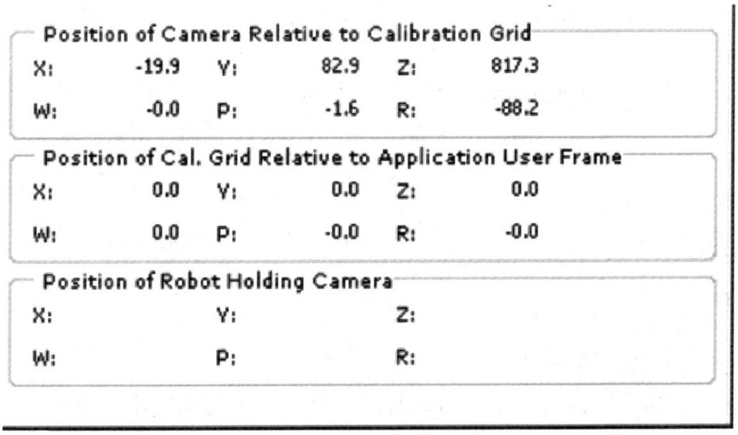

图 8-25　计算 TCP 结果

（7）在完成以上操作后，按照如下步骤示教机器人。建立一个新程序，假设程序名为 A2。程序第一行和第二行内容为：

```
UFRAME_NUM=3
UTOOL_NUM=3
```

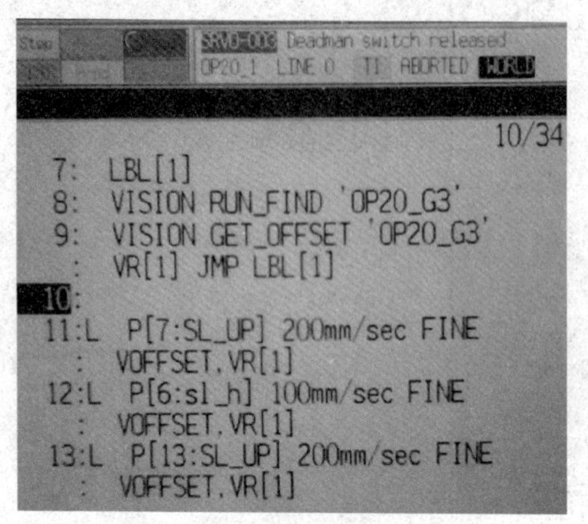

图 8-26 插入新的语句

以上两行程序，是为了指定该程序使用的 USER 坐标系和 TOOL 坐标系。此坐标系的序号是前面刚做完的坐标系。

（8）通过运行程序 A1（前两行必须运行，以指定坐标系），使机器人到达工件上方位置，进入程序 A2，运行前两行，之后记录该点；之后再运行程序 A1，使机器人到达抓件位置（前两行必须运行，以指定坐标系，否则机器人报故障），之后进入程序 A2，运行前两行（指定坐标系），再记录该点。在程序第二行后面，插入几行，插入新的语句，如图 8-26 所示。以上记录的两个点，在每行后面增加语句，光标移到每行最后面，点 CHOIC，可以选择增加语句。

（9）最后，别忘了，抓件有一个趋近点，有一个抓取点，应该还有一个退出点。退出点设定方法和趋近点是一样的。

（10）示教视觉程序。程序清单如下：

```
1:UFRAME NUM=1;                                   用户坐标系设定(和应用用户坐标系同)
2:UTOOL NUM=1;                                    工具坐标系设定(任意)
3:
4:  L P[1:HOME]500mm/sec FINE;                    成像点1,注意运动方式为FINE
5:  VISION RUN FIND VISION1;                      调用视觉程序VISION1
6:  VISION GET_OFFSET VISION1 VR[1]
    JMP,LBL[20];                                  获取偏移值VR[1],如视觉错误,跳转至LBL[20]
7:  CALL HANDOPEN;                                手爪释放
8:L P[2:Approach]500mm/sec FINE  VOFFSET VR[1];   接近点2,带偏移VR[1]
9:L P[3:Grasp]100mm/sec FINE  VOFFSET VR[1];      抓取点3,带偏移VR[1]
10:CALL HANDCLOS;                                 手爪闭合
11:L P[2:Approach]500mm/sec FINE VOFFSET VR[1];   接近点2,带偏移VR[1]
12:END                                            程序结束
13:
14:LBL[20];
15:UALM[1];                                       调用报警
```

五、照相机工具

1. 柱状图工具（Histogram Tool）

柱状图工具用于测量图像的亮度。当柱状图工具运用于其他定位工具时，在树形分列中柱状图工具测量窗口随主定位工具查找到的结果动态变化。

（1）设定测量区域。

1）在树形分列中点选 Histogram Tool，进入 Blob Locator Tool 界面，单击进行连续成像。

2）示教机器人或移动工件，使目标出现于视野内，调整照相机与目标间距离，保持在最佳成像高度 H 左右，单击进行一次成像。

3）在 Area to measure brightness 中单击 Set，主定位工具自动运行，红色+出现在查找到的物体上。

4）将目标用显示红框围绕起来，单击 OK 确认。

5）在 Run-Time Mask 中单击 Edit RT Mask，设定屏蔽区域。

（2）单击 Snap and Find，完成所有设置后，单击 SAVE 存盘。

2. 卡钳工具（Caliper Tool）

卡钳工具用于测量指定部位的长度。当卡钳工具运用于其他定位工具时，在树形分列中柱状图工具测量窗口随主定位工具查找到的结果动态变化。

（1）设定测量区域。

1）在树形分列中点选 Histogram Tool，进入 Blob Locator Tool 界面，单击进行连续成像。

2）示教机器人或移动工件，使目标出现于视野内，调整照相机与目标间距离，保持在最佳成像高度 H 左右，单击进行一次成像

3）在 Area 中单击 Set，主定位工具自动运行，红色+出现在查找到的物体上。

4）将测量区域用显示红框围绕起来，单击［OK］确认。测量区域设定完成时，在［Reference Pos］中显示主定位工件查找到的物体的位置。

（2）调整各项设置参数，完成如下设置。

Contrast Threshold：对比度阀值，设定查找边缘的对比度阀值。

Polarity Mode：渐变模式，选择边缘分类模式。

Edge 1 Polarity：边缘 1 的渐变模式。

Edge 2 Polarity：边缘 2 的渐变模式。

Standard Length：标准长度，设定测量部分的标准长度。

Tolerance：容差，设定测量允许的长度偏差范围。

Reference Length in Pixels：设定该项目能将测量长度单位改为 mm。

Scaled Reference Length：参考长度比例。

Display Mode：结果显示模式。

（3）单击 Snap and Find，完成所有设置后，单击 SAVE 存盘。

六、视觉偏差角度的读取与应用

（1）读取视觉偏差的角度值。程序如下：

```
PR[1]=VI[1].OFFSET
```

（2）变换　PR1 的坐标系，到笛卡尔坐标系。程序如下：

```
CALL    INVERSE(1,2)
CALL    INVERSE(2,1)
```

（3）把视觉偏差的角度值赋值给 R1。程序如下：

```
R[1]=PR[1,6]
```

（4）如果不能找到第 2 步中的指令，按照如下方法对机器人设定。

1）进入系统菜单下的变量子菜单，如图 8-27 所示。

2）设定系统变量 $KRAEL_ENB=1，如图 8-28 所示。

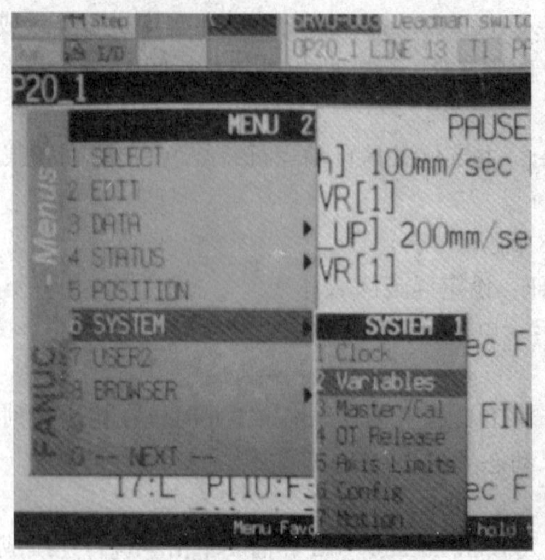

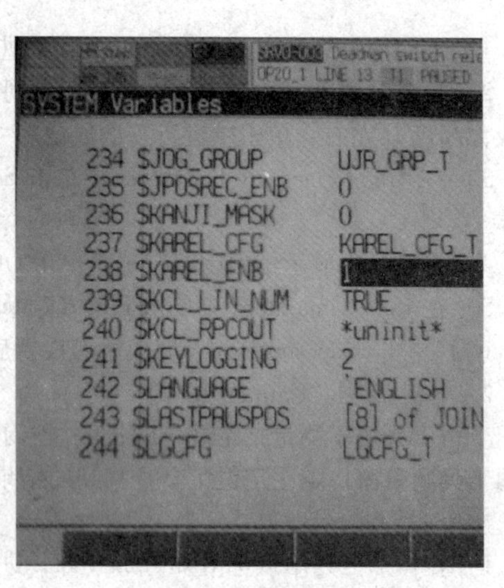

图 8-27 进入变量子菜单　　　　图 8-28 设定系统变量

3）按 F3（KAREL），如图 8-29 所示。

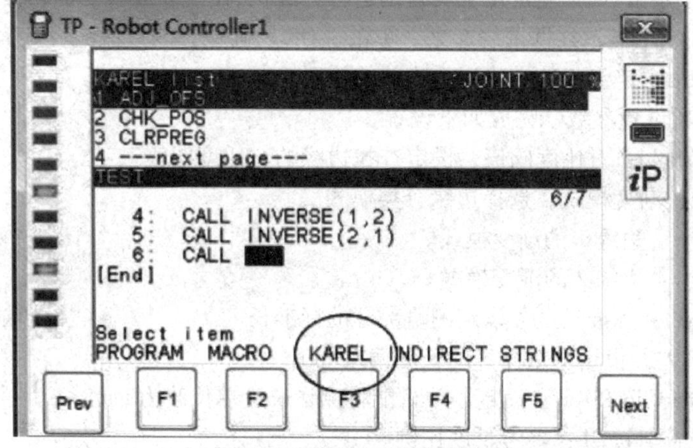

图 8-29 按 F3（KAREL）

4）在 KRAEL list 中，选择程序 INVERSE，如图 8-30 所示。

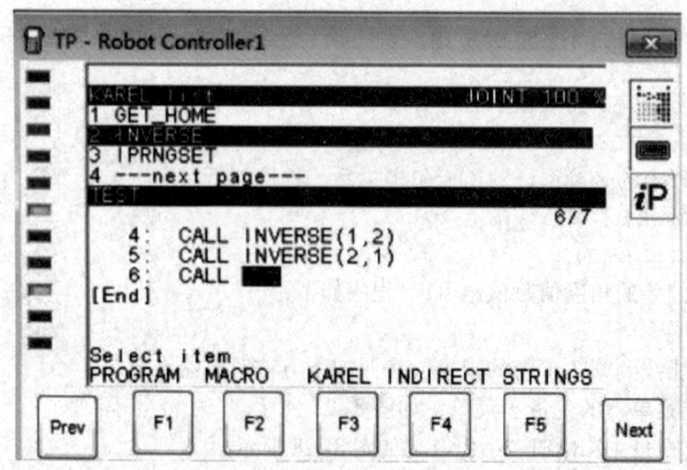

图 8-30 选择程序 INVERSE

5）选择 CONSTANT，如图 8-31 所示，然后输入数字，连续两次后程序就写好了。

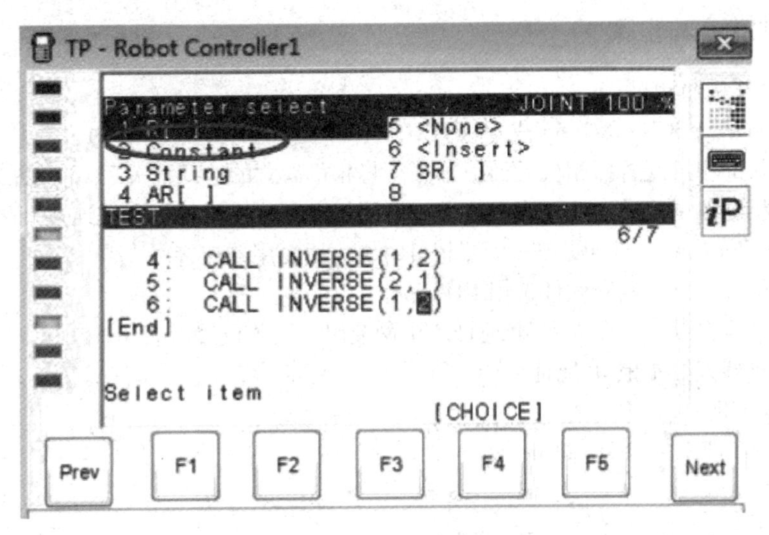

图 8-31　选择 CONSTANT

七、分拣控制

1. 基本要求

通过微动开关区分物料是否装配好铁环，根据铁环装配情况，分好坏放料。

2. 分拣控制程序

分拣控制程序如下：

指令	注释
J P[1]100% FINE	从其他位置以 100% 速度任意运动到位置 1
J P[2]100% FINE	从位置 1 以 100% 速度任意运动到微动开关处
IF (DI[103]=ON) THEN	
L P[3]1000mm/sec FINE	从位置 2 以 1000mm/sec 直线运动到好料区
RO[1]=ON	在位置 3 气缸松开
WAIT 1.0sec	气缸夹松开后在好料区等待 1.0sec
Else	
L P[4]2000mm/sec FINE	从位置 2 以 2000mm/sec 直线运动到坏料区
RO[1]=ON	在位置 4 气缸松开
WAIT 1.0sec	气缸夹松开后在坏料区等待 1.0sec
J P[1]100% FINE	以 100% 速度任意运动到位置 1
END	程序运行结束

将视觉输出寄存器替换 IF 语句条件即可完成视觉分拣。

技能训练

一、训练目的

（1）学会连接照相机。

（2）学会机器人视觉设置。

(3) 学会机器人视觉分拣控制。

二、训练内容与步骤

(1) 学会连接照相机。

1) 选用照相机 SONY XC-56 或 SONY XC-HR50、XC-HR57。

2) 按选择的相机配置照相机后面板开关。将相机后背的 DIP 开关 7、8 变更为 ON。

3) 照相机与控制柜的连接。当只使用一个照相机时，将照相机直接连接到主板端口 JRL6 上或视觉板端口 JRLA 上，当使用多个照相机时，可用复用器连接。

4) 配套软件需求。配套软件选用 IRVision。

5) 以太网连接设置。以太网 IP 地址、子网掩码、网关设置见表 8-5。

6) 设置机器人控制柜 IP 地址。

a. 选择 MENUS→6 SETUP。

b. 按 F1 (TYPE)→Host Comm

c. 选 TCP/IP。

d. 输入机器人控制柜名 (Robot name)。

e. 输入机器人控制柜 IP 地址 (Port#1 IP addr)。

f. 输入子网掩码 (Subnet mask)。

g. 输入 IP 地址默认网关 (Router IP addr)。

h. 关机重启。

7) PC 的 IP 地址设置。

a. 在“控制面板”中双击“网络连接”，右击“本地连接”，选择“属性”。

b. 选择“Internet 协议 (TCP/IP)”，单击“属性”。

c. 选取“使用下面的 IP 地址”，分别输入“IP 地址”“子网掩码”“默认网关”。

d. 单击“确认”，完成 PC 的 IP 设置。

8) 修改 IE 浏览器设置。

a. 在“控制面板”中双击“Internet 选项”选择“安全”标签。

b. 选取“可信站点”，单击“站点”。

c. 在“该网站添加到区域”中输入机器人控制柜 IP 地址，单击“添加”。

d. 不选“对该区域中的所有站点要求服务器验证 (https:)”，单击“关闭”。

e. 选择“隐私”标签，单击“弹出窗口阻止程序”中的“设置”按钮。

f. 在“要允许的网站地址”中输入机器人控制柜 IP 地址，单击“添加”后单击“关闭”。

g. 选择“连接”标签，单击“局域网设置”。

h. 不选“代理服务器”下“为 LAN 使用代理服务器”选项。

i. 单击“确定”，完成设置。

9) 修改 Windows 防火墙设置。

a. 在“控制面板”中，双击“网络和 Internet 连接”。

b. 双击“Windows 防火墙”，选择“例外”标签。

c. 单击“添加程序”，选择“Internet Explorer”。

d. 单击“确认”，完成修改。

10) 在 PC 上安装 Vision UIF 控件。

a. 打开“IE 浏览器”，在“地址栏”中输入机器人控制柜 IP 地址，打开机器人主页。

b. 在“iR Vision”中单击 Vision Setup，如 PC 已安装该控件，则进入 Vision Setup 页面；如 PC 未安装该控件，则弹出“安装 Localhost”对话框。

c. 选择 MC 或 USB，单击 Continue，弹出 File Download 对话框。

d. 单击 Run 开始下载。

e. 下载完成时弹出安装对话框，单击 Run 开始安装，安装完毕时，IE 浏览器自行关闭。

（2）学会机器人视觉设置。

1）使用 6 点法标定一个准确的机器人工具坐标系（TCP）。

2）设置用户坐标系。使用设置好的工具坐标系标定一个用户坐标系，称此用户坐标系为 Application User Frame。

a. 一般此用户坐标系设置在目标定位的平面上任意水平位置。

b. 照相机标定对应照相机在此用户坐标系内的相对位置。

c. 确认 XY 平面平行与目标位移的平面，Z 轴正方向指向照相机。

d. IRVision 检测出目标在用户坐标系内位置并补偿给机器人。

3）设置照相机（Camera Setup）。

a. 打开机器人主页，选择（Vision Setup）进入 Vision 设置界面。

b. 选择（Camera Setup Tools），单击新建按钮，新建一个照相机。

c. 输入新照相机名，并选择照相机类型为 Progressive Scan Camera。

d. 单击 OK 确认，双击建立的照相机，进入照相机设置界面，照相机属性设置。

e. 完成所有设置后，单击 SAVE 存盘。

4）照相机镜头调整（Adjustment of lens）。在选定照相机后，完成标定前，一般需要先对镜头做下调整，调整步骤如下。

a. 在 Camera Setup Tools 下选择需要标定的照相机，进入 Camera Setup 界面。单击绿色连续成像按钮，进行连续成像。查看视野内是否能有效观测到目标。如不能，调整目标位置（对 Fixed Camera）或示教机器人（对 Robot-mounted Camera）。

b. 调整镜头光圈至最小，虹径放至最大，单击红色单次成像按钮，进行一次成像，观察成像效果，调整曝光时间，比对视野内最亮区域和最暗区域，保持最亮区域的灰度（g）在 200 左右。

c. 调整镜头焦距使成像清晰，测量镜头至成像目标间的距离并记录，在此我们记录为 H。

d. 调整镜头光圈至最大，虹径放至最小，单击红色单次成像按钮，进行一次成像，观察成像效果，降低曝光时间，比对视野内最亮区域和最暗区域，保持最亮区域的灰度（g）在 200 左右。

e. 锁定镜头光圈和焦距，记录曝光时间 t，调整完毕。通过调整镜头，将会得到清晰的成像和较短的曝光时间。

5）照相机标定（Camera Calibration）。使用简易二点法（Simple 2D calibration）进行照相机标定。

6）示教视觉测量程序。

a. 使用 TP 输入示教视觉程序。

b. 修改用户坐标和工具坐标参数。

c. 准确示教成像点、接近点、抓取点。

d. 执行示教视觉测量程序。

e. 观察机器人的运行。

（3）学会机器人视觉分拣控制。

1）输入分拣控制程序。

2）执行分拣控制程序。

3）调用视觉测量程序。

4）将视觉输出寄存器替换 IF 语句条件，完成视觉分拣控制。

习题

1. 填空题

（1）物料分拣加工包括：________、________、________、________、________、________、________、________、________等操作。

（2）配置视觉用照相机包括：________、________、________、________、________、________、________、________、________等操作。

2. 问答题

（1）如何设计机器人分拣加工控制程序？

（2）如何设计机器人分支控制程序？

（3）如何进行视觉偏差角度的读取？

（4）如何设计机器人视觉分拣加工控制程序？

项目八 工业机器人综合应用

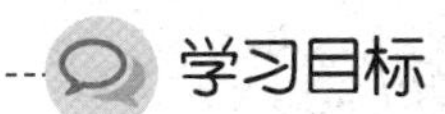

(1) 了解磁悬浮减速机。
(2) 应用磁减速机关节模组。
(3) 应用直线模组。
(4) 应用一体化闭环步进电动机。

任务 19 应用一体化磁减速关节模组

一、磁悬浮减速机

工业机器人主要由机械减速机、伺服系统、控制器、本体、执行机构等组成，减速机、伺服系统占了整体成本的55%，最核心的机械减速机有行星、谐波、RV 这 3 种结构，目前使用的机械减速机，无法摆脱机械摩擦带来的精度下降问题。磁悬浮减速机有效地解决了机器人系统因机械摩擦带来的精度下降问题。

1. 内差齿渐摆线机械减速器

内差齿渐摆线机械减速器如图 9-1 所示，由输入主轴、偏心轮、内差齿轮（比外齿轮齿数少 1）、输出外齿轮等组成。输入轴与输出外齿轮轴同心。中心的输入主轴转动一圈，偏心轮转一圈，偏心轮带动内差齿轮相对外齿轮转动一对齿距。若输入转轴速度为 v_1，外齿轮齿数为 n_1，内齿数为 n_2，则外齿轮输出外齿轮转速降低为 v_2，减速比为 i，计算公式为

$$i = \frac{v_2}{v_1} = \frac{n_1 - n_2}{n_1} = \frac{1}{n_1}$$

内差齿减速器的减速比为 $1/n_1$，外齿轮输出转速 v_2 为 v_1/n_1。

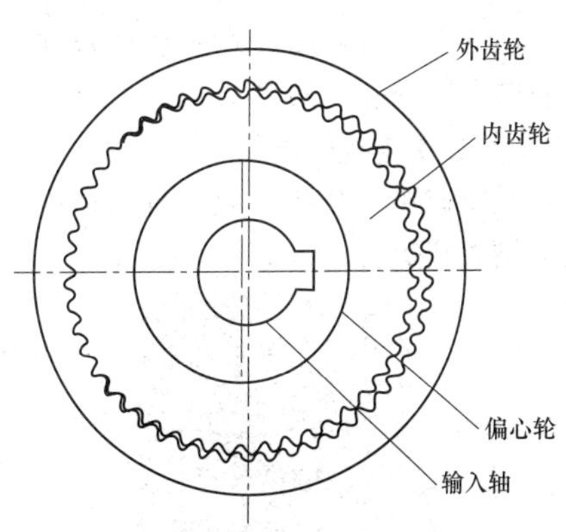

图 9-1 内差齿渐摆线机械减速器

2. 磁减速机

磁减速机采用了内差齿渐摆线减速器结构，如图 9-2 所示，采用磁钢磁极代替了齿轮的齿，内圈磁钢和中间的磁骨架形成一个少极对数磁回路，同时中间的磁骨架也和外圈的磁钢形成一个多极对数磁回路，它们共圆心。静止时两个磁回路相互吸引相对平衡。当外力带动少极对数磁回路运转时，在单位时间内两个磁路的 N-S-N-S-N……不断克服相邻磁极磁力做相对

运动，类似齿轮啮合，内圈磁极对数小于外圈磁极对数，即形成了中心高速运转，外圈低速大扭矩输出。

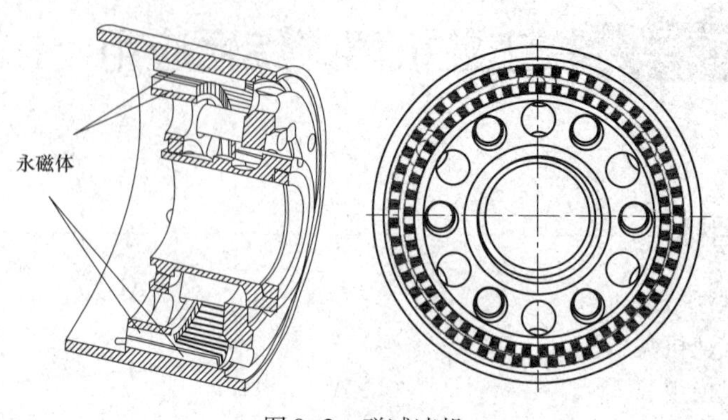

图 9-2 磁减速机

N—□；S—■

通过与同类减速机产品比较（见表 9-1）其减速比、转矩、外形可以任意设计，背隙可减小为 0，无摩擦、无温升，精度不会随使用的时间和负载而下降。

表 9-1　　减速机产品比较

产品	减速比	背隙/arcsec	转矩/(N·m)
磁减速机	1∶50.0	≤1.0	50
HD	1∶50.0	≤1.5	51
帝人	1∶52.5	≤23.0	54
绿的	1∶50.0	≤10.0	48

理论上，磁减速机的背隙为 0，可代替机械齿轮，具有良好的应用价值。它将成为机器人减速器发展的新产品。

3. 磁减速机性能

磁减速机（MGR）是一种高精度动力传递机构，将输入端的高转速降低到输出的低转速，同时增大转矩。

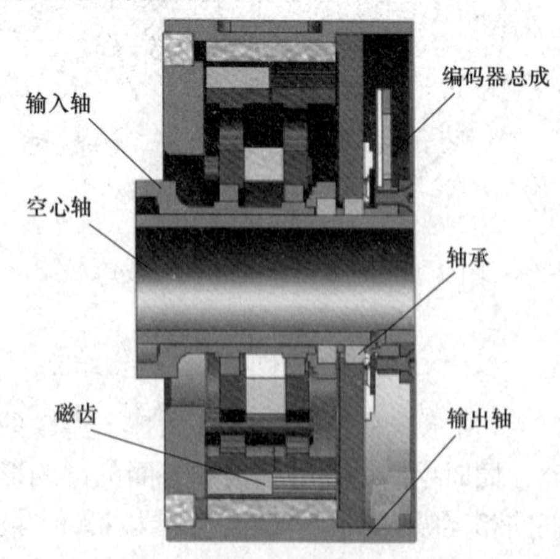

图 9-3 实际磁减速机结构

（1）实际磁减速机结构。实际磁减速机结构如图 9-3 所示。

深圳超磁机器人公司的磁减速机由输入轴、中间轴、磁齿轮、轴承、编码器总成、输出轴等组成。

（2）性能特点。无摩擦、零背隙、寿命长，无须润滑清洁，不存在传统机械齿轮啮合产生的震动噪声，且具有过载保护功能、结构紧凑、体积小。

（3）应用领域。磁减速机的应用领域有：①交通工具；②机器人；③机床；④自动化设备；⑤医疗；⑥检测。

（4）磁减速机产品规格。磁减速机产品规格如

图 9-4 所示。磁减速机参数规格见表 9-2。

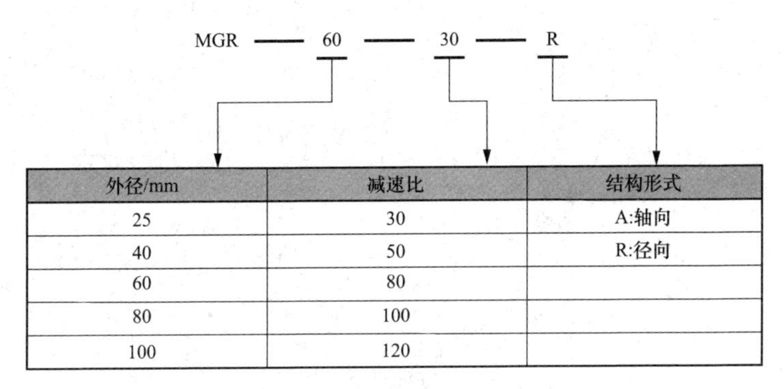

外径/mm	减速比	结构形式
25	30	A:轴向
40	50	R:径向
60	80	
80	100	
100	120	

图 9-4　磁减速机产品规格

表 9-2　　**磁减速机参数规格**

规格/型号	MGR-60-30-R	MGR-100-50-R
外径/mm	60	100
减速比（1：N）	30	50
额定输出扭矩/(N·m)	20	30
瞬间最大转矩/(N·m)	25	36
重复精度/arcsec	≤10	≤10

二、一体化磁减速机器人关节模组

1. 一体化磁减速机器人关节模组

一体化磁减速机器人关节模组由输出轴、内转铁心、内转永磁体、外转永磁体、输入轴、伺服电动机等组成，如图 9-5 所示。

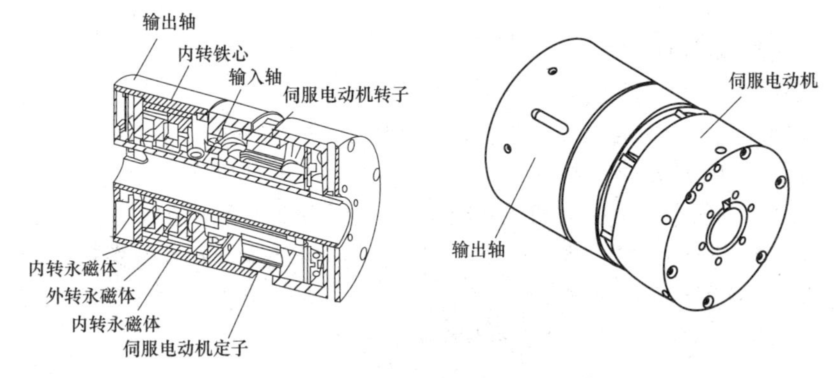

图 9-5　一体化磁减速机器人关节模组

2. 一体化磁减速关节模组与常规分体方案比较

一体化磁减速关节模组与常规分体方案相比，减速机性能比较如图 9-6 所示，关节模组体积减小 2/3，质量减少 1/3。

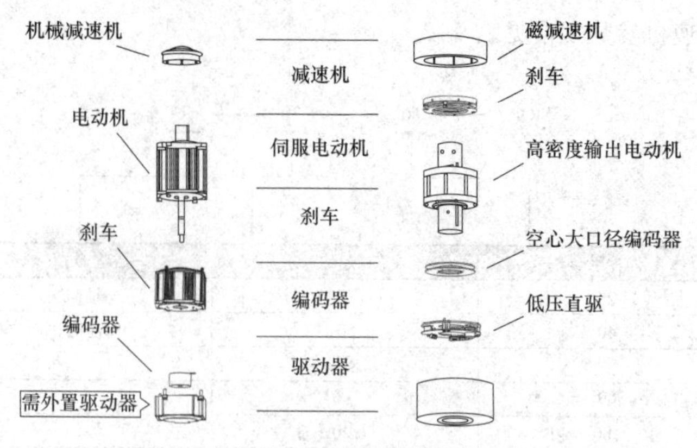

图 9-6 减速机性能比较

3. 一体化动力模组

一体化磁减速机器人动力模组简称一体化动力模组，如图 9-7 所示。

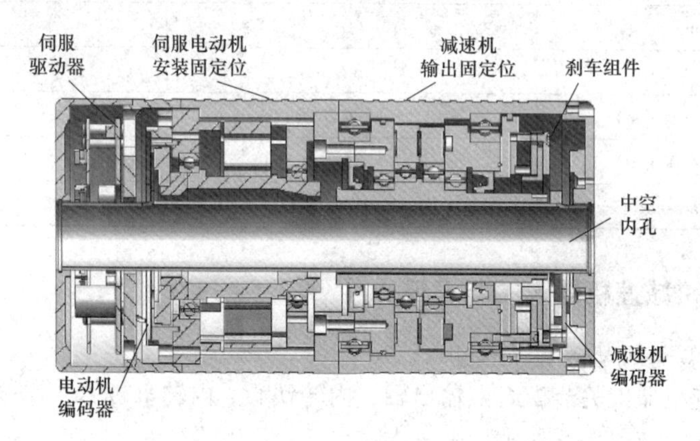

图 9-7 一体化动力模组

（1）一体化动力模组性能。

1）外转输出。减速机外壳输出，结构牢固，安装方便。

2）内孔贯通。串联安装电线、气管等，内部紧凑，外部整洁。

3）出线极少。共 4 条线（2 根电源线、2 根信号线），双编码器。

4）绝对定位。双编码器，电动机端和减速机端均可接绝对值磁编码器。

（2）应用领域。一体化动力模组的应用领域包括：①五金机械；②医疗设备；③机床制造；④各类机器人关节；⑤自动化设备。

（3）参数规格。一体化动力模组参数规格见表 9-3。

表 9-3 **一体化动力模组参数规格**

规格/型号	P40	P60	P80
减速比（1：*N*）	50	80	100
额定输出扭矩/（N·m）	28	45	114
瞬间最大转矩/（N·m）	43	69	172

续表

规格/型号	P40	P60	P80
电动机功率/W	100	200	400
电动机额定电压/V	60V（DC）	60V（DC）	60V（DC）
电动机额定转速/（r/min）	3000	3000	3000
重复精度/arcsec	5	5	5

4. 磁减速机器人关节模组的应用

（1）工业自动控制智能制造行业应用。用一体化磁减速机器人关节模组可以构建体积小巧的多关节机器人，用于工业自动控制智能制造行业。

（2）S 系列 SCARA 机器人。S 系列是标准结构的 SCARA 机器人，如图 9-8 所示，可以为工业自动化、分拣、3C 行业提供理想的解决方案。具有精度高、速度快、噪声小、使用简单等优点，S3 的负载 3kg，臂展 600mm，重复精度±0. 02mm。

（3）T 系列 DELTA 机器人。T 系列是标准结构的 DELTA 机器人，如图 9-9 所示。在五金分拣、食品、包装领域有广泛应用，运行速度快、行程大、使用简单。T3 的负载 3kg，工作半径 600mm，重复精度±0. 02mm。

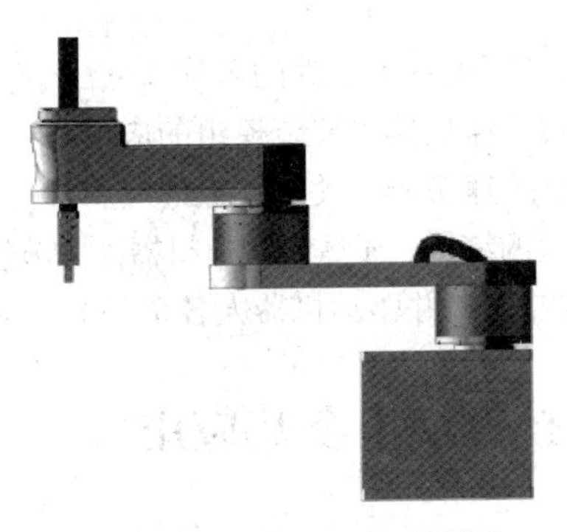

图 9-8　S 系列 SCARA 机器人

图 9-9　T 系列 DELTA 机器人

（4）R 系列。R 系列是 6 关节磁减速协作轻型机械人，如图 9-10 所示，安全性能高，可以在没有防护栏的情况下与人近距离工作。不需要复杂的编程环境，通过手动拖动便可完成示教。R5 的负载 5kg，臂展 800mm，重复精度±0. 02mm。

使用磁减速机器人关节模组搭建的机器人机身小巧，线路和管路不会外露，持续保持磁减速机精度，可以应用于搬运、抓取、测量等方面。

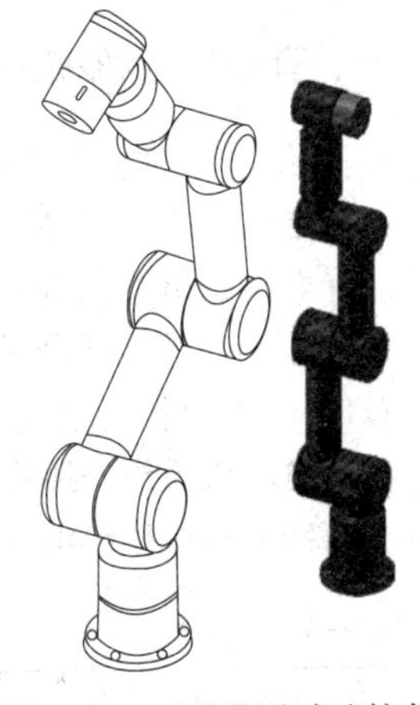

图 9-10　6 关节磁减速协作轻型机械人

（5）康复医疗行业。全球人口老龄化问题已经是明显的趋势，随着医疗水平的提升，辅助行走、仿真手臂、康复理疗的市场需求日益递增，目前市面上见到的这些智能装备，动力单元笨重，能耗大导致续航能力弱，穿戴行走不便，迟迟无法普及民用。应用深圳超磁机器人公司的超薄一体化模组方案，将彻底解决这个行业的核心动力问题，做到小巧轻薄、大扭矩，功耗低等。

技能训练

一、训练目的

（1）了解磁悬浮减速机。

（2）应用磁减速机关节模组。

二、训练内容及步骤

（1）观察内差齿渐摆线机械减速器结构。

1）观察内差齿渐摆线机械减速器的输入轴齿轮，记录内齿数。

2）观察观察内差齿渐摆线机械减速器输出轴齿轮，记录外齿数。

3）转动输入轴 1 圈，观察内齿与外齿的变化，计算减速比。

（2）观察磁减速机结构。

1）观察磁减速机的输入轴磁极对数，记录内齿极对数。

2）观察磁减速机输出轴磁极对数，记录外齿极对数。

3）转动输入轴 1 圈，观察内磁极对数与外磁极对数的变化，计算减速比。

（3）应用一体化磁减速机器人关节模组。

1）观察一体化磁减速机器人关节模组的结构，写出各个零件的名称。

2）观察 S 系列 SCARA 机器人的结构，了解磁减速机器人关节模组的应用。

3）观察 T 系列 DELTA 机器人的结构，了解磁减速机器人关节模组的应用。

4）观察 R 系列是 6 关节磁减速协作轻型机械人的结构，了解磁减速机器人关节模组的应用。

5）应用一体化磁减速机器人关节模组组装机器人，并驱动机器人各个关节运动。

任务 20　新型机器人控制模组及其应用

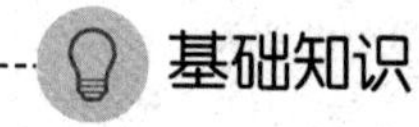

基础知识

一、直线电动机模组

1. 直线电动机模组简介

直线电动机是一种将电能直接转换成直线运动机械能，而不需要任何中间转换机构的传动装置。深圳超磁机器人科技有限公司研发生产的直线电动机模组采用独特的生产工艺，搭配 1μm 分辨率的高性能磁栅尺，是一种精度高、运行平稳、成本低的高性价比直线运动方案。

2. 直线电动机模组规格参数

直线电动机模组按照端面尺寸及出力等级分为 L28、L42、L57、L86、L110、L130 等多个系列。直线电动机模组电气参数见表 9-4。

表 9-4　直线电动机模组电气参数

电气参数	L28	L42	L57	L86	L110	L130
持续推力/N	11.5	35	50	110	215	310
峰值推力/N	35	105	150	330	645	930

续表

电气参数	L28	L42	L57	L86	L110	L130
最大速度/(mm/s)	3000	2500	2500	2000	3000	3000
编码器分辨率/mm	0.001	0.001	0.001	0.001	0.001	0.001
重复定位精度/mm	±0.01	±0.01	±0.01	±0.01	±0.01	±0.01
动子质量/kg	0.15	0.3	0.8	1.5	2.4	3.8
额定电压/V	DC.60	DC.60	DC.60	DC.60	AC.220	AC.220
持续电流/A	1.1	3.3	2.1	3.1	4.2	4.2
峰值电流/A	3.4	10	6.5	9.5	12.8	12.7
线间电感（1kHz）/mH	9.84	1.94	19.48	16.29	18.42	34.59
线间电阻（25℃）/Ω	8.87	2.07	5.5	3.11	2.11	3.16
推力常数/(N/A)	10.45	10.6	23.81	23.81	51.3	73.8
线间反电势常数/Upk/(m/s)	1.25	9.7	26.8	35.5	35.68	53.92
磁极距/mm	12	12	27	30	30	30

3. 直线电动机模组的应用

直线电动机模组应用广泛，尤其适合对运行精度和平稳性有要求的场景，在自动化设备、激光切割、布匹印花、流水线搬运等领域有着出色的表现。

直线电动机模组可以应用于模具自动清洗设备中，模具自动清洗设备示意图如图9-11所示。

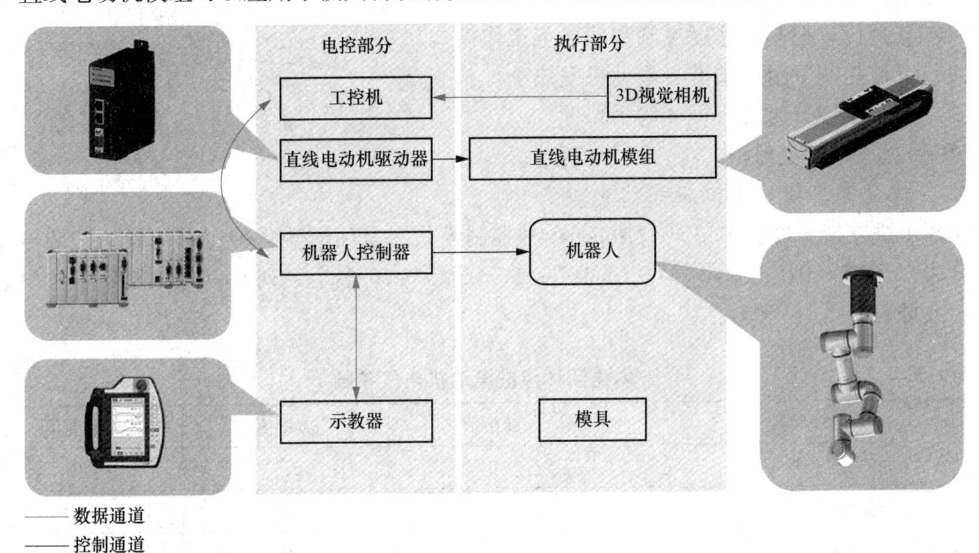

图9-11　模具自动清洗设备示意图

设备功能：直线电动机模组带动3D相机扫描模具，生成实时三维数据，运算得出清洗路径，将数据发送至机械手，使用激光头清洗。

在模具自动清洗设备中，要求3D相机的移动需要足够平稳才能保证原始扫描数据的准确性，从而给出机器人精准的移动路径。项目中选择了超磁L57系列的直线电动机模组，运行在300mm/s的速度下，整个运动过程平稳、顺畅，为相机的扫描提供了稳定的移动平台。

二、一体化闭环步进电动机

1. 一体化闭环步进电动机简介

深圳超磁机器人科技有限公司研发生产的一体化闭环步进电动机拥有8KHz的位置环更新

图 9-12 一体化闭环步进电机结构

频率，在传统脉冲控制的基础上增加了总线通信及单轴控制器功能。总线通信采用 CAN 总线接口，协议上支持 CANopen 协议的 CiA301 及 CiA402 子协议。

一体化闭环步进电动机结构如图 9-12 所示。

一体化闭环步进电动机有如下特点。

(1) 新一代 32 位 ARM 技术，高性价比、平稳性佳、低噪声、低振动。

(2) 采用 CAN 总线通信，支持 CANopen 协议的 CiA301 及 CiA402 子协议。

(3) 支持多圈计数功能，外部断电的情况下驱动器仍能准确记录转子实际位置。

(4) 总线型驱动器可以实现远距离可靠控制，有效解决干扰环境下脉冲丢失的问题。

(5) 用户可以通过总线设置细分数、电流、速度及锁机电流大小；控制电动机启停及对电动机运行实时状态进行查询。

(6) 内置单轴控制器功能：用户可以通过总线设置速度、加速度及总脉冲数来实现梯形加减速位置控制功能。

(7) 支持位置控制、速度控制和回原点工作模式。

(8) 电流控制平滑、精准、电动机发热小。

(9) 低频小细分时具有极佳的平稳性。

(10) 过压、过流保护。

2. 一体化闭环步进电动机规格参数

闭环步进支持脉冲、串口、CANopen 3 种控制模式，全面覆盖各种应用场景。按照电动机尺寸分为 CSM42-39、CSM42-47、CSM57-55、CSM57-76 多个系列。一体化闭环步进电动机电气参数见表 9-5。

表 9-5　一体化闭环步进电动机电气参数

电气参数	最小值	典型值	最大值
连续输出电流/A	0	2.5	3
输入电源电压/V	12	24	30
逻辑输入电流/mA	10	10	20
逻辑输入电压/V	3.3	24	24
脉冲频率/Hz	0	—	300K
绝缘/MΩ	100	—	—

3. 一体化闭关步进电动机的应用

一体化闭环步进电动机以其永不丢步的特性非常适用于 3D 打印行业，有效解决“打印断层”的问题，此外可以灵活搭配丝杆、同步带或减速机，在模具上下料、小型桌面机器人、自动化设备都有大量的应用。

一体化闭环步进电动机可以应用于全自动批花机，全自动批花机示意图如图 9-13 所示。

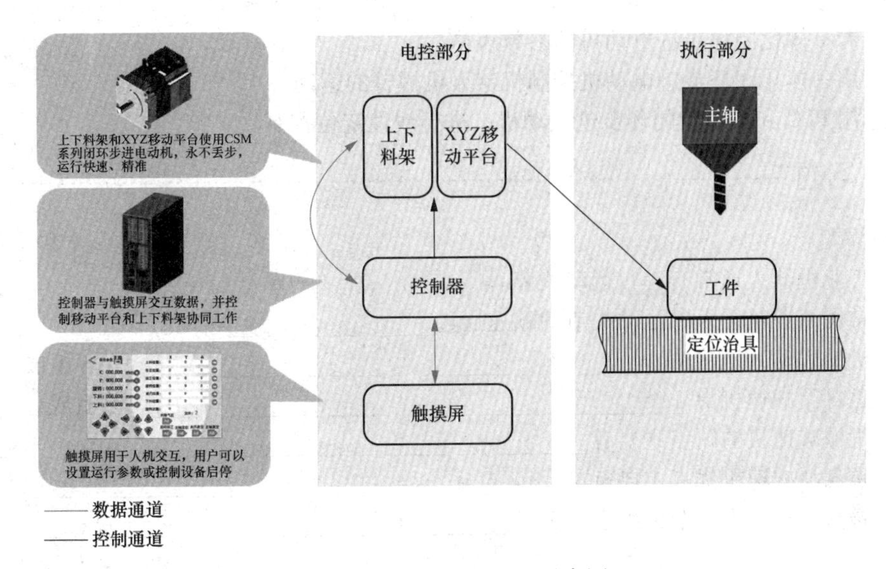

图 9–13　全自动批花机示意图

设备功能：实现对手机某配件的全自动加工，包括上料、送料、位置变换、加工、下料等多个流程，整个过程需要全自动完成，并且提示上料架空或下料架满，人工只负责更换料架。

在全自动批花机中，选用了深圳超磁机器人公司的 CSM 系列一体化闭环步进电动机，配合丝杆模组实现整个设备的高质量运行，两条用于上下料，两条用于 *XY* 水平移动，另外一个轴负责配件旋转变换位置。

闭环步进的特性决定了各个轴永远不会丢步，可以将步进电动机的运行速度发挥到极限而不用担心丢步造成的定位偏差。该设备运行效率远远高于人工，已经在工作现场无故障运动数千小时，共计数十万个周期。

技能训练

一、训练目的

（1）了解直线电动机模组的基本构成。

（2）了解直线电动机模组的应用。

（3）掌握一体化闭环步进电动机的工作原理。

（4）掌握一体化闭环步进电动机的应用。

（5）应用一体化闭环步进电动机。

二、训练内容和步骤

（1）应用直线电动机模组。

1）观察直线电动机模组的结构。

2）查看直线电动机模组的参数表格。

3）应用直线模组，控制机器人机械臂的运动。

4）应用 PLC 和直线模组，进行线性定位控制。

（2）应用一体化闭环步进电动机。

1）观察一体化闭环步进电动机的结构。

2）查看一体化闭环步进电动机的参数表格。

3）应用一体化闭环步进电动机控制机器人机械臂的运动。

4）应用PLC和一体化闭环步进电动机，进行线性定位控制。

习题

1. 填空题

（1）工业机器人通常有____运动关节。

（2）常用工业机器人的运动关节的减速通过________________实现。

（3）机械齿轮减速器由__________、________、________、________、______等组成。

（4）磁悬浮减速机由__________、________、________、________、______等组成。

（5）机械减速机的缺点主要有__________、______________、____________________等。

（6）磁悬浮减速机优点主要有__________、______________、____________________等。

（7）磁减速机器人关节模组主要由__________、__________、____________、____________和____________________等组成。

2. 计算题

（1）普通机械齿轮减速器的输入轴齿轮齿数是 n_1，输出轴齿轮齿数是 n_2，计算普通机械齿轮减速器减速比。

（2）内差齿渐摆线机械齿轮减速器的输入轴齿轮齿数是 n_1，输出轴齿轮齿数是 n_2，计算内差齿机械齿轮减速器减速比。

（3）磁悬浮减速机采用内差齿渐摆线机械齿轮减速器的结构，输出外齿轮齿数为 n_1，输入内齿轮的齿数是多少？减速比是多少？

3. 问答题

（1）磁悬浮减速机与机械齿轮减速机比较，有哪些差异？

（2）应用一体化磁减速机器人关节模组可以做些什么？

（3）一体化闭环步进电动机的特点有哪些？

（4）应用直线模组可以创新开发哪些产品？

（5）应用一体化闭环步进电动机可以创新开发哪些产品？

4. 实验设计题

（1）设计测试一体化磁减速机器人关节模组的实验装置。

（2）设计应用一体化磁减速机器人关节模组构建6轴机器人的模型，并说明6轴机器人的工作原理。

（3）设计应用直线模组的新产品。

（4）设计应用一体化闭环步进电动机的新产品。